高职高专"十四五"规划学前教育专业"双高计划"新形态精品教材

总主编：徐丽蓉

U0641626

学前儿童发展心理学

主　编◎张　静（江汉艺术职业学院）

副主编◎唐俊如（江汉艺术职业学院）

参　编◎刘　濛（江汉艺术职业学院）

　　　　杨钰莹（江汉艺术职业学院）

　　　　李小佳（江汉艺术职业学院）

　　　　李　璐（江汉艺术职业学院）

　　　　周　娟（江汉艺术职业学院）

　　　　郭媛媛（江汉艺术职业学院）

　　　　范艳慧（江汉艺术职业学院）

　　　　余秦月（武汉学以致用教育集团）

　　　　朱伶子（武汉学以致用教育集团）

　　　　许　晴（潜江市机关幼儿园）

华中科技大学出版社

http://press.hust.edu.cn

中国·武汉

内容提要

本书是高职高专学前教育专业"课岗证赛"一体化新形态立体化教材，强化了以学生为中心的教育理念，突出了职业院校学生核心能力的培养。本书案例新颖、结构清晰、成果导向，有利于读者形成清晰的知识脉络。

全书内容包括学前儿童心理发展的概述、理论流派、主要特征，以及学前儿童注意的发展、感知觉和观察力的发展、记忆和想象的发展、思维和言语的发展、情绪与情感的发展、意志的发展、个性和社会性的发展。本书可作为高职院校学前教育专业教材，也可供幼儿园教师、早教机构教师等学前教育工作者参考。

图书在版编目（CIP）数据

学前儿童发展心理学 / 张静主编. -- 武汉：华中科技大学出版社，2025.7. -- ISBN 978-7-5772-1516-7

Ⅰ. B844.12

中国国家版本馆 CIP 数据核字第 2025RF4840 号

学前儿童发展心理学 张 静 主编

Xueqian Ertong Fazhan Xinlixue

策划编辑：周晓方 袁文娣	
责任编辑：张汇娟	
封面设计：廖亚萍	
版式设计：赵慧萍	
责任监印：曾 婷	
出版发行：华中科技大学出版社（中国·武汉）	电话：(027) 81321913
武汉市东湖新技术开发区华工科技园	邮编：430223
录 排：华中科技大学出版社美编室	
印 刷：武汉市洪林印务有限公司	
开 本：787mm×1092mm 1/16	
印 张：15.75	
字 数：377 千字	
版 次：2025 年 7 月第 1 版第 1 次印刷	
定 价：49.90 元	

总序

人生百年，立于幼学。学前教育是终身学习的开端，是国民教育体系的重要组成部分。学前教育关系亿万儿童健康成长，关系国家发展和民族未来。在高质量发展的时代背景下，学前教育高质量发展的关键在于师资队伍的培养。全面提升保教质量，需要关注教师专业素养和实践能力的提升。

职业院校学前教育专业是当今幼儿园教师培养的主力军，其人才培养质量关乎我国幼儿园教师队伍的整体素质，关乎我国学前教育事业能否高质量发展。通过深化学前教育专业内涵建设，推动职业院校全面实施"'三教'改革"，完善人才培养方案，推进岗课赛证融通，优化模块化课程内容，提升职业院校学前教育专业整体发展水平和人才培养质量。

我国近代教育家陆费逵曾明确提出："国立根本，在乎教育，教育根本，实在教科书。"教材不仅是教育理念、教学内容和方法的载体，更是实现人才培养、提升教育教学质量的重要抓手。本套教材响应国家发展和建设中国特色高质量职业教育号召，以《国家职业教育改革实施方案》《职业院校教材管理办法》等文件为指导，为适应新的教育形势和要求，设计教材框架体系，将课程内容与实际工作密切结合，努力彰显职业教育特色。

第一，思政引领，立德树人。党的二十大报告提出"育人的根本在于立德"，而立德树人需要强化思政引领，显性教育和隐形教育并重。教材坚持正确的政治方向和价值导向，体现党和国家对教育的基本要求，注重价值塑造，充分将思政教育、职业道德教育、职业情感教育有机地融入课程内容，努力培养学生爱祖国、爱党、爱人民的高尚情怀，树立正确的世界观、人生观和价值观，达到润物细无声的育人效果。

第二，能力导向，学做结合。理论与实践相结合，突出实践取向。充分调研学前教育专业最新发展动态，梳理主要岗位群及典型工作任务的职业能力要求。结合高等职业教育人才培养目标，着眼于学生未来教学工作的实际需要，将学前教育理论渗透到典型学习案例中，使学生在实践中探寻理论根源，深化对理论知识的理解。培养学生观察了解儿童、支持儿童发展的实践能力，学做结合，提高培养实效。

第三，课岗一致，贴合一线。教材内容注重科学性与实效性，以《幼儿园教育指导纲要（试行）》《3—6岁儿童学习与发展指南》《幼儿园工作规程》为指导，以《幼儿园教师专业标准（试行）》《学前教育专业师范生教师职业能力标准（试行）》等文件为依据，遵循教育规律，坚持幼儿园以游戏为基本活动的指导思想，选取一线幼儿园的优秀典型工作案例，吸收当前学前教育的最新理论和科研成果，实现学习任务与岗位工作任务一致。

第四，课赛结合，资源转化。全国职业院校技能大赛是现代职业教育的重要制度创新，学前教育专业幼儿教育技能赛项成为高职学前教育专业教学改革、人才培养的演兵场、风向标和创新港。将我校国赛获奖优秀资源融入教材，赋予本套教材更大的价值和更强的竞争力，从而推动赛项资源转化，助推专业教育教学改革和人才培养质量提升，实现技能大赛与学前教育专业教学的良性互动和深度融合。

第五，课证融通，助力考证。针对幼儿园教师资格考试制度，结合"1＋X"证书制度，教材中预设教师资格考试重点，链接历年教师资格考试真题，让学生有重点地学、有意识地练习，为学生顺利考证做准备。

第六，数字资源，可视可练。本套教材遵循职业教育教学规律和人才成长规律，聚焦国家幼儿园教师资格考试，对接幼儿教师岗位需求，促进教材建设与课程建设的同步发展。内容和编排符合学生认知特点，体现国际先进职业教育理念，以真实工作项目、典型工作任务、学习案例等为载体组织教学单元，体现学前教育专业新规范、新标准，满足项目学习、案例学习、模块化学习等不同学习方式要求，配套可听、可视、可练、可互动的丰富的数字资源，有效激发学生的学习兴趣和创新潜能。

在本套教材的编写过程中，我们参考、借鉴及引用了国内外专家学者的观点和研究成果，在此一并表示感谢。受时间和水平的限制，书中难免有疏漏之处，敬请读者批评指正！

最后，我谨代表本套教材的所有编委和作者，衷心感谢华中科技大学出版社人文社科分社周晓方社长和学前教育项目的编辑团队，他们对教育事业满腔热情、对出版工作高度敬业和审慎，为本套教材倾注了大量心血。

让我们携手共进，共同为学前教育事业发展贡献智慧和力量！

徐丽蓉 [1]

2024 年 3 月

---

[1] 徐丽蓉，教授，教育部职业院校教育类专业教学指导委员会学前教育专业委员会委员，江汉艺术职业学院学前教育学院院长。

前言

　　儿童的学前时期是一个至关重要的时期，它不仅为儿童日后的学习和发展奠定了基础，也为儿童心理发展和社会化进程提供了源泉。学前儿童发展心理学作为一门研究学前儿童心理发展规律的学科，其重要性不言而喻。本书旨在为学前教育工作者、家长以及所有关心儿童成长的人士提供一份全面、深入且实用的学前儿童心理发展指南。

　　本书的编写基于对学前儿童心理发展理论的深入研究，并结合了最新的研究成果和实践经验。我们邀请了多位在学前儿童发展心理学领域具备丰富经验和深厚学术背景的教师共同参与书中不同项目的编写工作，以确保内容的专业性和权威性。

　　本书共分为十三个项目，涵盖了学前儿童心理发展的各个方面。项目一绪论部分，我们对学前儿童发展心理学进行了概述，并探讨了学前儿童心理发展的影响因素和研究方法。项目二至项目三，我们详细介绍了学前儿童心理发展的主要理论流派，包括成熟学说、精神分析学说、行为主义学说、认知发展学说、社会文化历史理论和多元智能理论，并分析了学前儿童心理发展的主要特征。项目四至项目九，我们深入探讨了学前儿童注意、感知觉和观察力、记忆、想象、思维、言语的发展特点，并提供了相应的培养策略。项目十至项目十二，我们关注了学前儿童情绪与情感、意志、个性的发展，特别是气质类型、性格特点、能力发展和自我意识等方面。最后，项目十三我们讨论了学前儿童社会性的发展，包括亲子关系、同伴关系、性别角色、亲社会行为和攻击性行为的发展。

　　本书具备的优势如下。

　　全面覆盖：本书系统地涵盖了学前儿童心理发展的各个关键领域，包括认知、情感、意志、个性以及社会性发展等方面，为读者提供了一个全面的学前儿童心理发展框架。

　　理论深度：书中深入探讨了学前儿童心理发展的主要理论流派，为读者提供了坚实的理论基础。

实践导向：本书不仅注重理论知识的传授，更强调实践应用。很多项目都包含了具体的培养策略和实践指导，旨在帮助教育工作者和家长将理论知识转化为实际的教育行动。

专家团队：本书由多位在学前儿童发展心理学领域具备丰富经验和深厚学术背景的教师共同编写，确保了内容的专业性和权威性。

最新成果：书中融入了最新的研究成果和实践经验，反映了学前儿童发展心理学的最新进展，为读者提供了前沿的知识和视角。

易于理解：本书在编写过程中注重语言的规范性和易读性，力求使复杂的心理学概念和理论变得通俗易懂，便于读者理解和应用。

互动交流：本书鼓励读者与作者之间进行互动交流，期待通过共同探讨和交流，促进学前儿童发展心理学的进一步完善。

实用工具：书中提供了丰富的实用工具，如观察记录表、评估量表等，帮助读者更好地进行学前儿童心理发展的观察和评估。

在编写过程中，我们特别注重理论与实践的结合，力求使本书不仅具有学术价值，更具有实际指导意义。我们希望本书能够成为学前教育工作者的得力助手，帮助他们更好地理解学前儿童的心理发展过程和特点。同时，我们也希望本书能够为家长提供科学的育儿指导，帮助他们更好地理解和支持孩子的成长。

本书编写分工如下：项目一、项目八由江汉艺术职业学院张静编写，项目二由江汉艺术职业学院刘濛编写，项目三、项目六由江汉艺术职业学院唐俊如编写，项目四由江汉艺术职业学院郭媛媛编写，项目五由江汉艺术职业学院周娟编写，项目七由江汉艺术职业学院李小佳编写，项目九由武汉学以致用教育集团余秦月编写，项目十由江汉艺术职业学院范艳慧编写，项目十一、项目十三任务四、任务五由武汉学以致用教育集团朱伶子编写，项目十二由江汉艺术职业学院杨钰莹编写，项目十三任务一、任务二、任务三由江汉艺术职业学院李璐编写，潜江市机关幼儿园许晴负责本书的幼儿园案例整理。

本书的编写得到了许多专家和同行的支持与帮助，在此我们表示衷心的感谢。我们深知，学前儿童发展心理学是一个不断发展的领域，新的研究成果和实践经验不断涌现。因此，我们期待与读者共同探讨和交流，以促进学前儿童发展心理学的进一步完善。

最后，我们希望本书能够为促进学前儿童的健康成长和全面发展做出贡献，让我们携手努力，为他们创造一个更加美好的成长环境。

张静

2025 年 6 月

目 录

CONTENTS

项目一　　　绪　　论

学习目标

知识目标：

1. 理解学前儿童发展心理学的相关概念；
2. 理解学前儿童发展心理学的研究内容、方法和意义；
3. 掌握学前儿童心理发展的影响因素。

能力目标：

能结合实例分析主、客观因素在学前儿童心理发展中的作用。

素养目标：

1. 对学前儿童发展心理学感兴趣，萌发对学前教育工作的兴趣；
2. 尊重学前儿童心理发展的个体差异，用发展的眼光看待儿童。

思维导图

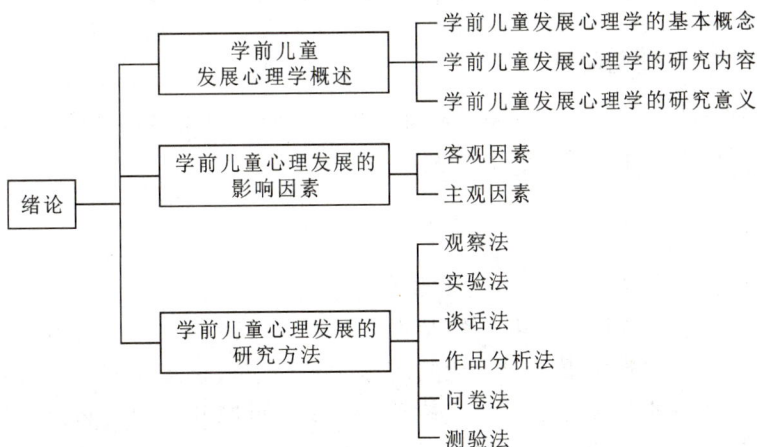

情境导入

刚接触心理学的一位同学好奇地问老师："学了心理学，是否就能知道别人在想些什么？""学了学前儿童发展心理学，是否就能知道小朋友在想些什么？"

　　心理学到底是研究什么？学前儿童与成人的心理有何不同？影响学前儿童心理发展的因素有哪些？如何才能了解和分析学前儿童的心理？通过本章的学习，你将揭开神秘的心理学面纱，了解学前儿童发展心理学研究的内容、意义和方法。

任务一　学前儿童发展心理学概述

　　学习这门新的课程，首先要清楚学前儿童发展心理学是研究什么的，以及为什么要研究它。了解学前儿童发展心理学研究的内容和意义，要先从相关概念入手。

■ 一、学前儿童发展心理学的基本概念

■ （一）心理和心理学

　　关于"心理"和"心理学"的含义，有人认为"心理"就是指"人们心里在想些什么"，而"心理学"就是一门探究人们心里在想什么的学科，学好了心理学，自然而然就知道别人心里在想什么了。其实，这样的观点是有失偏颇的。从心理学的角度，心理是指生理活动以外的人脑对客观事物的反映活动。而心理学是一门研究人的心理现象和心理发展规律的学科。

　　要理解"心理"和"心理学"的含义，必须弄清楚以下两点。

□ 1. 心理学研究的对象

　　心理学研究的对象是心理现象。心理现象的具体形式是多种多样的，心理学通常将心理现象划分为心理过程和个性心理两大类。

1）心理过程

心理过程包括认识过程、情感过程和意志过程。

（1）认识过程是人脑对客观事物特性、联系或关系的反映。当周围环境中的种种刺激作用于我们的感觉器官时，大脑随即做出反应，于是我们可以看到它的颜色和形状，可触摸到它的粗细、软硬、冷热、轻重，可闻到它的气味，可尝到它的味道。人对物体个别属性和整体的认识叫感觉和知觉。我们常常回忆起感知过的事物或经历过的事情（记忆）；在头脑中勾勒出物体的新形象（想象）；对种种问题进行思考（思维）。感觉、知觉、记忆、想象和思维，都是认识过程的具体表现，统称认识过程。

（2）情感过程是人在认识事物时产生的各种内心体验，例如，喜、怒、哀、乐等。

（3）意志过程是人在活动中为了实现某一目的对自己行为的自觉组织和自我调节。

心理过程是一个统一的过程。认识过程、情感过程和意志过程之间既有区别又相互联系。认识过程是最基本的心理过程，它是情感过程和意志过程的基础。情感过程是认识过程和意志过程的动力。意志过程对人的认识过程和情感过程具有调控作用。

想一想：当你来到美丽的小山村，青山绿水进入眼帘，天籁之音传入耳中，还有香气扑鼻时，是否感受到了轻松、舒畅和喜悦？这一过程中是否有心理现象？有哪些心理现象？

2）个性心理

在一定的社会环境中，人的心理发展最终将形成个体稳定的精神面貌，也就是个性。个性的内涵包括两个方面：一是反映人的态度和活动积极性的个性倾向性，具体表现为需要、兴趣、世界观和自我意识等；二是反映个人独有特点的个性心理特征，主要表现为能力、气质、性格等。

心理过程和个性心理两者是不可分割的，它们相互作用，形成一个复杂的心理现象。心理过程是个性心理形成的基础，而个性心理形成后又直接影响着心理过程。

□ 2. 心理的实质

各种各样的心理现象是怎样产生的？它的实质是什么？科学心理学认为，人的心理是人脑对客观现实能动的反映。

1）心理是脑的机能

许多科学资料证明，脑是心理的器官。动物无论怎样训练，不能形成人的心理。生来脑发育严重不健全的孩子，经过极大努力，也不能完全达到正常孩子的心理水平。大脑受过损伤的病人，会出现某些心理机能的缺失。人脑的发育需要一定的过程，我们不能要求几个月大的婴儿和成人一样能说话，也不能要求 3 岁的孩子理解正数与负数等概念，因为他们的大脑尚未发育成熟。

2）心理是对客观现实的反映

只有当客观现实作用于人脑时，才产生人的心理。客观现实是指在人的心理之外独立存在的一切事物，它们构成了人类赖以生存的环境。

这些环境包括物理环境（各种自然现象和人造环境，例如，天体宇宙、山脉河流、四季变更、飞禽走兽、城市乡村等）和社会环境（文化传统、社会规范、家庭、学校等）。无论物理环境还是社会环境，都是人类心理的源泉。相对而言，社会环境对人的心理具有特别重要的作用。因此，不能要求农村的孩子和城里的孩子每天都玩同样的游戏，也不能要求自家的孩子与邻家的孩子有同样的兴趣爱好。

案例呈现

湖北某幼儿园彭老师在组织中班语言活动"小蚂蚁想要飞"过程中，问幼儿："小蚂蚁想要飞，可是它没有翅膀飞不了，小朋友想想办法，怎样才能让小蚂蚁飞起来呢？"全班幼儿的答案大多数都是"放风筝""放气球""借助飞机/小鸟"。（老师原本希望幼儿能想出借助蒲公英、树叶等办法。）

想一想：全班幼儿为什么只能想出"放风筝""放气球""借助飞机/小鸟"这几个办法？

3）心理的反应具有主观能动性

心理不是消极地、被动地反映现实，而是在实践活动中积极地、主动地、有选择性地反映现实和反作用于现实。例如，同一棵松树，由于知识经验和兴趣爱好等差异，画家、摄影者、生物研究者和木匠会有不同的反映内容，并出现相应的行为表现。同样，幼儿的心理也具有主观能动性，我们不能期待幼儿像镜子一样，原原本本、一成不变地反映成人向他所说的话。例如，我们要求幼儿只画一个太阳，可是有的幼儿画了好几个，原来他认为冬天到了，太阳越多，森林里的动物就越暖和。

案例呈现

老师组织幼儿进行美术活动"画苹果"，幼儿先画好苹果的轮廓，再给苹果涂色。大部分幼儿涂的是红色，只有康康涂的是黑色，陈老师走过来问："你怎么涂的是黑色？你见过黑色的苹果吗？"而主班的王老师却说："你真棒，涂的颜色与别人不一样，说说你的想法好吗？"

想一想：康康的行为说明了什么？如何评价两位老师的做法。

（二）学前儿童

我国学前教育界和发展心理学界对"学前儿童"这一概念的认识不完全一致，存在广义和狭义之分。广义的"学前儿童"是指从出生到上小学之前（0~6岁）或从受精卵开始到上小学之前的儿童。狭义的"学前儿童"是指进入幼儿园伊始到上小学之前（3~6岁）的儿童。在此，我们将正式进入小学阶段学习前的儿童统称为学前儿童。

□ 1. 婴儿期

婴儿到底是指哪一个年龄范围的儿童？人们在不同的历史时期，从不同的角度出发会形成不同的理解。英语中的婴儿一词 infant 来源于拉丁文 infans，其原意指不会说话。因此，在早期的科学文献中，把不会说话的 1 岁前的孩子称作婴儿。直到 20 世纪 70 年代美国心理学家查普林（J. P. Chaplin，1976）主编的《心理学词典》和 20 世纪 80 年代法国心理学家雷伯（A. S. Reber，1985）主编的《心理学词典》中，均把婴儿期限定为"生命的第一年的儿童"。进入 20 世纪 80 年代以来，婴儿研究领域扩大到思维中的表象水平、言语发展和社会交往行为等方面。

学者们试图把婴儿的某种水平的认知策略、同伴关系发展、个性特征的显露等方面纳入婴儿期中，于是婴儿期扩展到 0～3 岁。这一趋向突出反映在奥索夫斯基（Osofsky，1987）主编的《婴儿发展手册》和墨森（Mussen，1990）等编著的《儿童发展与个性》一书中。我国 1995 年出版的《心理学百科全书》中也明确界定婴儿期："个体从出生到 3 岁以前的时期"。这也是现在人们在儿童心理研究和早期教育研究中被大家普遍接受的界定。

□ 2. 幼儿期

幼儿期的定义多年来没有任何争议，各种有关儿童心理发展的著作、教材、词典都将幼儿期定义为 3～6 岁。

综上所述，本书的学前儿童概念包括 0～3 岁的婴儿期儿童和 3～6 岁的幼儿期儿童。除此之外，还包含处于出生前胎儿期的胎儿。因为从婴儿的个体心理学最新的研究成果来看，条件反射、听觉等心理发展始于胎儿，所以对婴儿的发展心理研究也应包括对胎儿的研究。

■（三）学前儿童发展心理学的内涵

□ 1. 学前儿童发展

学前儿童发展是指个体从受精卵开始到上小学之前的成长中，在生理和心理方面有规律地进行的量变和质变的过程。

生理的发展是指身体形态、结构和功能方面的生长、发育和成熟；心理的发展包括认知、情感、意志、个性和社会性的发展。儿童生理的发展与心理的发展是同时进行的，两者相互联系、相互影响、相互制约，共同发展。

□ 2. 学前儿童发展心理学的概念

学前儿童发展心理学是发展心理学的重要组成部分。发展心理学是研究个体从受精卵开始到出生、成熟、衰老的生命全程中心理产生、发展的特点和规律，即研究毕生心理发展的特点和规律。

学前儿童发展心理学主要是研究个体从受精卵开始到上小学之前的心理产生、发展的特点和规律的学科。

■ 二、学前儿童发展心理学的研究内容

学前儿童的身心在不同阶段会发生急剧的变化，可塑性比较强，受到心理学者与教育者的关注。一些学者形象地用三个 W 来表示学前儿童发展心理学研究的内容，即 what（是什么），描述或揭示学前儿童心理发展过程的共同特征与模式；when（什么时间），这些特征与模式发展变化的时间表；why（什么原因），对学前儿童心理发展变化的过程进行解释，分析发展的影响因素，揭示发展的内在机制。

具体来说，学前儿童发展心理学研究内容可以概括为以下四个方面。

■ （一）学前儿童心理发展的影响因素

影响学前儿童心理发展的因素是多种多样的，但大致可以分为两大类：一是客观因素，二是主观因素。在客观因素方面，关于遗传和环境问题的争论就没有停止过，存在"遗传决定论""环境决定论"和"相互作用论"等观点。目前一般持遗传与环境相互作用的观点，这种观点认为儿童心理的发展是主、客观因素共同作用的结果，主、客观因素的相互作用是在活动中实现的。

■ （二）学前儿童心理发展的年龄特征

学前儿童心理发展的年龄特征主要针对学前儿童心理的年龄阶段，在一定的社会和教育条件下，学前儿童从受精卵到出生、成熟大约经历了胎儿期、婴儿期、幼儿期。这些不同时期分别代表不同的年龄阶段，各个年龄阶段是相互连续的，同时又是相互区别的，一个时期紧接着另一个时期，旧的阶段被新的阶段所代替，螺旋向上发展。

从许多具体的、个别的儿童心理发展的事实中概括出来的学前儿童心理发展的年龄特征，代表该阶段儿童一般的、典型的和本质的特征。例如，在认识过程中的思维发展上，学前儿童表现出比较明显的年龄特征：婴儿期为直观行动思维阶段，幼儿期为具体形象思维阶段，幼儿晚期为抽象逻辑思维萌芽阶段。

■ （三）学前儿童心理的产生和发展规律

学前阶段是人生的早期阶段，各种心理活动都在这个阶段开始产生。儿童出生时，可以说没有心理，如果说有心理活动，那也只是最简单的感知活动，与生理活动难以区分。人类特有的心理活动，包括人类的知觉和注意、记忆、表象和想象、思维和语言、情感和意志以及个性心理特征，都是在出生后这个早期阶段形成的。因此，研究个体心理的产生，是学前儿童心理学的重要内容。

每个学前儿童心理发展的表现是不同的，其心理发展有或早或晚之别。但是学前儿童心理发展的过程都是从简单、具体、被动、零乱向着较复杂、抽象、主动和成体系的方向发展，其发展趋势和顺序大致相同。相同年龄儿童的心理，一般具有大致相似的特征。同时，儿童心理发展的过程并不是孤立进行的，它总是受到遗传、环境以及其他各种因素的影响。但是，这些因素所起的作用也不是不可捉摸的，而是有规律

可循的。这一切说明，学前儿童心理的发展受客观规律所制约。这些规律包括，制约学前儿童心理发展过程本身的规律，制约影响学前儿童心理发展的各种因素相互作用的规律。研究这些规律，是学前儿童心理学的另一重要内容。

（四）学前儿童心理发展的个体差异性

发展的个体差异性主要指不同个体在心理发展过程中表现出来的心理状况、速度、水平等方面的差别。虽然同一年龄阶段的儿童无论在身体还是心理方面都存在着发展的共同趋势和规律，但对于每一个儿童而言，其发展的速度、发展的优势领域、最终达到的发展水平等都可能不相同。

众多心理学家曾专门研究了个体心理发展上的差异，并由此建立起"差异心理学"。研究发现，不同的个体在心理发展过程中，其心理机制、运动系统的活动能力、感觉和知觉的灵敏度、知识范围、学习能力、兴趣、态度以及其他种种，都存在着程度不等的差异性。

此外，学前儿童发展心理学还要研究儿童是如何在学习中获得发展的，儿童在心理发展中存在的问题，以及对学前儿童心理的研究方法等。

三、学前儿童发展心理学的研究意义

研究学前儿童心理发展，既有理论价值又有实践意义。

（一）为辩证唯物主义的基本原理提供科学依据

学前儿童发展心理学的研究主要揭示学前儿童心理发展的规律，并探讨内在的心理机制，分析影响学前儿童的各种因素，这些研究可以帮助分析人类的认识过程。它所研究的内容涉及哲学中一些最基本的问题，与认识论和辩证法密切相关。列宁在《哲学笔记》中指出，认识论和辩证法是由很多科学知识构成的。他认为，儿童智力发展史、动物智力发展史、语言史、心理学、感官生理学等"构成认识论和辩证法的知识领域"。

认识论要研究物质和意识的关系问题、意识的起源问题、认识和实践的关系问题、感性认识和理性认识的关系问题、认识发展中的矛盾问题和量变质变问题等。所有这些哲学理论问题，当然不是凭空产生的，而是从很多科学知识中概括出来的。学前儿童发展心理学正是从人的个体心理发展方面来论证这些问题的一门学科。例如，学前儿童发展心理学要揭示：儿童心理、意识是怎样在一定的物质条件（大脑和客观现实）下产生和发展的，儿童的认识是怎样密切依存于他的实践活动的，是怎样从感性认识上升为理性认识的，儿童心理发展的动力是什么，等等。所有这些，都可以直接为认识论和辩证法提供科学的依据。

（二）为学前儿童发展心理工作者提供心理理论支撑

1. 为学前儿童教育提供支持

学前儿童发展心理学通过揭示学前儿童心理发展的科学规律，为学前儿童的教育提供帮助。

儿童出生以后，生理与心理的发展，与所接受的教育有着直接而重要的关系。一个新的生命，从受精卵开始，母亲在妊娠期间的注意事项，与儿童出生以后的发展有密切关系。学前儿童发展心理学可以从身心发展角度为妊娠期父母提供必要的知识准备。儿童出生以后，在家中抚养或者在托儿所养育，关系到儿童早期以及终生的发展。父母或保育工作者要了解儿童身心各方面发展的特点，并针对这些特点进行保教工作，才能为儿童身心和谐发展打下良好的基础。

对于家长和教师来说，如何发展儿童早期的言语能力和认知能力，例如，如何培养儿童良好的个性品质等，都必须认真考虑儿童心理发展的特点。例如，从婴幼儿期过渡到上小学阶段，是一个关键性的时期，父母和教师如何共同帮助儿童顺利度过这个阶段极其重要。例如，在品德发展方面，如何引导儿童从具体的道德示范逐步学会掌握道德准则，提高道德自觉性，从而形成良好的个性品质；在认知发展方面，如何从初级的、具体的认知水平逐步发展为较高的、抽象的认知水平等，学前儿童发展心理学可以对这些方面提供科学的指导。

因此，家长和教师，以及其他一切儿童教育工作者必须了解儿童心理发展的特点和规律，并依据这些特点和规律对学前儿童进行教育，在具体操作中既要考虑儿童现有的发展水平，又要提出新的合理要求，这样才能促使儿童的身心得到适宜的、健康的发展。

□ 2. 为儿童社会工作者提供服务

学前儿童发展心理学可以为儿童医务者提供帮助。作为一个儿童医务工作者，不但要有医学方面的专业知识，而且要具备学前儿童发展心理学方面的知识，只有这样才能更好地对儿童进行治疗。尤其是在儿童神经质和精神病的治疗上，具备学前儿童发展心理学的知识显得更为重要。

学前儿童发展心理学可以为儿童文艺工作者提供支持。儿童文学艺术作品的创作，在考虑思想政治道德时，必须同时考虑儿童心理发展的年龄特征，考虑儿童身心的差异性。

此外，学前儿童发展心理学对儿童广播工作者、儿童玩具设计者等，都有极其重要的学习价值。他们如果能结合自己的业务来把握儿童心理的特点，就能更好地改进自己的工作，从而不断提高自己的工作水平和质量。

□ 3. 为儿童心理健康提供帮助

国务院 2001 年 5 月颁布的《中国儿童发展纲要（2001—2010 年）》强调：“儿童期是人的生理、心理发展的关键时期。为儿童成长提供必要的条件，给予儿童必需的保护、照顾和良好的教育，将为儿童一生的发展奠定重要基础。”《关于幼儿教育改革与发展的指导意见》（国办发〔2003〕13 号）指出：“要尊重儿童的人格尊严和基本权利，为儿童提供安全、健康、丰富的生活和活动环境，满足儿童多方面发展的需要；尊重儿童身心发展的特点和规律，关注个体差异，使儿童身心健康成长，促进体智德美等全面发展。”

学习学前儿童发展心理学可以认识到学前儿童心理发展中的问题，分析这些问题产生的原因，把握预防和矫治这些问题的策略。只有把学前儿童的心理健康教育建立在科学知识基础之上，才能树立正确的心理健康教育观念，对儿童心理问题做出准确的分析、评估和判断，保证心理健康教育的科学性。

学前儿童发展心理学是学前教育专业的一门专业基础理论课。作为未来的学前儿童教育工作者，学习学前儿童发展心理学，可以避免工作中的盲目性，提高教育工作效率，用科学的理念教育儿童，还能巩固为学前教育事业服务的专业思想。

任务二　学前儿童心理发展的影响因素

学前儿童心理发展的影响因素主要分为客观因素和主观因素。客观因素是指学前儿童心理发展不可缺少的外在条件，主观因素则指学前儿童心理本身的特点。

一、客观因素

（一）生物因素

1. 遗传素质

俗话说，"有其父，必有其子"。遗传是一种生物现象。通过遗传，祖先的一些生物特征可以传递给后代，例如，身高、长相以及智商。

遗传对儿童心理发展的作用具体表现在：

（1）提供人类心理发展最基本的物质前提。由遗传缺陷造成脑发育不全的儿童，其智力障碍往往难以克服；黑猩猩即使有良好的人类生活条件并经过精心训练，其智力发展最多也只能是人类婴儿的水平。这些事实从反面证明了正常的遗传素质对儿童心理发展具有基础作用。

（2）奠定儿童心理发展个别差异的最初基础。研究证明，血缘关系越近，智力发展越相似。除智力外，遗传素质影响儿童特殊能力的发展。例如，音乐家、运动员、画家等之所以能取得辉煌的成就，固然取决于后天的培养和自身的勤奋，但不能否认遗传在其中的作用。可以说，具有不同遗传素质的儿童，其最优发展方向是不同的。

2. 生理成熟

生理成熟也称生理发展，是指身体生长发育的程度或水平。生理成熟主要依赖于种系遗传的成长程序，有一定的规律性。

儿童体内各大系统成熟的顺序是：神经系统最早成熟，骨骼肌肉系统次之，最后是生殖系统。例如，儿童5岁时脑重已达成人的80%，骨骼肌肉系统的重量还只有成人的30%左右，生殖系统则只达成人的10%。

生理成熟对儿童心理发展的具体作用是使心理活动的出现或发展处于准备状态。例如，儿童负责情绪的大脑中枢尚未发育成熟，情绪通常外露，明显不能自控，此时即使对其进行教育，儿童短时间也学不会调节和管理情绪。

（二）社会因素

环境和教育是影响学前儿童心理发展的社会因素。

儿童周围的世界，就是儿童所处的环境。环境分为自然环境和社会环境。自然环境提供儿童生存所需要的物质条件，例如，空气、阳光、水分、养料等。社会环境包括社会生产发展水平、社会制度、家庭状况、人际交往圈、居住区域等。

1. 社会环境可以使遗传所提供的心理发展可能性变为现实

人类社会生活环境影响学前儿童心理的发展。如果儿童出生后没能生活在正常社会环境中，那么即使遗传提供了儿童心理发展的可能性，心理发展也不可能变成现实。1920 年 10 月，在印度的米德纳波尔的山洞里发现了两个"狼孩"，他们既不会走路也不会说话。动物哺育长大的儿童，虽然具有人类的遗传素质，却不具备儿童的心理。

我国古代也曾有孟母三迁的故事，是指孟子的母亲为孩子选择良好的生活环境，三次迁居。后来，大家就用"孟母三迁"来表示人应该要接近好的人、事、物，才能学习到好的习惯。

2. 教育影响学前儿童心理发展的水平和方向

📕 **案例呈现**

最重要的东西是在幼儿园学到的

1988 年，75 位诺贝尔奖获得者在巴黎聚会。有个记者问其中一位：在您的一生里，您认为最重要的东西是在哪所大学学到的呢？

这位白发苍苍的诺贝尔奖获得者平静地回答：是在幼儿园。记者感到非常惊奇，又问道：为什么呢？他微笑着回答："在幼儿园里，我学会了很多。例如，把自己的东西分一半给小伙伴们；不是自己的东西不要拿；东西要放整齐；饭前要洗手；午饭后要休息；做了错事要表示歉意；学习要多思考，要仔细观察大自然。我认为，我学到的全部东西就是这些。"所有在场的人对这位诺贝尔奖获得者的回答报以热烈的掌声。

该案例说明，明确的教育目的与教育内容，对儿童的影响处于主导地位。幼儿园教育教学的发展水平越高，就越能促进儿童心理向教育所指导的方向发展。

此外，当今的人类社会已进入信息时代，电影、电视、广播、书刊、网络等大众传媒也从不同的侧面影响着儿童心理的发展。

■ 二、主观因素

影响儿童心理发展的因素，不仅有外部的客观因素，还有内部的主观因素。

■ （一）儿童自身内部的心理因素是相互联系、相互影响的

随着心理的发展和个性的形成，儿童的积极能动性越来越大。环境和教育不能机械地决定儿童心理的发展。

例如，儿童的兴趣和爱好影响其坚持性和能力的发展，在有趣的游戏中，儿童的坚持性可以明显提高。学轮滑时，爱好运动的儿童很快就掌握了一些基本技巧，不爱好运动的儿童则学习起来特别费力。性格同样影响儿童心理活动的积极性。反应快、易冲动的儿童较喜欢去完成多变的任务；安静、迟缓的儿童有耐心，能够坚持较长时间做细致的工作。

■ （二）儿童心理的内部矛盾是推动儿童心理发展的根本原因

儿童心理的内部矛盾可以概括为两个方面，即新的需要和旧的心理水平或状态。

例如，3岁的儿童出现了参与社会交往的强烈愿望，但言语能力尚不成熟，经常词不达意，这就促使儿童更加积极主动地模仿学习本民族的语言，从而促进他们语言表达能力的发展。

总而言之，客观因素和主观因素对儿童心理的发展都起着重要的作用。只有正确认识它们之间的相互作用，才能弄清影响儿童心理发展的原因，充分利用各种因素，引导和促进儿童心理健康和谐地发展。

任务三　学前儿童心理发展的研究方法

研究学前儿童心理的特点和规律，通常采用以下几种方法：

■ 一、观察法

观察法是指研究者通过感官和辅助仪器，有目的和有计划地对处于自然情境下的学前儿童在日常生活、游戏、学习和劳动过程中的表现，包括对其言语、表情和行为进行观察，并根据观察结果分析儿童心理发展的规律和特征的方法。

例如，教师想了解小班儿童是否能独立吃饭、独立如厕，那就需要在他们的日常生活中观察记录儿童的行为表现，从而判断他们是否具备了一定的生活自理能力。

观察法最大的优点在于：它能通过观察直接获得资料，不需其他中间环节，因此，观察的资料比较真实；在自然状态下观察儿童，能获得生动的资料；观察具有及时性

的优点，它能捕捉到儿童正在发生的现象；观察能搜集到一些无法言表的儿童活动资料。

局限性主要有：受时间的限制；受观察对象的限制；受观察者本身的限制；观察者只能观察表面现象不能直接观察到本质；观察法不适用于大面积调查等。

■ 二、实验法

实验法即有计划地控制各种条件，在各种条件中，引起或改变某一条件，来研究儿童心理特征的变化，从而揭示特定条件与心理活动之间关系的方法。

实验法主要有两种：自然实验法和实验室实验法。

□ 1. 自然实验法

自然实验法又称现场实验法，是指在实际生活情境中，由实验者创设或改变某些条件，以引起被试儿童某些心理活动并进行研究的方法。

例如，含有暴力元素的动画片是否会引发儿童更多的暴力行为？想要知道答案就要做实验，用事实说话，将同年龄段儿童随机分成两组，一组观看较暴力的动画片，另一组观看普通动画片，结束后观察两组儿童在玩具数量有限的情境下出现争抢玩具冲突的频率是否有差别。

自然实验法和观察法一样，是研究学前儿童心理的主要方法。由于儿童摆脱了实验室实验可能造成的紧张心理而处于自然状态中，实验者得到的资料比较切合实际。

□ 2. 实验室实验法

实验室实验法是指在实验中，严格控制实验条件，借助专门的实验仪器，引起和记录儿童的心理现象并进行研究的方法。

实验室实验法最主要的优点就是可以通过特定的仪器探测一些不易观察到的情况，例如，儿童的心跳、呼吸、皮肤电反应等。但是如果儿童意识到正在接受实验，就有可能干扰实验结果的客观性，因此，这种方法具有局限性。

■ 三、谈话法

谈话法是研究者通过与儿童面对面的谈话，从口头信息的沟通过程中了解学前儿童心理特点的方法。

例如，教师想了解儿童对幼儿园和教师的看法，就可以使用谈话法，列出一些方便儿童理解的问题提纲，从儿童的回答中了解他们的想法和感受。例如：

你喜欢上幼儿园吗？
你最喜欢幼儿园的什么活动？
你最喜欢幼儿园哪个教师？你为什么喜欢她？

你的好朋友是谁？

……

谈话法最大的优点是灵活性强，与儿童谈话时，可以随机应变，提出针对儿童心理状态的、恰当的问题。但谈话法比较费时，一般不适合儿童群体，且极易受主观因素影响，在判断和分析时容易出现偏差。

■ 四、作品分析法

作品分析法是指研究者从儿童的作品（绘画、舞蹈、泥塑、拼搭、讲故事等）分析儿童心理特点的方法。

在儿童成长的过程中，当他们还不会用文字来表达他们的言语时，作品就成了他们内心世界最好的诠释。这种方法很适合对儿童进行心理研究。

📕 案例呈现

《我爱我家》的画作

教师让儿童画一幅《我爱我家》的想象画。儿童自由作画，每个人都画出了自己心中的家，通过儿童的画作，教师可以了解儿童对家和家人的感受，以及和家人的关系亲密程度，家人是否给予了儿童足够的安全感，等等。

分析作品的工作主要是由研究者或幼儿园教师来完成。但鉴于我们对儿童的内心状况无法准确把握，可以鼓励儿童对自己的作品进行解释，这将有助于我们更准确地了解儿童的真实想法及感受。

作品分析法的优点是支持研究者随时进行小范围的研究，既可以针对个人又可以针对群体，资源丰富且实用，操作简便；且不与被试儿童进行正面接触，易获得较为真实的反馈，不受时间和地点的限制，省时省力。缺点是局限于少数案例，研究结论仅适用于个别情况，不具有代表性。

■ 五、问卷法

问卷法是研究者根据调查目的编制问卷来收集学前儿童心理或行为等相关资料的研究方法。由于学前儿童的年龄较小，理解能力不强，问卷主要由学前儿童的教师或家长填写。

问卷内容一般由个人资料和相关问题两部分组成，个人资料主要包括性别、年龄、学历、职称等，为了确保调研的真实性，一般不要求署名；相关问题由选择题、填空题、判断题、简答题等组成。

问卷法的优点是能够在较短的时间内收集大量的信息，便于统计分析，易得出结论。缺点是问卷设计的科学性影响研究资料的回收率和有效性，进而影响研究结果。

■ 六、测验法

测验法是运用标准化的量表来测量学前儿童心理发展水平的方法。测验量表的编制要求测验的题目、材料、计分方法和测验程序等过程要标准化，以确保测验结果的一致性。

测验法的优点是能数量化地反映学前儿童的心理发展水平和特点，能快速收集大量的资料。局限性在于，测验法的成功很大程度上取决于测验量表的可靠性，且测验结果只能揭示相关关系，不能揭示因果关系。

📕 真题再现

一、单项选择题

1. 幼儿园教师通过记录幼儿在日常生活与活动中的表现来分析其心理特点。这种研究方法是（　　）。（2023年上半年幼儿园教师资格证考试真题）

A. 观察法
B. 谈话法
C. 测验法
D. 实验法

2. 通过分析幼儿手工成果来了解其心理的方法是（　　）。（2022年下半年幼儿园教师资格证考试真题）

A. 调查法
B. 自然观察法
C. 实验法
D. 作品分析法

3. 某一时期，儿童学习某种知识和形成某种能力比较容易，心理某个方面的发展最为迅速。儿童心理发展的这个时期被称为（　　）。（2022年下半年幼儿园教师资格证考试真题）

A. 反抗期
B. 敏感期
C. 转折期
D. 危机期

4. 导致"狼孩"心理发展滞后的主要因素是（　　）。（2020年上半年幼儿园教师资格证考试真题）

A. 遗传有缺陷
B. 生理成熟迟滞
C. 自然环境恶劣
D. 社会环境缺乏

5. 在儿童的日常生活、游戏等活动中，创设或改变某种条件，以引起儿童心理的变化。这种研究方法是（　　）。（2015年上半年幼儿园教师资格证考试真题）

A. 观察法
B. 自然实验法
C. 测验法
D. 实验室实验法

二、简答题

1. 简述学前儿童心理发展的影响因素。
2. 简述学前儿童心理发展的研究方法。

三、材料分析题

有些家长望子成龙，为孩子安排了一系列的学习活动，要么学英语，要么学钢琴，要么学美术等。每天的学习时间安排得满满的，周六、周日也不例外，生怕孩子贪玩。从不轻易让孩子与邻居家的孩子共同玩耍，自己也不愿与孩子一起游戏。即使孩子想尝试做些简单的家务，家长也不给机会，家务完全由家长包办。

问题：试从学前儿童心理发展的角度分析材料中家长的做法。

📕 岗位实训

任务一　请列一份谈话提纲，运用谈话法了解幼儿的心理特点，并做好谈话记录。

【谈话目标】
【谈话对象】
【谈话记录】
【谈话分析】

任务二　用观察法对幼儿的日常生活事件进行记录分析，并做好观察记录。

【观察目标】
【观察对象】
【观察记录】
【观察分析】

📕 直通国赛

观看国赛视频，运用观察法分析幼儿的个性特点。

（注：这里的"国赛"是指全国职业院校技能大赛。）

国赛视频 1

学习目标

知识目标：

1. 识记主要理论流派的代表人物；
2. 理解学前儿童心理学理论流派的基本观点。

能力目标：

1. 能辩证评价各理论流派的基本观点；
2. 能用学前儿童心理学理论观点分析学前儿童的行为表现。

素养目标：

1. 萌发对心理学家的敬佩之情；
2. 培养对儿童的关爱之情，尊重每个儿童的个性差异，因材施教，为儿童创造一个充满爱与关怀的成长环境，树立正确的教育观。

思维导图

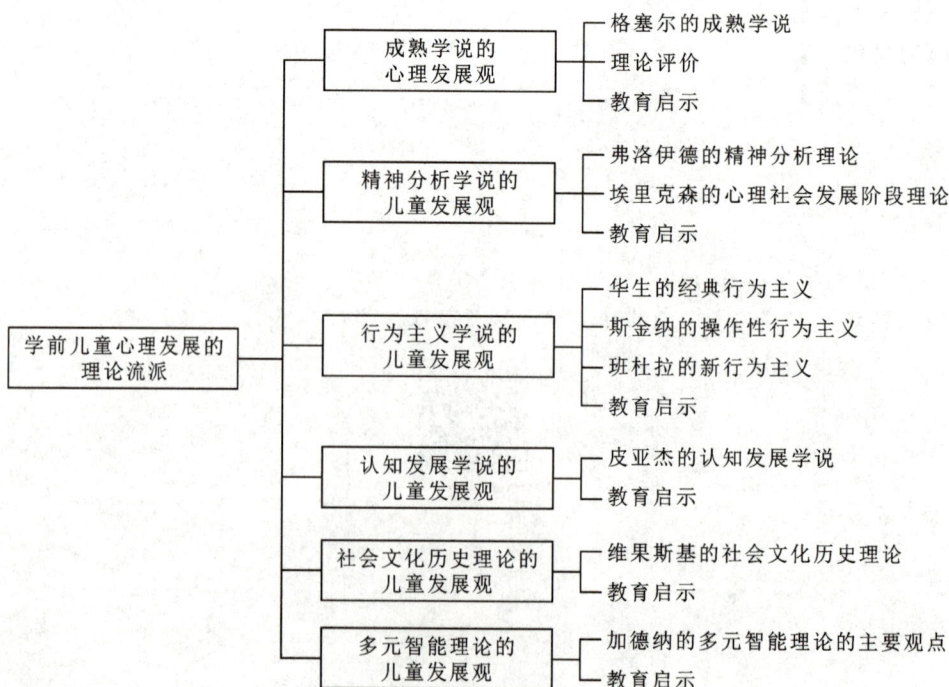

📕 情境导入

在一个充满活力的幼儿园活动室里，一场别开生面的亲子运动会正在进行。孩子们和家长们分成几个小组，正热火朝天地参与着各种趣味项目。

在"袋鼠跳"比赛区域，孩子们双脚并拢，双手紧紧抓住麻袋的边缘，努力地向前跳跃。有的孩子动作敏捷，很快就到达了终点，脸上洋溢着自信的笑容；而有的孩子则显得有些笨拙，时不时地摔倒，但又立刻爬起来继续前进，虽然速度慢了些，却也毫不气馁。

这时，幼儿园的园长走了过来，她看着孩子们和家长们，心中不禁感慨：孩子们的发展水平真是各有不同啊，从不同的角度来看，背后有着怎样的原因呢？

从成熟学说的视角来看，那些在"袋鼠跳"比赛中动作敏捷的孩子，可能是因为他们的身体机能和神经系统已经发展到了一个相对成熟的阶段，能够更好地协调身体的各个部位进行运动；而那些动作稍显笨拙的孩子，可能还需要更多的时间来等待身体的自然成熟。

从精神分析学说的角度来说，孩子们在比赛中的表现或许也与他们的潜意识有关。那些摔倒后立刻爬起来继续前进的孩子，可能在潜意识里有着较强的自我驱动力和对成功的渴望；而那些配合默契的亲子家庭，在长期的相处中可能已经建立了良好的情感连接和信任，这种情感因素也在比赛中发挥了积极的作用。

行为主义学说则会关注孩子们在比赛中的具体行为表现以及这些行为是如何通过外部刺激和强化形成的。比如，那些能够快速完成"袋鼠跳"的孩子，可能之前在类似的活动中得到了表扬和奖励，从而强化了他们的跳跃技能。

认知发展学说会着重分析孩子们在比赛中的思维和认知过程。例如，在"袋鼠跳"比赛中，孩子们需要理解比赛规则，判断跳跃的节奏和力度，这些都是认知能力的体现。

社会文化历史理论学说则会强调社会文化环境和教育对孩子们发展的影响。在这个亲子运动会的场景中，幼儿园组织的活动为孩子们提供了一个丰富的社会文化环境，让他们有机会与同伴和家长一起参与游戏，学习合作、竞争等社会技能；同时，家长的参与和引导也在潜移默化中影响着孩子们的行为和认知发展。

多元智能理论则让我们看到每个孩子都有自己的优势智能领域。有些孩子在身体-动觉智能方面表现出色，有些孩子在视觉-空间智能方面有独特的天赋。

这个情景就像一个生动的舞台，展示了学前儿童在不同活动中的多样化表现，而不同的心理学理论流派则为我们提供了解读这些表现的多把钥匙。

接下来，就让我们深入探讨成熟学说、精神分析学说、行为主义学说、认知发展学说、社会文化历史理论学说和多元智能理论，去发现它们如何从各自独特的视角阐释学前儿童心理发展的奥秘，为我们更好地理解和促进学前儿童的发展提供理论支持。

任务一　成熟学说的心理发展观

格塞尔是美国著名的儿童心理学家，他和他的同事们详尽地研究了儿童的神经运动发展，通过大量的实验和观察，提出了"成熟学说"。

■ 一、格塞尔的成熟学说

格塞尔（见图 2-1）根据自己长期临床经验和大量的研究，提出一个基本的命题，即个体的生理和心理的发展取决于个体的成熟程度，而个体的成熟取决于基因规定的顺序。他认为，支配儿童心理发展的两个因素是成熟和学习。成熟支配着个体发展的每个方面，包括所有能力的学习，甚至包括道德的发展。当个体的成熟程度不够时，教学就收不到应有的效果。只有当个体成熟到一定程度时，才能真正掌握学习的内容。

格塞尔的观点主要来源于其著名的"双生子爬楼梯"实验（见图 2-2）。这个实验显示了成熟在儿童动作发展中的作用。儿童在成熟之前仍处于学习的准备状态。所谓准备，就是由不成熟到成熟的生理机制的变化过程，只要准备好了，学习行为就会产生。所以，他认为，发展的过程不可能通过环境的变化而改变。

图 2-1　格塞尔

图 2-2　双生子爬梯实验

■ 二、理论评价

格塞尔将成熟概念用于自己的理论中，使得心理过程中的生物因素变得更为确切和具体。格塞尔的理论证明，在任何行为背后都隐藏着它自身的生物学基础，尽管儿童行为的习得离不开学习、教育和社会影响等环境因素，但脱离成熟而谈教育是不妥的，甚至是有害的。

该理论认为，儿童的发展是按照一定的生物程序进行的，每个发展阶段都有其特定的成熟标志，而这些标志是不可逾越的。然而，这种观点过于强调生物成熟对儿童发展的影响，忽略了个体差异和文化背景对儿童发展的影响，也没有充分考虑到社会环境和教育对儿童成长的积极作用。

■ 三、教育启示

格塞尔主张，父母及从事儿童教育的专业人士应深入理解儿童成长的自然规律，并依此规律来抚养和教育儿童。具体而言，每位教师都应将工作与儿童的准备程度及独特能力相结合；每位家长都应与儿童共同成长，共同体验成长过程中的每一份喜悦与挑战。若成人以急功近利的态度教育儿童，通常会导致儿童在成年后感到失望，甚至可能引发一系列心理问题。格塞尔的同事阿弥士向家长提出了以下建议。

(1) 请不要认为儿童的成长完全取决于您，不必每时每刻都试图"教育"他们。

(2) 学会欣赏儿童成长的每一个阶段，观察并享受每周、每月带来的新变化。

(3) 避免总是思考"接下来应该发展什么？"，而应与儿童一同充分体验每个阶段的乐趣。

(4) 尊重儿童当前的能力水平，在他们尚未准备好时，保持耐心等待。

任务二　精神分析学说的儿童发展观

精神分析是现代西方心理学的主要流派之一，它的诞生对心理学产生了积极深远的影响。精神分析学说由弗洛伊德创立，后经他的学生及追随者不断发展壮大，形成了一个庞大的心理学体系。精神分析流派在儿童发展观上的代表人物分别为弗洛伊德和埃里克森。

■ 一、弗洛伊德的精神分析理论

弗洛伊德是奥地利精神病学家，精神分析学派的创始人。弗洛伊德从自己的临床经验出发，对儿童的人格结构和心理发展阶段做了系统的阐述，并逐步将其发展为精神分析理论。

■（一）人格结构

弗洛伊德（见图 2-3）提出人格由三个层次构成：本我、自我和超我（见图 2-4）。本我占据人格结构的核心，具有显著的生物进化特征，是学前儿童基本需求的源泉。它遵循快乐原则，存在于潜意识之中。自我则遵循现实原则，位于意识层面。超我代表了意识层面的道德成分，它根据情境对自我进行约束和做出决策选择。

（1）本我是人格中的一种原始力量，源自遗传的本能，存在于无意识之中。它追求基本的生物需求的满足，毫无掩饰与限制，寻求直接的肉体快乐。例如，一个饥饿的婴儿不会等待，会立即寻求食物。

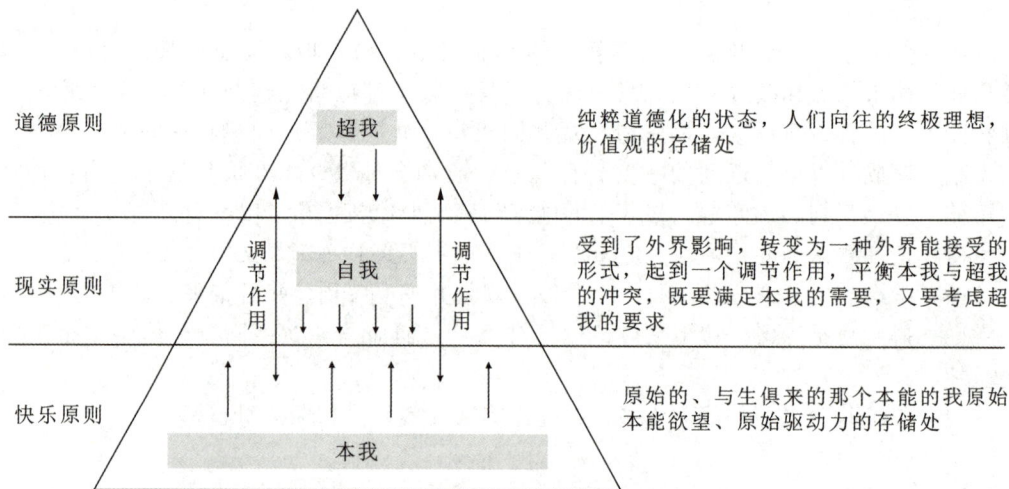

图 2-3　弗洛伊德

道德原则	超我	纯粹道德化的状态，人们向往的终极理想，价值观的存储处
现实原则	调节作用　自我　调节作用	受到了外界影响，转变为一种外界能接受的形式，起到一个调节作用，平衡本我与超我的冲突，既要满足本我的需要，又要考虑超我的要求
快乐原则	本我	原始的、与生俱来的那个本能的我原始本能欲望、原始驱动力的存储处

图 2-4　弗洛伊德的人格结构理论

（2）自我遵循现实原则，位于意识层面。在日常生活中，并非所有儿童的愿望都能立即得到满足。例如，当儿童因饥饿而哭泣时，母亲可能正忙于其他事务，因此儿童的愿望有时被推迟或被拒绝。成人要求与儿童愿望之间的冲突，以及本我与现实之间的持续冲突，催生了人格的第二个层次——自我的形成。它一方面使本我适应现实条件，调节、控制或延后本我欲望的满足；另一方面还需协调本我与超我的关系。

（3）超我是人格中的最高层次。超我在儿童早期开始发展，主要源自对同性父母的认同。儿童努力模仿他人，接纳他人的价值观与信念，并将成人的要求内化为自己的行为准则，形成并自觉遵守规则。例如，儿童认为："我应该成为一个不哭闹的乖宝宝。"当个体的行为符合自我理想时，会感到自豪；反之，则会感到焦虑。因此，超我是意识层面的道德部分，遵循道德原则。

■（二）儿童心理发展阶段

弗洛伊德根据不同阶段儿童的集中活动能力，把心理和行为发展划分为由低到高的五个阶段，依次是口唇期、肛门期、性器期、潜伏期和生殖期。

□ 1. 口唇期（0～1 岁）

口唇期的活动主要是口腔的活动。儿童从吸吮、吞咽、咀嚼等口唇活动中获得对基本需要的满足，因此，口唇是这一时期产生快感最集中的区域。如果这一时期的基本需要得到满足，以后儿童就会变得乐观、有自信心、信任他人。如果口腔的需要未能得到适当满足，将来可能形成诸如吮吸手指、咬手指甲、暴食和成年以后抽烟的习惯。

□ 2. 肛门期（1～3 岁）

在肛门期，儿童的性本能集中到肛门区域，排泄时产生的轻松与快感，使儿童体验到了操纵与控制的作用。这一时期，上厕所成为父母训练儿童的主要内容之一。弗洛伊德特别要求父母注意，对儿童大小便训练不宜过早、过严，否则会对儿童的人格形成产生不利影响。

□ 3. 性器期（3～6 岁）

在性器期，儿童开始关注身体的性别差异，自我冲突转移至性器官时，儿童会发现性刺激的快感。弗洛伊德认为，3 岁后的所谓性快感，主要是指儿童依恋异性父母的俄狄浦斯情结，即男孩产生恋母情结，女孩产生恋父情结。一方面以父母中的异性者为爱恋对象，另一方面对父母中的同性别者产生妒忌和憎恨的心理。于是出现了本我和自我的冲突，结果往往是儿童去模仿同性父母，并使之内化成为自己人格的一部分。这一时期冲突的顺利解决，对未来儿童人格的健康发展极为重要。

□ 4. 潜伏期（6～11 岁）

在潜伏期，性本能消失，超我进一步发展，儿童从家庭以外的成人和一起玩耍的伙伴那里获得了新的社会价值观念。儿童逐渐放弃了俄狄浦斯情结，男孩和女孩开始各自以同性父母为榜样来行事，弗洛伊德把这种现象称为"自居作用"。

□ 5. 生殖期（11 岁以后）

在生殖期，潜伏期的性冲动再度出现。如果前面的阶段发展得顺利，那么就会顺利过渡到结婚、性生活与生育后代的阶段。

弗洛伊德的精神分析理论，推动心理学界重视并积极开展儿童早期经验、早期教养和儿童期心理卫生问题的研究。但其关于人格结构和发展阶段的阐述不能被证实，带有很强的假设性，在应用于学前儿童时仍有很大的局限性。

■ 二、埃里克森的心理社会发展阶段理论

埃里克森（图 2-5）是美国著名精神病医生，同时也是美国现代有名的精神分析理论家之一。埃里克森在精神分析中的主要贡献是他的心理社会发展阶段理论。

埃里克森认为，人格的发展按一定的固定顺序（即有机体的成熟程度）分为八个阶段（表 2-1），这八个阶段的顺序是由遗传决定的，但是每一阶段能否顺利度过却是由环境决定的，所以这个理论被称为心理社会发展阶段理论。

图 2-5　埃里克森

表 2-1　埃里克森的心理社会发展八阶段论

阶段	年龄	冲突	人格发展任务	发展障碍者的心理特征	发展成功者的品质特征
婴儿期	0～1岁	基本信任对不信任	发展信任感，克服不信任感	面对新环境时会焦虑不安	希望的美德
儿童早期	1～3岁	自主对羞怯、疑虑	培养自主感，克服羞怯感和疑虑感	缺乏信心，行动畏首畏尾	意志的美德
学前期（游戏期）	3～6岁	主动对内疚	培养主动感，克服内疚感	畏惧退缩，缺少自我价值感	方向和目的的美德
学龄期	6～12岁	勤奋对自卑	培养勤奋感，克服自卑感	缺乏生活的基本能力，充满失败感	能力的美德
青年期	12～18岁	自我同一性对角色混乱	建立同一感，防止同一感混乱	生活无目的、无方向感，时而感到彷徨迷失	责任和忠诚的美德
成年早期	18～30岁	亲密对孤独	发展亲密感，避免孤独感	与社会疏离时感到孤独无助	爱的美德
成年中期	30～60岁	繁殖对停滞	获得繁殖感，避免停滞感	不关心别人与社会，缺少生活意义	关心的美德

续表

阶段	年龄	冲突	人格发展任务	发展障碍者的心理特征	发展成功者的品质特征
成年晚期	60岁以后	完善对绝望	获得完善感，避免失望感和厌倦感	悔恨旧事，徒增烦恼	智慧的美德

他认为在心理发展的每一阶段中都存在一种危机，存在一对矛盾，危机和矛盾的解决标志着前一阶段向后一阶段转折，顺利解决危机是一种积极的解决方式，有利于自我力量的增强，有利于个人适应环境，也有利于良好人格的形成。反之，则对人格形成极其不利，前一阶段危机的解决为后一阶段危机的顺利解决提供了极大的可能性，这两个阶段顺序是由遗传决定的，但每一个阶段能否顺利度过却是由社会环境决定的。

□　1. 第一阶段　婴儿期

基本信任对不信任（0～1岁）。本阶段发展任务是满足生理需要，获得信任感而克服不信任感，体验着希望的实现。婴儿在这一阶段主要通过与主要照顾者（通常是母亲）建立关系来获得信任感。如果婴儿的需要能够得到及时且一致的满足，那么婴儿就会形成对世界的基本信任感，认为世界是安全和可预测的。这种信任感是形成健康人格的基础，也是未来人际关系发展的基石。反之，如果婴儿的需要经常被忽视或拒绝，婴儿可能会形成对世界的不信任感，这种不信任感可能导致婴儿在未来的生活中表现出焦虑、退缩或攻击性行为。

□　2. 第二阶段　儿童早期

自主对羞怯、疑虑（1～3岁）。本阶段的发展任务是满足探索的需要，获得自主感，克服羞怯感和疑虑感，体验着意志的实现。儿童开始意识到自我作为独立个体的存在，他们渴望自由地进行探索活动，尝试掌控自己的身体和周围环境。如果父母或主要抚养者在这一阶段给予儿童适度的自由和鼓励，让他们在安全的环境中自由探索，那么儿童将能够建立起自主性，对自己充满信心。相反，如果父母过度保护或限制儿童的探索行为，可能会使儿童产生羞怯感和疑虑感，对自己的能力产生怀疑，甚至影响到他们未来的自信心和独立性。在这一阶段，父母需要学会平衡保护与放手，鼓励儿童在安全的前提下进行探索，培养他们的自主性和独立性。

□　3. 第三阶段　学前期（游戏期）

主动对内疚（3～6岁）。本阶段的发展任务是获得主动感，克服内疚感，体验目的的实现。儿童在这一阶段的活动范围逐渐扩大，开始有了更多的社交互动。他们通过游戏来探索世界，学习新技能，并尝试掌控自己的行为。如果父母或教师能够给予儿童足够的自由和空间，鼓励他们积极尝试和探索，那么儿童就能顺利获得主动感，建立起自信和自我效能感。相反，如果过度限制或批评，儿童可能会感到内疚和不安，影响他们的自尊心和创造力的发展。

□ **4. 第四阶段　学龄期**

勤奋对自卑（6～12岁）。本阶段的发展任务是获得勤奋感，克服自卑感，体验能力的实现。儿童在这一阶段开始进入学校学习，面临更多的学业和社会期望。他们通过努力学习、完成作业和取得好成绩来获得勤奋感，同时也开始意识到自己的能力和潜力。如果父母和教师能够给予儿童适当的鼓励和肯定，帮助他们建立正确的学习态度和价值观，那么儿童就能顺利获得勤奋感，形成积极向上的性格特征。相反，如果过度批评或忽视儿童的努力和进步，可能会导致他们产生自卑感，对自己的能力失去信心，影响未来的学习和生活。

□ **5. 第五阶段　青春期**

自我同一性对角色混乱（12～18岁）。本阶段的发展任务是建立同一感，防止同一感混乱，体验责任和忠诚的实现。在这一阶段，青少年开始面临身份认同和自我意识的挑战，他们试图找到自己的位置，理解自己是谁，以及自己在社会中的角色。通过参与社会活动、形成个人价值观和建立人际关系，青少年逐渐建立起自我认同感。如果家庭、学校和社会能够提供支持和理解，帮助他们处理这一阶段的困惑和挑战，那么青少年就能顺利度过这一阶段，形成稳定的自我认同和责任感。相反，如果缺乏必要的支持和引导，青少年可能会陷入同一感混乱，对自己的身份和价值产生怀疑，导致未来的社会适应困难。

□ **6. 第六阶段　成年早期**

亲密对孤独（18～30岁）。本阶段的发展任务是获得成功的情感生活和良好的人际关系，发展亲密感，避免孤独感，体验着爱情的实现。在这一阶段，年轻人开始寻求与他人的深入联系，尤其是情感上的联系。他们努力建立稳定的伴侣关系，探索爱情的真谛，并学习如何在情感上依赖他人。通过与他人建立亲密关系，年轻人能够更好地理解自己的情感需求，学会如何在情感上进行交流和沟通。如果在这一阶段，年轻人能够获得成功的情感生活和良好的人际关系，他们将体验到爱情的甜蜜和亲密感的满足。相反，如果他们在寻找亲密关系的过程中遭遇挫折，可能会感到孤独和无助，对未来的情感生活产生恐惧和不安。

□ **7. 第七阶段　成年中期**

繁殖对停滞（30～60岁）。本阶段的任务是获得繁殖感，避免停滞感，体验着关怀的实现。在这一阶段，个体开始关注下一代和更广泛的社会问题，他们通过工作、家庭和社区活动来培养自己的责任感和成就感。他们努力为社会做出贡献，关心他人的成长和发展，并在这一过程中获得繁殖感。繁殖感不仅体现在对子女的养育和教育上，还体现在对社会的贡献和对他人的帮助上。如果在这一阶段，个体能够成功地实现自己的社会价值，关心他人并为社会做出贡献，他们将体验到繁殖感的满足和成就感。

相反，如果个体在这一阶段缺乏社会责任感，忽视对他人的关心和帮助，可能会感到停滞和空虚，无法实现自己的人生价值。

□ 8. 第八阶段 成年晚期

完善对绝望（60岁以后）。本阶段的发展任务是进行自我整合，防止失望，获得完善感，避免失望感和厌倦感，体验智慧的实现。在这一阶段，个体开始回顾自己的人生经历，对过去的经历进行反思和总结，寻求人生的意义和价值。他们通过参与社区活动、与他人分享经验和智慧，以及与年轻一代的交流，来获得自我认同和满足感。如果个体能够成功地整合自己的人生经历，接受自己的过去和现在，并从中吸取智慧和力量，他们将体验到完善感的满足和人生的成就感。相反，如果个体在这一阶段无法面对自己的过去，无法接受自己的衰老和死亡，可能会感到绝望和厌倦，无法体验到人生的价值和意义。

■ 三、教育启示

■ （一）重视早期经验和亲子关系

精神分析理论关于儿童发展的观点，一方面强调早期经历对个体一生的深远影响，认为童年时期的生活与经历会对后续行为产生持久效应；另一方面，它认为父母的养育态度和方法，直接决定了儿童童年时期生活经验的品质。精神分析理论和研究，促使人们开始关注哺乳方式、断奶的时机与方法、排泄训练、亲子关系的处理等议题，促使人们意识到成年人，特别是父母在儿童早期生活以及人格塑造和发展中的关键地位和作用。

■ （二）重视健全人格的培养

精神分析学派强调培养健全人格的重要性，认为人格教育是教育的核心和终极目标。因此，儿童教育不应仅侧重于知识技能的传授，而应更加注重培养儿童的"爱的能力"。应根据儿童身心发展的特点进行人格教育，避免单一的灌输方式，而应创造一个能让儿童体验和感受到尊重、爱和安全的环境，使儿童获得成功和自信的体验，成为积极主动的学习者。

任务三 行为主义学说的儿童发展观

行为主义是20世纪初起源于美国的一个心理学流派，主张心理学应该研究可观察的行为，而不是意识。行为主义作为心理学的一个理论体系，其代表人物是华生、斯金纳等人。

■ 一、华生的经典行为主义

华生（见图 2-6）作为美国心理学家以及行为主义学派的奠基人，1913 年在《心理学评论》上发表了《行为主义者心目中的心理学》，这标志着行为主义心理学的正式诞生。自那以后，行为主义迅速崛起，受到广泛欢迎，并迅速成为心理学领域中较具影响力的主流学派之一。

行为主义学说强调环境对个体行为的影响，认为人的行为是通过后天的学习和训练形成的。在华生的经典行为主义理论中，儿童的行为是通过与环境的相互作用逐渐塑造而成的，而非天生具备。他主张，如果给予儿童适当的

图 2-6　华生

刺激和强化，就可以塑造出我们期望的行为模式。这一理论在当时引起了广泛的讨论和争议，对后来的心理学研究和教育实践产生了深远的影响。

华生之所以有这样的言论，源自他曾做过的经典实验——小艾尔伯特实验（见图 2-7），实验以 11 月大、名叫艾尔伯特的婴儿为实验对象，实验目的是形成惧怕条件反射。起初婴儿只有听到巨响才引起惧怕反应，但并不惧怕白鼠。实验开始后，每当白鼠出现，研究者就在婴儿的脑后猛然敲击铁棒，发出巨响，连续多次后婴儿一见到白鼠就惊哭退缩，以后甚至看到白兔、小狗、有胡须的圣诞老人以及毛皮大衣都会害怕。实验证明儿童的行为既在环境中习得，也可在环境中改变。

图 2-7　华生经典实验

华生曾说："给我一打健全的婴儿和我可用以培养他们的特殊环境，我就可以保证随机选出任何一个，无论他的才能、倾向、本领和他父母的职业及种族如何，我都可以把他训练成我所选定的任何类型的特殊人物：医生、艺术家、大商人甚至乞丐、小偷。不过请注意，当我进行这一实验时，我要亲自决定这些婴儿的培养方法和环境。"

华生的环境决定论观点，长久地影响美国心理学的发展。华生摒弃意识，反对研究人的认知，把人的心理看作简单的刺激与反应之间的连接，忽视了历史文化的作用，看不到社会学习的作用，是其理论存在的致命的缺陷，也一直受到人们的批评和诟病。后来出现的新行为主义对他的理论做了很多的修正和补充。

■ 二、斯金纳的操作性行为主义

斯金纳（见图 2-8）是美国著名的行为主义心理学家。他在华生行为主义理论的基础上，用操作性条件作用来解释行为的习得。斯金纳认为"刺激-反应"模式的学习更多发生在动物身上，人类的学习更多是在做出某种行为后，由受到的环境或教育的强化而形成的。斯金纳把个体主动发出的、受到强化的反应称为"操作性反应"。他认为，控制行为的因素主要有三种：强化、惩罚、消退。

图 2-8 斯金纳

第一个因素是强化。强化分为正强化和负强化。正强化是指通过呈现愉悦性刺激以提高行为出现的概率的过程。例如儿童做对了某件事后得到成人的物质奖励或表扬。负强化是指撤销厌恶性刺激以提高行为出现的概率的过程。例如儿童因有改正错误的行为表现，所以家长取消了限制儿童看电视的禁令。

第二个因素是惩罚。惩罚分为正惩罚和负惩罚。正惩罚是指当一种不良行为出现时，给予一个令人厌恶的刺激，以减少类似行为的发生。例如儿童做错事被罚站。负惩罚是指当一种不良行为出现时，撤销一个令人愉快的刺激，以减少类似行为的发生。例如家长因为儿童打架而不允许他吃汉堡。

第三个因素是消退。消退是指有机体做出以前曾被强化过的反应，如果在这一反应之后不再有强化物相伴，那么此类反应在将来发生的概率便降低。例如儿童一直哭闹，家长却不予理会，之后哭闹的行为减少了。

斯金纳将强化理论完善并进一步发展，将其应用于人类学习。他认为教育是塑造行为，并提出程序教学。他发明了程序教学机器，这为我们现在的计算机辅助教学提供了基本的理论支撑。斯金纳关于操作性条件反射作用的实验如图 2-9 所示。

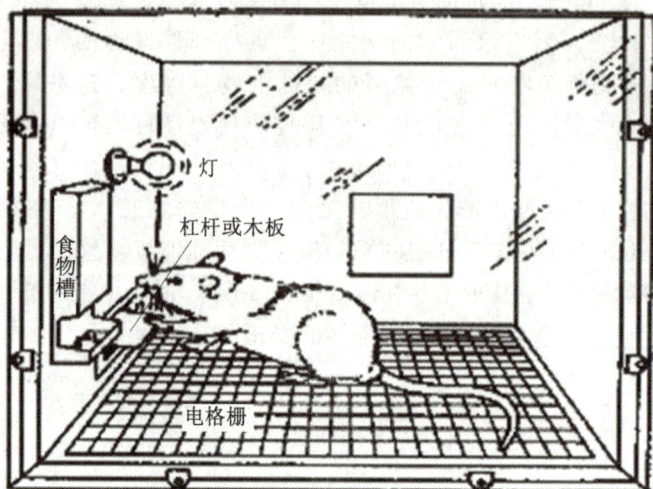

图 2-9　斯金纳箱实验

■ 三、班杜拉的新行为主义

　　班杜拉（见图 2-10）是新行为主义的主要代表人物之一。他认为人的行为不仅仅是由外部刺激直接决定的，而是个体、环境和行为的交互作用的结果。他提出了观察学习理论，强调个体通过观察他人的行为及其结果，从而获得新的行为模式或改变原有的行为模式。在他的理论中，观察学习分为注意、保持、再现和动机四个阶段，这四个阶段相互关联，共同构成了观察学习的完整过程。班杜拉还提出了自我效能的概念，即个体对自己能否成功完成某一行为的主观判断，这一概念对个体的行为选择和努力程度有着重要影响。

图 2-10　班杜拉

　　班杜拉的观点来自他团队做的一项经典的实验——波波玩偶实验（见图 2-11）。通过这个实验，班杜拉发现了儿童习得新行为有三种类型：直接强化、替代强化、自我强化。

　　第一类是直接强化。直接强化指观察者因表现出观察行为而受到强化。例如，幼儿园儿童做一件好事，教师就给他一朵小红花，激发儿童做好事的动机。

　　第二类是替代强化。替代强化指学习者通过观察他人行为所带来的奖励性后果而受到强化。例如，儿童看到同伴因讲礼貌而受到表扬时，就会增强产生同样行为的倾向。

　　第三类是自我强化。自我强化是观察者根据自己设立的标准来评价自己的行为。例如，儿童在活动中摔倒了，爬起来拍拍自己的腿对自己说："摔跤的时候不哭，我是最勇敢的宝宝。"

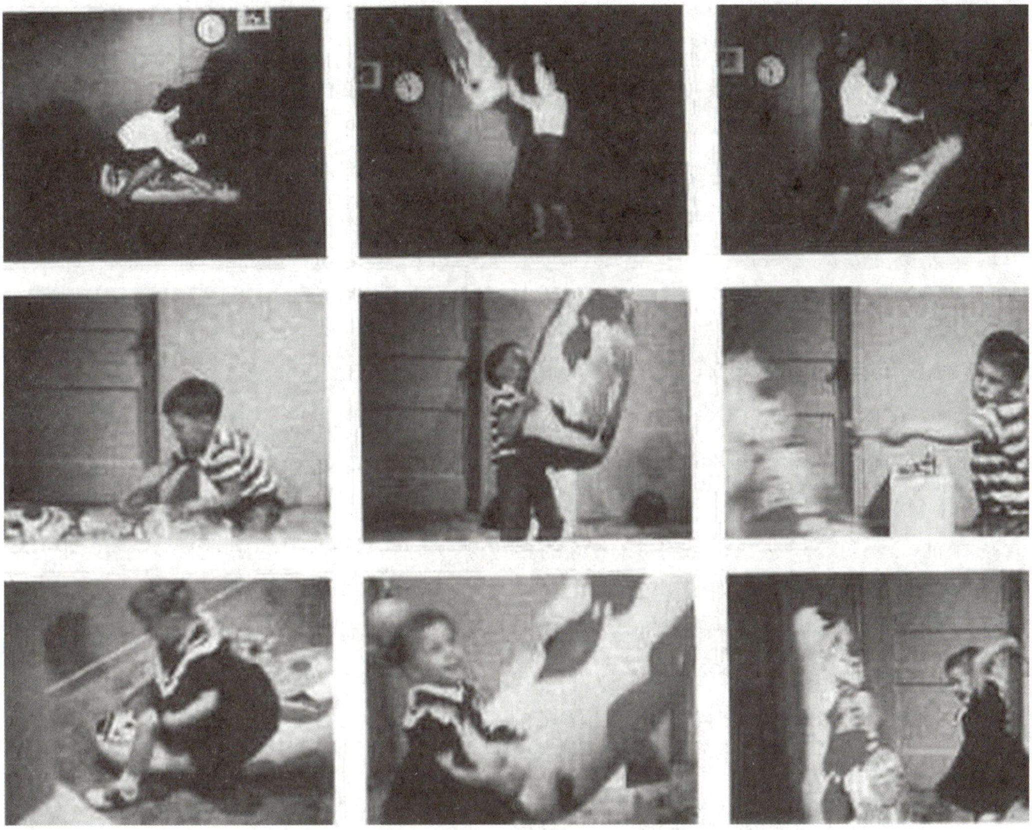

图 2-11　波波玩偶实验

儿童在发展过程中通过观察学习获得了自我评价的标准和自我评价的能力，这样儿童就能够对行为进行自我调节了。班杜拉的社会学习理论在心理学和教育学领域产生了深远的影响，为我们理解人类行为和学习提供了新的视角。

■ 四、教育启示

华生、斯金纳和班杜拉作为行为主义学派的代表人物，他们的理论相互关联，又相互弥补，使得行为主义理论更加丰富和完善，他们为心理学的发展做出了巨大的贡献。通过学习行为主义理论，我们在教育儿童时要注意些什么呢？

■ （一）重视环境影响

环境是影响儿童发展的关键因素之一。为了培养身心健康的儿童，我们必须创造一个有利于儿童成长的良好环境，尽量避免所有来自外部环境的不良刺激。从某种意义上讲，家庭是环境的设计者，是利用环境因素来塑造和培养儿童良好行为的"工程师"。此外，教师应基于对儿童行为的深入观察，提供适当的教育资源和教育环境。

■ （二）制定具体详尽的学习目标

在设定教学目标时，教师应将期望儿童达成的行为或任务细化为一系列具体的行为步骤。以"洗手"为例，可以将其拆解为卷起袖子、开启水龙头、湿润双手、涂抹洗手液、搓洗双手、冲洗等细致的环节，而每个环节还可进一步细分为更具体的小步骤。一旦教学目标或任务被细化为具体的行为步骤，教师便可通过展示榜样、亲自示范以及练习等方法，遵循"逐步递进"的原则，协助儿童逐步掌握动作技能，最终实现预期的教学目标。

■ （三）恰当运用强化控制原理

行为主义理论指出，个体行为的持续性与其结果紧密相关。以一个例子说明，当一个儿童帮助了同伴并因此获得了教师的表扬，这个儿童便有可能再次寻找机会去帮助他人。教师的表扬作为一种正向强化，对儿童行为的塑造和调整起着基础性作用。表扬和批评、奖励和惩罚构成了强化行为的基本方法。教师在运用批评等手段时需格外小心，因为不当的使用可能会无意中加强不良行为。同时，教师应深入了解每个儿童的兴趣和偏好，以便选择合适的、能够激励儿童的奖励方式。因为每个儿童对奖励的喜好各异，有的可能偏爱图案奖励如红花、星星，有的可能更喜欢零食奖励，有的则可能对不干胶贴纸或大拇指印章情有独钟。最理想的奖励是来自活动本身的成功体验，仅在必要时才考虑使用外在的奖励。

■ （四）注意榜样对儿童学习的影响

行为主义理论特别强调榜样的作用在儿童学习过程中的重要性，认为儿童通过直接体验和观察来学习，而基于观察学习的示范教学能够为儿童提供恰当的模仿对象，减少错误尝试和避免不必要的时间浪费。在实施示范教学时，选择那些能够激发儿童兴趣且易于接受的模仿对象至关重要。教师作为儿童眼中的"权威人物"，其行为举止和言谈都会对儿童产生深远的影响，教师会成为他们模仿的范例。例如，教师若采取责骂或体罚的方式对待儿童，实际上是在向他们示范攻击性行为；相反，若教师态度温和、亲切，儿童则能学习到良好的人际交往方式。因此，教师必须时刻留意自己的言行举止，确保能够以身作则。同时，家庭教育也应与幼儿园教育保持一致，家长同样需要为儿童树立正面的榜样。

任务四　认知发展学说的儿童发展观

认知发展学说是心理学领域中的一个重要流派，它主要研究人类认知能力的发展过程以及影响这一过程的各种因素。它的提出者皮亚杰生于瑞士纳沙泰尔。他毕生研究儿童认知发展，创立了著名的儿童发展理论——认知发展学说。

一、皮亚杰的认知发展学说

（一）关于心理发展机制的观点

皮亚杰（见图 2-12）提出，心理发展是一个由内在因素和外在因素相互作用所驱动的过程，其中心理图式经历着连续的量变和质变。他认为心理结构的演进包括图式、同化、顺应和平衡四个关键环节。图式构成了这一理论的核心，它指的是动作的组织结构，这些动作在相似的环境中通过重复实践而得以迁移和概括。由于每个人所拥有的图式不同，面对相同的环境刺激，不同个体的反应也会有所差异。皮亚杰强调，图式并非仅源于先天成熟或后天经验，而是遗传因素在个体适应环境的过程中不断演化、丰富和发展的结果。同化是指个体将外部刺激整合进自己的

图 2-12　皮亚杰

图式中，从而获得新经验的过程。顺应则发生在有机体无法用现有的图式来接收或解释新的刺激时，此时有机体会调整其图式以适应新的环境。平衡既是心理发展的驱动力，也是心理结构的一部分，它指的是同化和顺应这两种功能的均衡状态。这种暂时的平衡并非静态或终极状态，而是成为向更高层次平衡过渡的起点。个体通过同化和顺应这两种机制，实现与环境的和谐相处。这种持续的平衡与不平衡交替的过程，正是适应的过程，也是心理发展的本质和根本原因。

（二）影响心理发展的因素

皮亚杰提出，心理发展的主要影响因素包括四个核心维度：成熟、经验、物理环境以及平衡。

□ 1. 成熟

成熟主要涉及神经系统和内分泌系统的发育。皮亚杰提出，成熟在儿童逐渐增强的理解他们周围世界的能力上扮演了关键角色。然而，儿童是否能够承担特定任务，还取决于他们在心理层面是否也达到了相应的成熟度。

□ 2. 经验

在环境中获得的经验是心理发展的又一重要影响因素，因为新的认知结构就是在与环境交互中形成的。皮亚杰把经验分为具体经验和抽象经验。儿童直接面对实在的物品，从而获得具体经验。具体经验是思维发展的基础。皮亚杰认为，具体经验是重要的，但不能决定心理的发展。

□ 3. 物理环境

儿童不仅需要从环境中获取经验，还需要进行社会交往。社会生活、文化教育、

语言同样会加速或阻碍认知发展，关键在于给予儿童经历和讨论他们的信仰和观念的机会。教育者不但要帮助儿童获得具体经验和抽象经验，还要向儿童传播社会规则和社会价值观，为儿童创造社会交往的条件。

4. 平衡

平衡是主体对外界刺激所进行的积极反应的集合。皮亚杰认为平衡是发展的基本因素，甚至是协调其他三种因素的必要因素。

（三）儿童心理发展阶段

皮亚杰依照儿童智慧发展的水平，将儿童心理的发展划分为四个阶段。

1. 感知运动阶段（0~2岁）

这一阶段，儿童主要通过感官和动作来探索和了解周围的世界。他们通过抓握、品尝、嗅闻等方式来与物体互动，并逐渐形成客体永存性的概念，明白即使物体不在视线范围内，它仍然存在。此外，儿童在这一阶段还开始发展出简单的因果关系理解能力，例如敲击物体使其发出声音。随着动作技能的提升，他们开始能够解决一些简单的问题，如将物体放入容器中等。

2. 前运算阶段（2~7岁）

在这一阶段，儿童的思维开始表现出符号化的特点。他们能够通过语言、图像或其他符号来代表物体或事件，这标志着他们开始理解并使用象征性思考，出现直觉思维或表象思维。皮亚杰做了一系列实验，其中最著名的是三山实验（见图2-13）。该实验发现此阶段儿童的思维主要有四个特点：一是相对具体性，儿童开始依靠表象思维，但是还不能进行运算思维；二是不可逆性，突出表现为缺乏守恒概念；三是自我中心性，具体表现为自我中心思维，儿童只能站在自己的经验中心来理解事物、认识事物；四是泛灵论，具体表现为儿童将一切物体都赋予生命的色彩。

图 2-13　三山实验

3. 具体运算阶段（7~11岁）

在这一阶段，儿童的思维能力有了进一步的提升。他们开始能够进行逻辑运算，理解并运用守恒概念，这表明他们的思维已经突破了前运算阶段的局限性。具体运算阶段的儿童已经能够解决一些更为复杂的问题，比如进行简单的算术运算，理解时间和空间的相对性等。此外，他们还能够理解并遵循一些基本的规则，这使得他们在社会交往中表现得更为成熟和理智。这一阶段的发展为儿童后续的抽象逻辑思维打下了坚实的基础。

4. 形式运算阶段（11岁以上）

在这一阶段，儿童的思维达到了一个新的高度，他们能够进行抽象逻辑推理，理解并解决复杂的问题。形式运算阶段的儿童已经突破了具体运算阶段的局限性，不再依赖于具体的物体或情境来进行思考。他们能够运用假设-演绎推理，进行科学的探索和实验，从而得出合理的结论。此外，形式运算阶段的儿童还具备了系统思维的能力，能够理解和分析复杂系统的结构和功能，这对他们未来的学习和职业发展都具有重要的意义。这一阶段的发展标志着儿童的思维能力已经接近或达到了成年人的水平。

■ 二、教育启示

皮亚杰通过相关实验研究揭示了儿童认知发展规律，对西方心理学的发展及教育产生了重大影响。

■ （一）教育应该顺应儿童认知发展规律

皮亚杰提出，儿童的认知发展呈现出阶段性特征。每个年龄阶段的智力结构和功能决定了儿童获取知识的范围和方法。因此，教育和教学活动应基于儿童心理发展的特点来设计。首先，课程的编制应遵循儿童发展的自然顺序，确保课程内容、进度和教学方法与儿童认知状态的变化相适应。其次，教学内容的难度不应超出儿童当前认知水平太多。皮亚杰强调，儿童在吸收新知识时，必须拥有能够同化这些知识的内在结构和能力，否则学习效率会大打折扣。最后，在进行教育教学活动时，不应过分强调加快学习速度。教育的真正目标并非仅仅传授尽可能多的知识，而是要促进儿童的全面发展和学习能力的提升。

■ （二）重视以儿童为中心的活动

皮亚杰主张，儿童的认知能力源自内在的发展，知识的构建本质上是活动内化的过程。儿童必须亲身、主动地参与各种活动，才能真正掌握知识。以"轮船"为例，只有当儿童通过感官与轮船互动时，他们才能获得并深化对轮船的理解。否则，即便观看了轮船的图片、聆听了相关故事、阅读了关于轮船的书籍，儿童也无法全面构建起关于轮船的知识。逻辑和数学概念的形成亦是如此，它们源于对具体物体的操作，单靠听觉和阅读是无法理解"数量""长度"和"面积"等概念的。此外，人际交往中的经验知识也是基于儿童与他人之间的互动而形成的。

■（三）注重游戏和探索的教学方法

一方面，要根据儿童的不同成长阶段，设计适宜的游戏活动。皮亚杰指出，能将基础阅读、算术或拼写以游戏的形式呈现，儿童便会满怀热情地投入其中，并从中获得真正有价值的知识。另一方面，每个学科都应提供丰富的探索机会，并与特定的知识体系相结合。

皮亚杰关于儿童认知发展的实验成果和理论主要基于当时儿童发展的特点。然而，现代儿童在成长环境和身心发展方面与之前存在显著差异。因此，教育工作者必须立足于教育实践的现实，坚持实事求是的原则，灵活运用理论来指导教育实践。

任务五　社会文化历史理论的儿童发展观

维果斯基是苏联的心理学家，专注于儿童心理学和教育心理学的研究。他创立了社会文化历史理论，强调社会教育在儿童心理发展中的重要性，并深入探讨了思维与语言、教学与发展的相互关系。

■ 一、维果斯基的社会文化历史理论

■（一）心理发展的实质

维果斯基（见图 2-14）提出，心理发展涉及个体从出生到成年期间，在环境和教育的作用下，其心理机能经历从基础的低级阶段向更高级阶段的转变。低级心理机能，即个体通过生物进化获得的心理能力，构成了心理发展的种系基础。这些低级心理机能包括感觉、知觉、机械记忆、不自主记忆、形象思维、情绪反应以及冲动性意志等。相对而言，高级心理机能是人类独有的，它们是有意识的、主动的；在反映水平上，它们是概括和抽象的；在处理过程中，它们是间接的，并以符号或语言为媒介；从起源来看，它们是社会文化历史的产物，受到社会规律的

图 2-14　维果斯基

制约；从个体发展角度讲，它们在人际互动中产生并持续进化。高级心理机能的主要表现形式包括逻辑思维、有意注意、抽象记忆、复杂情感以及理智性意志等。

■ （二）智力形成的"内化说"

维果斯基是智力形成"内化说"的奠基人，其理论核心之一便是"内化说"。这一理论的基石是工具论，维果斯基认为，人类对心理工具的运用促进了智力活动的发展。在早期，儿童尚不能利用语言来组织自己的心理活动，那时的心理活动是"直接的、不自主的、基础的"。然而，一旦掌握了语言这一工具，心理活动便转变为"间接的、自主的、高级的"。新的高级心理机能最初以外部活动的形式出现，随后才发生内化，转化为内部的、在头脑中静默进行的智力活动。内化实质上涉及概括化、言语化和简明化。维果斯基提出，个体通过内化从环境中吸收知识并实现发展。儿童在与环境互动中学习，因此环境决定了儿童内化的知识内容。当儿童与成人或经验更丰富的同伴交流时，交流的内容会转化为儿童思考的内容。当这些交流内容被内化后，儿童便能运用内部语言来指导自己的思考和行为。

■ （三）教学与发展关系

维果斯基深入探讨了教学与发展的相互关系，并提出了三个核心观点：其一是明确"最近发展区"的概念；其二是认为教学应领先于发展；其三是明确关于学习的最佳时机。

维果斯基指出，儿童的发展水平可以分为两个层次：一是当前的实际发展水平，二是通过教育可以达到的潜在发展水平。这两个层次之间的差距构成了"最近发展区"。这个区域代表了儿童当前能力与潜在能力之间的差异，或者说，是儿童在成人辅助下能够完成但独立时无法完成的任务范围。教学活动能够塑造最近发展区，因此，教学必须走在发展的前面。教学不仅决定了发展的内容、水平、速度，还决定了智力活动的特征，进而影响智力的发展。因此，教学不仅要关注儿童现有的能力水平，还要积极促进儿童心理机能的发展。维果斯基还强调了学习的最佳时机，认为技能学习不应错过最佳年龄阶段，否则可能会对儿童的发展产生不利影响，甚至阻碍智力的发展。因此，开展教学活动时，必须以儿童的成熟度和发育状况为前提，但更重要的是，教学应建立在心理机能正在形成的基础之上，并走在心理机能发展的前面。

■ 二、教育启示

■ （一）建立新型因材施教观

我国古代一条重要的教育教学原则便是"因材施教"，即"根据学生的实际情况施行相应的教育"。当我们运用"最近发展区"理论来解读传统的因材施教观念时，便能认识到构建新型因材施教观的紧迫性。依据维果斯基的理论，单纯依据儿童的实际发展水平进行教育是保守且落后的。学习虽然依赖于发展，但发展并不完全依赖于学习。有效的学习应当走在发展之前并引领发展。幼儿园教师不仅要了解儿童现有的发展水平，还应洞察儿童潜在的发展潜力，并基于儿童现有的及潜在的发展水平，寻找其最近发展区，把握教学的最佳时机，引导儿童向更高的潜在水平迈进。

■ （二）鼓励儿童在解决问题中学习

维果斯基认为，儿童的学习应当被融入日常不断产生的矛盾冲突的解决中，而教学则应当为儿童提供重新解决问题的机会，鼓励儿童在解决问题中学习、在解决问题中探索，从而成为解决问题的主人。通过这种方式，儿童不仅能够获得知识和技能，还能培养独立思考和解决问题的能力。教师在这个过程中，应成为儿童解决问题的引导者和支持者，为他们提供必要的资源和指导，帮助他们克服难题，从而增强他们的自信心和学习动力。同时，鼓励儿童在解决问题中学习，还能够激发他们的创造力和创新精神，使他们在面对未知和挑战时，能够更加勇敢和自信地迎接挑战。

■ （三）重视交往在教学中的作用

依据维果斯基提出的"最近发展区"理论，儿童在这一特定阶段的发展表现为将辅助行为转化为自主行为的过程。维果斯基指出，不同形式的互动都能促使儿童在辅助行为的水平上进步，即在他人协助下进行活动。在教育过程中，教师与儿童、儿童与儿童之间的互动交流和协作是实现教学目标的关键。通过这些交往，儿童能够自我发现，增强自我意识，形成主体意识；同时，他们能学会合作，学会共同生活，从而塑造出丰富而健康的个性。因此，教师在教学实践中应设计多样化的教学活动，创造有利于教师与儿童、儿童与儿童之间学习和互动的情境，以有效推动儿童的学习进程。

任务六　多元智能理论的儿童发展观

霍华德·加德纳（见图 2-15），是美国著名教育心理学家，他认为每个孩子都是一个潜在的天才儿童，只是经常表现为不同的形式。他在 1983 年提出多元智能理论。该理论强调人类智能的多样性和复杂性，突破了传统智力观念的限制。

■ 一、加德纳的多元智能理论的主要观点

图 2-15　霍华德·加德纳

加德纳的多元智能理论认为，每个个体的智能都具有独有的特征，每个人同时具备八种相对独立的智能类型，它们以不同的方式和程度相互结合；个体智能的发展方向和程度受环境和教育的影响和制约；智能强调的是个体解决实际问题的能力及创造出社会需要的有效产品的能力；多元智能理论重视的是多维地看待智能问题的视角。

（1）言语-语言智能（verbal-linguistic intelligence）涉及听、说、读和写的能力。儿童在这一领域表现出对听故事、讲故事、学习语文课程的热爱，以及对阅读、讨论

和写作活动的偏好。教师可以利用儿童对童话故事的喜爱，培养他们听故事和讲故事的能力。

（2）音乐-节奏智能（musical-rhythmic intelligence）涉及感受、辨别、记忆、改变和表达音乐的能力。儿童在这一领域表现出对音乐的热爱，能够准确演唱和弹奏，甚至能创作简单的儿歌来表达情感。

（3）逻辑-数理智能（logical-mathematical intelligence）涉及运算和推理的能力。3～4 岁的儿童能够指着物品数数，尽管有时会出现口数与手数不一致的情况；他们能够区分明显的大小、长短、高矮差异。教师可以通过收集不同形状的物品，进行比较和排列，帮助学生提升逻辑-数理智能。

（4）视觉-空间智能（visual-spatial intelligence）涉及感受、辨别、记忆和改变物体的空间关系，并借此表达思想和感情的能力。2～6 岁的儿童喜欢搭积木，喜欢看图画书和图片。教师可以通过美术活动和游戏，培养儿童对前后、左右、上下的空间概念的理解。

（5）身体-动觉智能（bodily-kinesthetic intelligence）涉及运用四肢和躯干的能力。儿童表现出对户外活动和体育活动的喜爱，他们活泼好动，动作灵活，协调、平衡能力很强。教师可以通过日常生活活动和形体活动，发展儿童的大小肌肉群和动作协调性。

（6）自知-自省智能（intrapersonal intelligence）涉及认识、洞察和反省自身的能力。例如，儿童入园后，初步学会了生活自理，表现出较强的自主性。教师可以开展角色扮演活动，帮助儿童在自我角色和他人角色之间进行转换。

（7）交往-交流智能（interpersonal intelligence）涉及与人相处和交往的能力。例如，儿童能够理解他人的表情和肢体语言，懂得察言观色，能够识别他人的情绪变化。教师可以通过角色游戏，培养儿童在陌生环境中有效地认识他人、理解他人，使他们学会在人际交往中理解他人情绪。

（8）自然观察智能（naturalist intelligence）涉及个体辨别环境特征并加以分类和利用的能力。这不仅包括自然环境，也包括人造环境。儿童喜欢收集自然物，喜欢了解和接触动物。教师可以带领儿童到大自然中去，培养他们对科学的兴趣，以及培养他们观察和探索自然现象、植物和动物的能力。

■ 二、教育启示

□ 1. 尊重教育的公平性，确立有教无类的教育理念

依据加德纳的理论，每个儿童的智力都有其独特的展现方式，儿童拥有各自的智力优势和学习偏好。因此，教师应当尊重每个儿童的智力特质，避免将儿童划分为不同的等级。

□ 2. 尊重儿童的差异性，重视因材施教

每个儿童都是多种智能不同程度组合的个体，问题不再是一个儿童有多聪明，而是一个儿童在哪些方面表现出聪明以及如何表现出聪明。

３. 协助儿童将优势智能领域的特质拓展至其他智能领域

教师应在充分了解并认可儿童优势智能领域的基础上，激励并协助他们将这些领域展现的智能和意志品质转移到相对弱势的智能领域，以促进儿童在这些领域的最大潜能发展。

４. 重视培养儿童的创造力

加德纳的多元智能理论对传统智力观念提出了新的解读，并为我国新课程改革提供了坚实的理论基础与支持，对当前教学改革产生了深远的影响。每个儿童都拥有自己独特的智力优势，只要这些优势智力得到恰当的发展，他们就有可能成为人才。儿童成才的路径也应当是多元化的。

真题再现

一、单项选择题

1. 生活在不同环境中的同卵双胞胎的智商测试分数很接近，这说明（　　）。（2017年上半年幼儿园教师资格证考试真题）

A. 遗传和后天环境对儿童的影响是平行的

B. 后天环境对智商的影响较大

C. 遗传对智商的影响较大

D. 遗传和后天环境对智商的影响相对

2. "天生我材必有用"，对待儿童的发展性评价其理论基础是（　　）。

A. 加德纳多元智能理论　　　　　　B. 瑟斯顿群因素理论

C. 吉尔福特三维智力结构理论　　　D. 斯皮尔曼二因素论

3. 萌萌怕猫，但是当看到青青和猫一起玩得很开心时，她对猫的恐惧感会降低。从社会学习理论的视角看，这主要是哪种形式的学习？（　　）（2020年下半年幼儿园教师资格证考试真题）

A. 替代强化　　　　　　　　　　　B. 自我强化

C. 操作性条件反射　　　　　　　　D. 经典条件反射

4. 下列哪种方法不利于缓解和调控幼儿激动的情绪？（　　）

A. 冷处理　　　　　　　　　　　　B. 安抚

C. 斥责　　　　　　　　　　　　　D. 转移注意

5. 菲儿把一颗小石头放进小鱼缸里，小石头很快就沉到了缸底。菲儿说："小石头不想游泳了，想休息了。"从这里可以看出，菲儿思维的特点是（　　）。（2019年下半年幼儿园教师资格证考试真题）

A. 直觉性　　　　　　　　　　　　B. 自我中心性

C. 表面性　　　　　　　　　　　　D. 泛灵论

6. 教师拟定教育活动目标时，以幼儿现有发展水平与可以达到的水平之间的差距为依据。这种做法体现的是（　　）。（2016 年上半年幼儿园教师资格证考试真题）

A. 维果斯基的最近发展区理论

B. 班杜拉的社会学习理论

C. 皮亚杰的认知发展阶段论

D. 布鲁纳的发现教学法

二、简答题

简述班杜拉社会学习理论的主要观点。（2015 年上半年幼儿园教师资格证考试真题）

岗位实训

任务一　运用成熟学说观点分析以下案例。

婷婷与轩轩是邻居，婷婷比轩轩大 1 天。婷婷妈妈是全职妈妈，在婷婷才 10 个多月大时就鼓励她自己尝试走路。婷婷在 11 个月大时就能自己扶着墙开始走路了。轩轩主要由爷爷、奶奶照看，爷爷、奶奶总是换着抱轩轩，他们担心轩轩摔倒，不敢让轩轩自己走路。轩轩在 11 个月大时第一次站在地上，很害怕，表现比婷婷差远了。但是 13 个月大时他俩走得一样好了。

任务二　对幼儿认知发展水平进行评价，并做好观察记录。

【观察目标】选取班级的一个幼儿，通过一次数学领域活动课观察幼儿的认知发展水平。

【观察对象】姓名：　　　　　性别：　　　　　年龄：

【观察记录】幼儿在课堂上的表现。

【观察分析】

任务三　根据班杜拉的理论，设计一个能增进幼儿文明礼貌行为的活动。

直通国赛

观看国赛视频，结合皮亚杰的理论分析幼儿认知发展的特点。

国赛视频 2

项目三　学前儿童心理发展的主要特征

知识目标：

了解学前儿童心理发展的总体特征、基本趋势及心理发展的年龄特征。

能力目标：

依据学前儿童心理发展的主要特征，能分析案例或实际教育活动中的问题及现象。

素养目标：

立足学前儿童心理发展特点，全面客观看待儿童心理发展，萌发科学的儿童观与教育观。

📕 思维导图

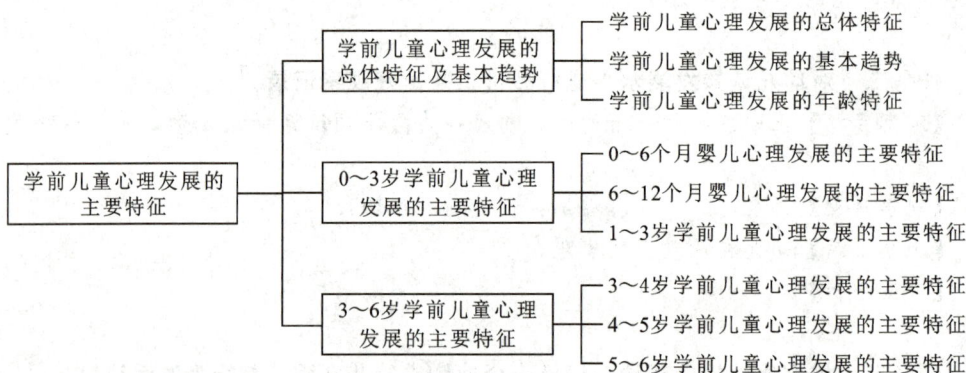

📕 情境导入

　　生活中，我们会发现，半岁左右的婴儿会认生；8个月左右的婴儿会到处爬；1岁多的幼儿会走路；2岁的幼儿会明显的害羞、愤怒等；小班的幼儿爱模仿；中班的幼儿爱当小助手；大班的幼儿性格鲜明，爱好各异……这说明幼儿心理发展具有其特性并随着年龄增长不断变化。

任务一　学前儿童心理发展的总体特征及基本趋势

学前教育应从学前儿童的心理发展入手，掌握其发展规律和特征，采取科学、合理的教育方式，对学前儿童进行正确引导，提升学前教育质量，推动学前教育事业良性发展。那么，学前儿童的心理发展到底具有哪些特征？心理发展又具有怎样的基本趋势？

一、学前儿童心理发展的总体特征

（一）连续性

学前儿童心理发展的连续性指幼儿心理发展是一种连续、渐进的过程，表现在个体的整个心理发展是一个持续不断的变化过程。这种变化表现在两个方面：一是心理的先前发展是后来发展的基础，而后来发展是先前发展的结果。例如，幼儿的思维发展顺序是，先是直觉动作思维，再是具体形象思维，最后是抽象逻辑思维。如果没有先前的思维发展做基础，就没有后来的思维发展的出现。二是高一级的心理发展水平包含先前的心理发展水平。例如，幼儿抽象逻辑思维能力的初步发展并不意味着直觉动作思维与具体形象思维的消失。

（二）阶段性

学前儿童心理发展的阶段性是指幼儿身心发展的整个过程中会出现若干连续的阶段，且不同阶段表现出区别于其他阶段的典型特征和主要矛盾。例如，小班幼儿常常在活动室东看西看，无所事事，活动没有目的性；而大班的幼儿则在活动之前就想清楚了要做什么以及怎么做。这说明不同年龄段的幼儿心理发展典型特征不同。就好比纵观整个人生发展，不可中断，但每个阶段的矛盾和典型特征却各有不同。所以，因势利导、尊重幼儿心理发展特点，顺应人生发展规律，才是科学的教育观。

📙 案例呈现

1岁以前的幼儿基本上不会说话，只会发音和听懂别人的语言。1岁后，由说单个的词到说不完整的句子。3岁后，说的句子逐渐完整和连贯，并且复合句在不断增多。

为什么会有案例中的现象呢？

【分析】

这是因为幼儿心理发展过程是一个完整、连续和有规律的过程，因此就会表现出语言发展的连续性和阶段性特征。

■ （三）顺序性

学前儿童心理发展的顺序性是指在幼儿的发展过程中，无论其身体发展还是心理发展，均表现出一种稳定的顺序。例如，幼儿的大动作发展表现出稳定的顺序：抬头、翻身、坐、爬、站、走、跑。这就是发育的顺序性。

■ （四）不均衡性

学前儿童心理发展的不均衡性是指在幼儿发展过程中心理的发展并不是匀速的，而是不完全协调、统一的现象。主要表现在三个方面：一是同一幼儿在不同年龄段心理发展速度不同，如婴儿期发展速度就比幼儿期发展速度快。二是同一幼儿的自身不同方面发展也不均衡，如 2 岁的幼儿运动能力非常强，但是语言能力却比较弱。三是不同的幼儿具有不同的心理发展速度，如在 1 岁的时候，有的幼儿开始会走路，有的站立还比较困难。

📖 知识拓展

谈到心理发展的不平衡性，就要涉及两个概念：关键期与危机期。

关键期是指某一特定的年龄阶段，幼儿对某种知识或行为非常敏感，学习起来特别轻松、容易理解、掌握得快。错过了这个关键期，学习起来就会比较困难。例如，4~6 个月是吞咽咀嚼关键期，12 个月左右是站、走的关键期，3 岁左右是学习语言的关键期。

危机期是指在发展的某个年龄阶段，幼儿会发生心理紊乱，表现出各种否定和抗拒行为，如常与人发生冲突、违抗成人要求等。例如，3 岁的幼儿希望独立，常有反抗行为及说"不"现象，成人可以改变态度来适应幼儿的变化，那么，危机期就会很快过去。

通常，转折期与危机期可能并存。

📖 案例呈现

有个幼儿听到妈妈说"你是好孩子"。她说："不，我是坏孩子……"这说明这个幼儿处于什么时期呢？

【分析】

案例中的幼儿处于危机期。危机期是指在发展的某个年龄阶段，幼儿常常发生心理紊乱，表现出反抗行为或执拗现象，对成人的任何指令都说"不""偏不"，以示反抗，因此，案例中的现象属于典型的幼儿心理发展的危机期。

■（五）个体差异性

幼儿的发展虽然具有共同的趋势和规律，但由于先天的遗传素质和后天环境的不同，其发展又表现出相对特殊性，即个体差异性。例如，有的幼儿擅长运动，有的擅长唱歌跳舞，有的爱看书，有的喜欢画画。因此，针对幼儿心理发展具有个体差异性的特点，成人在教育教学活动中应做到因材施教，树立科学的教育观。

■ 二、学前儿童心理发展的基本趋势

幼儿心理发展的各个阶段，蕴含着一些共同的规律，幼儿心理发展中所体现的基本趋势主要表现在如下几个方面。

■（一）从简单到复杂

□ 1. 从不齐全到齐全

从不齐全到齐全，简而言之，就是从一到多的一个过程。幼儿刚出生时并不是所有的心理活动都是具备的，最先有的是感觉、知觉，然后有了记忆、想象等多种心理活动，随着年龄的增长，心理活动逐渐完备。

□ 2. 从笼统到分化

从笼统到分化，其实就是心理活动从无针对性到具有针对性的一个过程。例如，幼儿刚出生时，只有愉快和不愉快两种情感，对多数的外界刺激的感受都由这两种情感来反映。后来，分化出了喜爱、快乐、痛苦、绝望等多种情绪，这时候对外界刺激更具有针对性的反应。

■（二）从具体到抽象

幼儿的心理活动最初是非常具体的，以后越来越抽象。从认识过程上看，最初出现感觉、知觉，慢慢会出现记忆、想象、思维等较为抽象的心理活动。从思维过程来看，从具体到抽象，幼儿时期以具体形象思维为主，思维的进行依赖于头脑中的具体表象。如在学习数学加减法的时候往往借助于头脑中的小鸭、小兔、糖果等形象来计算。但随着年龄的增加，思维的工具转化成了语言，幼儿可以直接根据教师说的话来进行思考及计算。

（三）从被动到主动

1. 从无意到有意

我们经常说到无意记忆、无意想象，这里的"无意"指的是没有目的，不需要意志努力的记忆、想象。随着年龄的增长，幼儿心理活动会根据自己的意志从被动到主动，有目的地去记忆、想象，随之幼儿就会出现有意记忆、有意想象。

2. 从主要受生理制约到自己主动调节

幼儿最初的情绪大都是由生理引起的，比如说饿了、困了都会引起幼儿大哭，并且其不能进行自我控制。后来，幼儿能够调节和控制自己的情绪。比如同样是饿了，妈妈说"宝宝你等一会，我马上去做饭"，幼儿就能够等待一会儿，甚至可能会看故事书来打发等待的时间。

（四）从零乱到成系统

幼儿心理活动最初是零散的，心理活动之间缺乏联系，非常容易因情境的改变而变化。比如，8 个月的婴儿离开妈妈的时候，哭得很伤心。但是看不见妈妈以后，如果被别人用玩具逗一会儿，又可能会哈哈大笑。但是随着年龄的增长，幼儿的各种心理活动逐渐组织起来，形成了一定的系统，表现出一定的稳定性。以兴趣爱好为例，幼儿一开始对各种事物都感兴趣，充满好奇，但慢慢地就会稳定在一定的事物上，并且随着年龄的增长变动不会太大。从零乱到成系统，逐步变得稳定，对幼儿个性的形成具有重要意义。

三、学前儿童心理发展的年龄特征

（一）概述

在幼儿心理发展的过程中，各个年龄阶段所表现出的一般的、典型的、本质的心理特征被称为幼儿（学前儿童）心理发展的年龄特征。例如，幼儿的具体形象思维占主要地位，因此，他们总要借助具体的实物（手指、石头、小动物等）才能学习简单的计算。

需要注意的是，幼儿年龄阶段的划分并不是绝对的，不同幼儿之间可能存在个体差异。此外，社会制度、历史发展阶段、生活和教育条件等因素也会对幼儿的心理发展产生影响。因此，在划分幼儿年龄阶段时，需要综合考虑多种因素，以全面了解幼儿的心理发展状况。

（二）学前儿童心理发展年龄特征的稳定性与可变性

学前儿童心理发展年龄特征的稳定性与可变性是学前儿童心理发展中的两个重

要方面，它们共同构成了学前儿童心理发展的复杂性和多样性。以下是对这两个特征的详细阐述。

☐ 1. 稳定性

学前儿童心理发展年龄特征的稳定性主要表现在以下几个方面：

首先，脑结构与机能发展的顺序性。学前儿童的脑结构与机能的发展有一个大致稳定的顺序和阶段。这种顺序性决定了学前儿童在不同年龄段会表现出特定的心理特征和行为模式。例如，婴儿期主要发展感觉、知觉和动作技能，而幼儿期则开始发展语言和思维能力。

其次，知识经验掌握的顺序性。人类知识经验的掌握具有一定的顺序性，学前儿童在掌握知识经验时也必须遵循这一规律。这种顺序性使得学前儿童在不同年龄段能够理解和运用不同复杂度的知识和技能。

最后，心理机能发展的量变质变过程。学前儿童从掌握知识经验到心理机能发生变化，要经过不断的从量变到质变的过程。这一过程体现了学前儿童心理发展的连续性和阶段性，也是稳定性的一种表现。

☐ 2. 可变性

学前儿童心理发展年龄特征的可变性指因环境教育条件的不同，学前儿童心理发展的情况会出现各种差别。这种可变性主要表现在：

首先，社会和教育条件的影响。不同的社会和教育条件会对学前儿童的心理发展产生不同的影响，从而导致学前儿童心理发展年龄特征的可变性。例如，家庭环境、学校教育方式、社会文化等因素都会影响学前儿童的心理发展。

其次，不同个体之间存在差异性。每个学前儿童都是独一无二的个体，他们在遗传、环境、经验等方面存在差异。这些差异会导致他们在心理发展上表现出不同的速度和特征。

最后，个体的不同方面发展速度存在差异。有些学前儿童可能在某些方面发展较快，而在其他方面则相对发展较慢。这种发展速度的差异也是学前儿童心理发展年龄特征可变性的体现。

☐ 3. 稳定性与可变性的辩证统一

学前儿童心理发展年龄特征的稳定性与可变性是相互依存、辩证统一的。稳定性为学前儿童心理发展提供了基础和框架，使得学前儿童能够按照一定的顺序和阶段发展；而可变性则使得学前儿童发展具有多样性和灵活性，能够适应不同的社会和教育条件。在实际应用中，我们需要全面地、辩证地理解学前儿童心理发展年龄特征的稳定性与可变性的相互关系，以更好地促进学前儿童的心理发展。

任务二 0~3岁学前儿童心理发展的主要特征

在学前儿童心理发展过程中，不同发展阶段表现出不同特点，呈现出各个发展阶段的年龄特征。

一、 0~6个月婴儿心理发展的主要特征

（一）新生儿期（0~1个月）

从出生到满月这一阶段，称为新生儿期，其心理活动的形成与发展主要围绕适应新环境而展开。这一时期的主要特征有：

1. 先天的无条件反射

如吸吮反射、觅食反射、抓握反射、游泳反射等，新生儿需要借助各种先天的无条件反射来维持生存。

📕 知识拓展

新生儿的无条件反射

新生儿的无条件反射是先天遗传行为，与生俱来且不需学习。这些无条件反射在新生儿出生后的一段时间内尤为明显，对于婴儿的生存和发育具有重要意义。以下是一些主要的新生儿无条件反射及其表现。

吸吮反射：当奶头、手指或其他物体碰到新生儿的嘴唇时，他会立即做出吃奶的动作。这是一种食物性无条件反射，有助于哺乳，保证新生儿能够获取足够的营养，维持生命活动。

觅食反射：当奶头、手指或其他物体并未直接碰到新生儿的嘴唇，只是碰到了脸颊，他也会立即把头转向物体，做出吃奶动作。这使新生儿能够主动寻找食物来源，满足生存需求。

抓握反射：当物体触及新生儿掌心时，他会立即把它紧紧握住。如果试图拿走，他会抓得更紧。抓握反射帮助新生儿抓住物体以支撑身体，利于生存；或是对外界刺激的一种本能反应。

迈步反射：当大人扶着新生儿的两腋，把他的脚放在平面上时，他会做出迈步的动作，好像两腿协调地交替走路。属于非条件反射，可促进婴儿站立和行走能力的发展。

惊吓反射：在听到巨大的声响时，新生儿会出现握紧拳头、膝盖蜷曲缩向小腹靠拢的动作，或是熟睡时突然自己被吓一跳。这是一种防御性本能，有助于新生儿对外界刺激做出迅速反应，保护自己。

怀抱反射：当新生儿被抱起时，他会本能地紧紧靠贴成人。这能增加与照顾者的亲近感，有助于情感联结和安全感的建立。

眨眼反射：当物体或气流刺激睫毛、眼皮或眼角时，新生儿会做出眨眼动作。这是一种保护性的无条件反射，有助于保护眼睛免受外界伤害。

游泳反射：拖住新生儿的腹部，使他肚子朝下，他会仰头、伸腿、摆动双臂做出游泳的动作。这在出生时存在，6个月左右消失，是神经系统正常发育的指标。浸入水中的婴儿四肢会主动划动，下意识地屏住呼吸（因此给身体一定浮力）。游泳反射可以帮助那些意外地掉进水里的新生儿免于立即被淹死，而增加被抢救的机会等。

除了上述无条件反射外，新生儿还可能出现击剑反射、定向反射、巴宾斯基反射等多种无条件反射。这些反射在新生儿期普遍存在，但会随着年龄的增长而逐渐消失。

总之，新生儿的无条件反射是其生理发育和神经发育的重要组成部分，对于婴儿的生存和发育具有重要意义。家长和医护人员应密切关注这些无条件反射的发展情况，以便及时发现问题并采取相应的措施进行干预和治疗。

2. 多方面原始的感觉

东西碰到嘴唇会引起触觉，视觉和听觉开始集中。例如，新生儿在2～3周时，听到拖长的声响，会停止一切运动安静下来，直到声音响完为止。

（二） 1～6个月

婴儿进入1～6个月年龄阶段，在这一阶段心理发展的主要特征表现在：

1. 视觉与听觉迅速发展

视觉方面，1个月后喜欢盯着妈妈看，喜欢看自己的手，抬头用眼睛跟踪物体移动，喜欢看着别人笑；3个月时能主动寻找视听目标；4个月时能看到4～7米远；5个月时能够注视着喊自己名字的人，喜欢对着镜中人笑等。

听觉方面，1个月后对声音会有积极的反应；2～3个月能够转头寻找声源；4个月后，能够集中精力听音乐，表现出愉悦的反应，还能够区别爸爸妈妈的声音。

2. 手眼协调动作发展

婴儿出生1个月后，手眼协调动作的发展大致经历3个阶段：2～3个月进入无意抚摸阶段，这时抚摸纯粹是无意运动，没有任何目标性和方向性；3～4个月进入无意抓握阶段；4个月以后由手眼不协调的抓握到手眼协调的抓握。

手眼协调的发展，进一步促进了婴儿心理的发展，丰富了其心理活动。

□ 3. 开始认生

大约 5 个月以后，婴儿会对陌生人做出躲避的姿态，这就是认生。这说明婴儿已经有了感知辨别能力，对亲人更加依恋，人际关系也发生了重要变化。

■ 二、 6～12 个月婴儿心理发展的主要特征

随着年龄的增长，6～12 个月婴儿在动作、语言、依恋关系及视知觉方面都有了进一步发展。

动作发展迅速，学会坐、爬、站、走等基本动作技能，并呈现出由无意到有意、由大到小、由头到尾等动作发展规律。

知识拓展

儿童动作发展规律

在个体成长过程中，动作发展是一个循序渐进、复杂而有序的过程，它不仅是生理成熟的标志，也是心理发展的重要组成部分。

动作发展遵循着一系列内在规律，这些规律指导着儿童从简单到复杂、从低级到高级地掌握各种动作技能。

1. 整体到局部

整体到局部的发展规律是指儿童在学习新动作时，往往先掌握整体性的、笼统的动作，随后才逐渐学会动作的细节和精确控制。例如，婴儿在学习抓握物体时，最初可能只是整个手掌张开去触碰，随着时间的推移，他们会逐渐学会用拇指和食指对捏物体，实现更精细的操作。这一过程体现了从整体性的抓握到局部性、精细性操作的过渡。

2. 首尾规律

首尾规律又称从上到下的发展规律，指的是儿童在动作发展过程中，首先学会抬头、翻身等头部和躯干的动作，随后才逐渐学会坐、爬、站、走等下肢动作。这种规律反映了儿童神经系统发育的顺序性，即头部和躯干的神经控制先于四肢，因此相关的动作技能也优先发展。

3. 近远规律

近远规律又称由中心向边缘的发展规律，意味着儿童在学习和掌握动作时，通常从身体的中心部位开始，逐渐向身体的远端扩展。比如，婴儿在学会控制躯干和头部后，会逐步发展到控制双臂和双手，最后才是双腿和双脚。这种规律与儿童身体各部分肌肉的成熟顺序以及神经控制的精细程度有关。

4．大小规律

大小规律是指儿童在动作发展中，优先发展大肌肉群的动作，如翻身、坐、立、行走等，然后才逐渐发展小肌肉群的动作，如精细的抓握、书写、画画等。这是因为大肌肉群的力量和协调性相对容易发展和控制，而小肌肉群的动作则需要更高级的中枢神经系统控制，因此发展较晚。

5．无意到有意

无意到有意规律强调的是儿童动作从无意识、自发性的动作向有意识、受控制的动作转变的过程。在婴儿期，许多动作，如吸吮、抓握等都是出于本能和生理需求，属于无意识动作。随着神经系统和认知能力的发展，儿童开始能够有意识地控制和调整自己的动作，以适应不同的环境和任务需求，或者达到一定的目的，如拿到奶瓶递给妈妈表示要喝奶。

6．整合与分化

整合与分化是动作发展中相辅相成的两个方面。整合指的是多个动作或动作组成部分之间的协调与配合，使得整个动作流畅、连贯。例如，行走就是一个需要多个肌肉群和关节协调配合的复杂动作。而分化则是指原本整合的动作逐渐分离成更精细、更独立的动作单元。在动作技能的学习过程中，儿童会先通过整体性的练习掌握基本模式，然后逐渐将动作分解为更小的部分进行精细化训练，最终实现动作的精准控制。

语言方面，由连续重复发音如 ba-ba-ba、ma-ma-ma 到"听懂"成人的一些语词。例如，成人说"来抱一抱""飞吻一个""拜拜"，婴儿会在理解后张开双臂、做一个飞吻的动作、挥挥小手；成人说"欢迎欢迎"，婴儿会拍拍双手。到 1 岁左右，会使用少量单词称呼，如妈妈、爸爸、鸭鸭等。

依恋情感表现得更为强烈，与依恋对象（比如妈妈）在一起时，表现出放松、有安全感，很少害怕。当婴儿感到恐惧、难过时，总要寻找依恋对象。健康的依恋关系的建立，对婴儿心理的健康发展及良好个性的形成具有重要意义。

视知觉进一步发展，"视觉悬崖实验"证实这一时期的婴儿逐渐了有了深度知觉能力。

■ 三、 1~3 岁学前儿童心理发展的主要特征

1~3 岁这个阶段的幼儿逐步学会走路，活动范围不断扩大，感知觉不断丰富，开始逐渐学会说话，出现人所特有的表象、想象、思维等较复杂的心理活动。这一时期幼儿心理发展主要特征体现在：

□ 1．身体动作进一步的发展

躯体和双手动作都持续发展，提高了幼儿独立生活的能力，如自己吃饭、穿衣、玩耍等，对幼儿心理具有积极的影响。

2.语言、表象、想象、思维的产生和发展

语言、表象、想象、思维是人类所特有的活动，在2岁左右形成。2岁左右，幼儿能掌握200～300个词。1岁以后幼儿头脑中开始形成表象。例如，当妈妈离开时，即使妈妈不在眼前，也要找妈妈，这说明幼儿脑中形成了关于妈妈的表象，而在这之前，如果妈妈离开，当时哭得厉害，但过一会就忘了。表象的产生为想象的发展奠定了基础。1岁的幼儿只能胡乱搬弄物体，2岁左右的幼儿已经可以拿着物体进行简单想象。例如，他们把积木想象成饼干，放在嘴边，假装在吃，嘴里还发出咀嚼的声音。这也是幼儿游戏的萌芽。2岁后幼儿具备了基本的概括能力，如把女生叫作"姐姐"，把男生叫作"哥哥"，把年轻女性叫作"阿姨"等。这说明幼儿出现了人类典型的认识方式——思维。

3.独立性发展

大约1岁以后，幼儿就有了自我意识的萌芽。独立性的出现使得幼儿自我意识有了明显发展，在成人的引导下学会使用人称代词，例如，从原来说"宝宝要吃饭"逐步学会说"我要吃饭"。这个时期，幼儿独立活动的愿望特别强烈，家长和老师要尊重其心理发展年龄特征，做到因势利导，促进其心理健康发展。

任务三 3～6岁学前儿童心理发展的主要特征

3～6岁正是进入幼儿园学习的时期，我们可称这一时期为幼儿期。前文讲到，在一定社会与教育条件下，学前儿童发展的各个不同年龄阶段中会形成一般的、典型的、本质的心理特征，我们称之为学前儿童心理发展的年龄特征。那么，3～6岁学前儿童心理发展具有哪些主要特征呢？以下将从三个阶段进行阐述。

一、3～4岁学前儿童心理发展的主要特征

1.认识依靠行动

3～4岁幼儿的认识活动需要借助动作和运动。例如，让幼儿园小班幼儿说出盘子里有几根香蕉，他们用手一个一个地数才能弄清楚。再比如，在玩橡皮泥之前，小班幼儿往往说不出自己想捏什么，当随意捏好后，才说像"小树"、像"小蘑菇"。

2.情绪作用大

3～4岁幼儿的心理活动常常受情绪支配，不受理智控制。高兴时听话，表现乖巧；

不高兴时什么也听不进去；喜欢哪位老师就特别听那位老师的话。情绪也很不稳定，易受外界环境和他人影响。如刚入园时，明明不哭了，看到别的幼儿在哭，又会跟着一起哭。

□　3. 爱模仿

模仿是 3～4 岁幼儿的主要学习方式，他们常常不自觉地模仿父母、老师以及同伴等。如模仿父母做家务，模仿教师组织教育活动，模仿同伴画画、玩游戏等。

因为 3～4 岁幼儿爱模仿，教师在小班投放游戏材料时，玩具种类可以不多，但同样的玩具数量要多，避免幼儿因为爱模仿而争抢玩具。

■　二、　4～5 岁学前儿童心理发展的主要特征

□　1. 活泼好动

4～5 岁幼儿最明显的特征就是活泼好动。他们大脑皮质的兴奋过程与抑制过程发展不平衡，兴奋过程占优势，表现为对什么都感到好奇、新鲜，喜欢这摸摸、那看看。课堂上也坐不住，一会伸懒腰，一会动手脚。此外，经过对环境的适应及自我意识的发展，他们不再像小班幼儿那样顺从、听话，而是敢于对周围的事物进行大胆探索。

□　2. 思维具体形象

形成具体形象思维是幼儿思维的主要特点，4～5 岁的幼儿表现较为典型。他们的整个思维过程要依靠实物的具体形象作支撑。如幼儿往往能说出 2 个糖果加上 3 个糖果等于 5 个糖果，但如果直接问"2 加 3 等于几"，这时他们很难快速回答出来。

□　3. 具有初步的规则意识，开始接受任务

4～5 岁幼儿心理控制能力增强，对自己的行为有了一定的约束，能初步遵守生活中的基本规则。例如，见人要打招呼，发言要举手，喝水要排队。同时初步具备理解成人要求和接受简单任务的能力，如当老师的小帮手，完成班级值日任务。

■　三、　5～6 岁学前儿童心理发展的主要特征

□　1. 好学好问

5～6 岁幼儿不再满足于通过直接感知和具体操作去认识事物，他们对周围的探索总是刨根问底，能提出一连串的"为什么"（"怎么来的""怎么做的"），表现出强烈的求知欲和探索兴趣。他们的问题往往稀奇古怪，让人一时难以回答，例如：为什么

要吃饭？（因为要活着。）为什么要活着？又如：他们在干什么？（在结婚。）为什么要结婚呢？这时，成人既不能泼冷水，也不能敷衍回答。

2. 抽象思维开始萌芽

5～6岁幼儿思维虽然仍以具体形象为主，但抽象的逻辑思维能力已经开始萌芽。他们开始理解一些概念，如勇敢、诚实；能够对事物进行简单的分类，如苹果、香蕉、西瓜是水果，茄子、黄瓜、西红柿是蔬菜。能初步理解事物的因果关系，能用"因为……，所以……"这样的连词。例如：因为下雪了，所以我们可以堆雪人。

3. 个性初具雏形

5～6岁幼儿的个人兴趣、爱好有所显露。对人对事表现出相对稳定的行为方式，有的热情大方，有的寡言少语，有的活泼好动，有的文静秀气。这个时期的幼儿个性特征初显，但仍具有较强的可塑性，应注意因材施教，促进幼儿全面发展。

案例呈现

在幼儿园中，教师经常发现，小班幼儿常发生争抢同一件玩具的现象；中班幼儿非常乐意当教师的小帮手；大班幼儿个性各有特色，好问好学……

【分析】

这说明3～6岁幼儿心理发展年龄特征非常鲜明。小班幼儿爱模仿，常发生争抢同一件玩具的行为；中班幼儿具有初步的规则意识，开始接受任务，乐意当老师的小帮手；大班幼儿思维活跃，求知欲和好奇心旺盛，表现出好学好问。

真题再现

一、单项选择题

1. 下列不属于新生儿本能的是（　　）。（2024年上半年幼儿园教师资格证考试真题）

A. 觅食行为　　　　　　　　　　B. 抓握反射

C. 踏步反射　　　　　　　　　　D. 膝跳反射

2. 十个月大的贝贝看见妈妈把玩具塞进了盒子，他会打开盒子把玩具找出来。这说明贝贝的认知具备了（　　）。（2023年上半年幼儿园教师资格证考试真题）

A. 守恒性　　　　　　　　　　　B. 间接性

C. 可逆性　　　　　　　　　　　D. 客体永久性

3. 某一时期，儿童学习某种知识和形成某种能力比较容易，心理某个方面的发展最为迅速，儿童心理发展的这个时期被称为（　　）。（2022 年下半年幼儿园教师资格证考试真题）

A. 反抗期　　　　　　　　　　　B. 敏感期

C. 转折期　　　　　　　　　　　D. 危机期

4. 与婴儿最初的情绪反应相关联的是（　　）。（2022 年下半年幼儿园教师资格证考试真题）

A. 生理的需要　　　　　　　　　B. 归属和爱的需要

C. 尊重的需要　　　　　　　　　D. 自我实现的需要

5. 婴儿动作发展的正确顺序是（　　）。（2022 年上半年幼儿园教师资格证考试真题）

A. 翻身→坐→抬头→站→走　　　B. 抬头→翻身→坐→站→走

C. 翻身→抬头→坐→站→走　　　D. 抬头→坐→翻身→站→走

6. 小班同一个"娃娃家"中，常常出现许多"妈妈"在烧饭，每个幼儿都感到很满足。这反映了小班幼儿游戏行为的特点是（　　）。（2018 年下半年幼儿园教师资格证考试真题）

A. 喜欢模仿　　　　　　　　　　B. 喜欢合作

C. 协调能力差　　　　　　　　　D. 角色意识弱

二、简答题

1. 简述学前儿童心理发展的基本趋势。

2. 简述学前儿童心理发展的主要特征。

3. 根据右图说明学前儿童动作发展规律。（2021 年下半年幼儿园教师资格证考试真题）

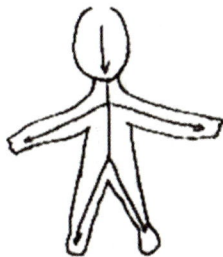

三、材料分析题

小班张老师观察发现，小明和甘甘上楼时都没有借助扶手，而是双脚交替上楼梯；下楼时小明扶着扶手双脚交替下楼梯，甘甘则没有借助扶手，每级台阶都是一只脚先下，另一只脚跟上慢慢下。

问题：1. 请从幼儿身心发展角度，分析小班幼儿上下楼梯的动作发展特点。

2. 分析两个幼儿表现的差异及可能原因。（2019 年下半年幼儿园教师资格证考试真题）

岗位实训

任务一　利用观察法对小班幼儿动作发展水平进行评价，并做好观察记录。

【观察目标】

【观察对象】

【观察记录】

【观察分析】

任务二　设计一个能促进幼儿动作发展的活动（与健康活动联动）。

直通国赛

观看国赛视频，运用观察法分析幼儿心理发展的特点。

国赛视频 3

学习目标

知识目标：

1. 理解注意的概念、类型；

2. 掌握学前儿童注意发展的特点及注意品质的发展。

能力目标：

掌握并能运用培养学前儿童注意的有效教学策略。

素养目标：

1. 主动积极地了解学前儿童注意品质的发展；

2. 感受学前教育专业的科学性与严谨性，树立正确的儿童观、教育观、教师观。

思维导图

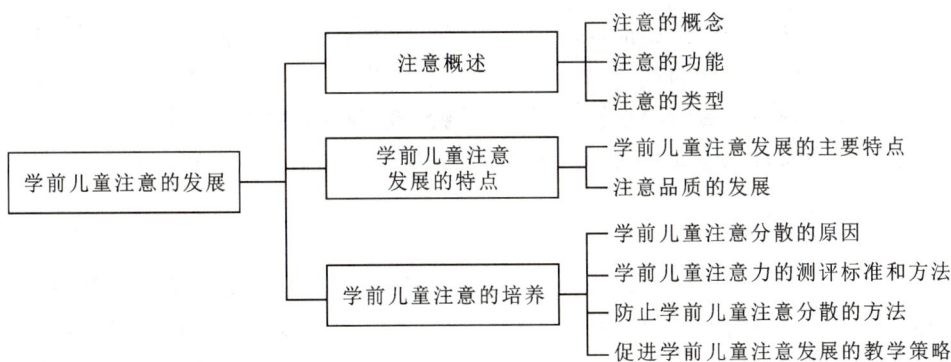

情境导入

　　在"搭建黄鹤楼"的大班建构游戏中，陈老师第一时间发现琳琳和俊俊小朋友坐在积木旁边发呆，便走过去亲切地说："琳琳、俊俊，我们来数数主题墙上的黄鹤楼有几层高。""我们拿积木来搭五层高的黄鹤楼，注意是五层哦！""我们再看看，黄鹤楼的屋檐跟普通的房子有什么区别呢？""弯弯的，我们拿什么形状的积木来搭弯弯的屋檐呢？"随后，两个小朋友眼睛亮了，开始找积木合作"搭建黄鹤楼"。

在建构游戏中，陈老师巧妙地引导注意分散的幼儿，通过数黄鹤楼的层数把注意力转移到游戏中，并将数字的概念渗透到游戏中，有目的地训练幼儿的有意注意。在搭建屋檐的过程中，陈老师既发展了幼儿的想象能力，又培养了幼儿的有意注意，让幼儿更加有目的地进行游戏。

任务一　注意概述

■ 一、注意的概念

■ （一）注意的含义

注意是指人的心理活动对一定对象的指向和集中。通俗来说可以用"全神贯注""聚精会神""一心一意"等成语表示"注意"的意思。

■ （二）注意的基本特征

□ 1. 指向性

指向性是心理活动有选择地反映一定的对象而离开其他对象的性质，即在某一瞬间，心理活动对同时出现的许多刺激，有选择地反映一定的对象和范围。例如，当幼儿看川剧变脸表演时，他的心理活动指向川剧变脸，眼睛能够跟随着变脸演员的位置移动，看得十分认真，不会注意到其他事物，这是注意指向性的体现。

□ 2. 集中性

集中性是指人的心理活动在指向某一事物的同时，就会对这一事物全神贯注，把精神都集中到这一事物上并使得活动得以完成，有时周围发生了其他事情，也不会察觉到，进而对其他事情产生"视而不见、听而不闻"的效果。例如，当幼儿集中注意力看川剧变脸表演时，身边的人对幼儿说话，幼儿可能会忽略，说话的活动不能引起幼儿的反应，这是注意集中性的体现。

■ （三）注意与心理过程

注意不是独立的心理过程，总是伴随感觉、知觉、记忆、想象、思维、情感、意志等心理活动同时出现的，它不能离开心理过程独立存在。例如，教师提醒学生注意观察、注意倾听、注意记忆、注意思考等，教师提示学生将注意力集中到所进行的活动中，如果没有集中注意力，这些活动都无法高效地进行或者完成。因此，注意对我们记忆知识、学习技能、思考问题，以及完成各种智力活动和实践操作都起着重要意义。

二、注意的功能

（一）选择功能

注意的选择功能是最基本的功能。周围环境会产生大量的刺激，有些刺激对个体意义重大，而有些对个体没那么重要，甚至毫无意义。注意使心理活动选择最符合现实需要的内容，进而排除无关刺激的干扰，使认知对象反映得更加清晰。例如，在故事欣赏活动中，注意的选择功能使幼儿专心听教师讲故事，不受其他刺激的干扰。

（二）保持功能

注意指向一定对象时，会在该反映对象上维持一定的时间，维持心理活动持续进行，直到目的达到为止。例如，在艺术活动中，注意的保持功能使幼儿把注意力集中在绘画上，全程保持专心致志，直到画完为止。

（三）调节和监督功能

注意不仅能选择对象，还能控制活动向着一定的目标和方向进行并在该对象上保持一定的时间，还能对反映对象进行必要的加工，从而更加高效正确地完成相应的任务。有些幼儿之所以不能坚持达到预定目的，往往是由于他们注意的调节监督机能没有完善发展或没有很好地发挥作用，需要教师的引导和提醒。例如，在手工活动中，幼儿在捏超轻黏土时，被窗外传来的蝉鸣声所吸引，而停下捏黏土，教师这时可以走到幼儿身边轻声提醒其保持注意力。

三、注意的类型

根据注意的产生有无目的及是否需要意志努力，注意可分为无意注意、有意注意、有意后注意，具体如表 4-1 所呈现。

表 4-1　注意的类型

类型	有无目的性	是否需要意志努力	典型例子
无意注意	无	不需要意志努力	看到突然飞进教室的小鸟；夜晚听到传来的蛙鸣声
有意注意	有	需要意志努力	认真听故事；初次学骑车
有意后注意	有	不需要过多意志努力	熟能生巧；电脑打字"盲打"

（一）无意注意

无意注意也称为不随意注意，是指没有预定目的，也不需要意志努力的注意。例如，幼儿正在安静聆听教师讲故事，天气骤变，打雷下雨了，教师和幼儿都会不约而同地望向窗外。这种就是无意注意的表现，无意注意是被动的，是对刺激物的应答性反应。通常引起无意注意的原因分为客观因素和主观因素两类。

1. 客观因素

客观因素，即刺激物本身的特点，分为刺激物的强度、新颖度、对比度和运动变化，具体如表 4-2 所呈现。

表 4-2　刺激物的特点

刺激物的特点	典型例子
刺激物的强度	浓烈的气味、鲜艳的颜色、强烈的光线、巨大的声音，都容易引起无意注意
刺激物的新颖度	五颜六色的胡须、彩色的油菜花等，不常见的、与众不同的、具有创新性的事物
刺激物的对比度	"鹤立鸡群""万绿丛中一点红"等具有对比差异的事物都容易引人注意
刺激物的运动变化	夜晚路边闪烁的星星灯、公园跑步的路人、教师讲故事抑扬顿挫的语调等都会吸引注意

2. 主观因素

主观因素，即人本身的状态，包括人的动机需要和身心状态。

第一，符合人的兴趣、需要、动机或者与人的知识经验密切相关的事物，又或是情感上能激发人共鸣的事情都更容易引起人的注意。例如，校园广播里播放的是学生最喜欢歌手唱的歌曲，更能引起学生的注意。

第二，与人当时的身心状态有关，一般在心情较好、体力充沛时注意力更好，相反在心情不佳和疲惫时，即使是往常喜欢的事情也不容易引起注意。例如，刚出发去旅游的游客一般比旅游即将结束的游客的注意力更容易集中。

（二）有意注意

有意注意也称为随意注意，是指有预定目的，需要一定意志努力的注意。有意注意是我们自觉控制的注意，它服从于我们的生活、学习的需要和任务。例如，幼儿目不转睛地看杂技表演，不被其他事物所干扰；同样，教师在活动前提醒幼儿"小眼睛看老师"，这里的注意也是有意注意。有意注意是积极的、主动的。

引起和保持有意注意的条件主要有幼儿对活动目的、活动任务的理解程度，自身的性格和意志特点，合理地组织丰富有趣的活动。

1. 对活动目的、活动任务的理解程度

幼儿如果明白成年人让他做的具体任务，他就会更好地按要求完成任务，这一过程需要幼儿保持有意注意。如在户外观察活动中，教师告诉幼儿要观察蚂蚁找食物和搬运食物的过程，幼儿就会按照教师的要求进行。因此，在组织活动时教师应

让幼儿理解活动中的任务和目的，教师的语言应简单易懂，确保幼儿能够理解和识记任务。

□ 2. 自身的性格和意志特点

幼儿的性格和意志特点都各有差异，而有意注意需要意志努力来排除干扰因素，将注意力投入目前的活动中。如在涂色活动中，教师让幼儿将小熊涂上颜色，有的幼儿能专注地将小熊完整涂色，有的幼儿草草几笔就开始玩手指。因此，教师要在活动中因材施教，关注到幼儿的个别差异性，有目的地发展幼儿的注意力。

□ 3. 合理地组织丰富有趣的活动

教师组织的活动是否合理、是否丰富有趣，也会影响幼儿有意注意的保持。在教师的引导和提醒下，幼儿通过参与、体验有趣的活动，努力控制自己的注意力，使自己的注意保持在活动中，才能更好地完成任务。教师组织活动时遵循动静交替的原则，活动内容符合幼儿年龄特点，更有助于培养幼儿的有意注意。

■（三）有意后注意

有意后注意也称为随意后注意，是指既有自觉的、明确的目的，又不需要过多意志努力的注意，它在形式上类似于无意注意，在性质上类似于有意注意，是一种高级类型的注意，是在有意注意基础上发展起来的。

有意后注意的形成有两个条件：一是对活动有浓厚的兴趣，二是对活动十分熟练，进而达到"自动化"。例如，电脑打字时的"盲打"，妈妈一边看新闻一边织围巾。

■ 四、注意对学前儿童成长的意义

■（一）注意促进学前儿童认知发展

注意是其他认知活动的基础，只有注意指向和集中到特定对象时，人们才能对该对象形成正确、清晰的感知觉。感知觉是认知的开端，注意则是感知觉的先决条件，因此注意能够促进幼儿认知水平的发展。

■（二）注意有利于学前儿童良好学习品质发展

注意品质的发展对幼儿学习品质的发展具有重大影响，注意的稳定性、广度、分配、转移等品质会影响到学习的效果，一般具有良好注意力的幼儿能够更高效、高质量地完成任务。幼儿如果能够注意看、听、记、想就能更好地学习新知识，有利于学习品质的发展。

■（三）注意有利于学前儿童坚持性的培养

注意对幼儿坚持完成各种活动有重要意义，任何成功都需要坚持不懈，需要知识经验准备和相应能力的发展。注意使得幼儿在任务前处于认真准备的状态；在活动中保持对事物的专注性，将精力投入活动中，以增强行动力和坚持性。

任务二　学前儿童注意发展的特点

■ 一、学前儿童注意发展的主要特点

新生儿出生时就表现出一些注意现象，这是最初的无意注意的形式，是一种本能的无条件反射。随着年龄的增长，婴儿的无意注意逐步发展，稳定性增强，3岁前幼儿的注意基本属于无意注意。3～6岁的幼儿的无意注意占优势，有意注意初步发展。

■ （一）无意注意占优势

3～6岁的幼儿已经进入幼儿园接受教育，随着年龄的增长，他们仍以无意注意为主，但是已进入稳定期。这个时期幼儿的无意注意主要有以下三个特点：

□ 1. 刺激物的物理特性是引起学前儿童的无意注意的主要因素

刺激物的物理特性仍然是引起学前儿童无意注意的主要因素，鲜艳的色彩、新颖的形象、强烈的声响，突然变化的事物等因素都是引起他们的无意注意的诱因。例如，教师讲绘本时，富有感染力的声音变化、生动形象的肢体动作等都能吸引幼儿的无意注意。

□ 2. 与学前儿童兴趣、需要和生活经验密切联系的事物能引起无意注意

生活中与学前儿童兴趣、需要和生活经验密切联系的事物，逐渐成为引起无意注意的因素。随着幼儿与周围事物的互动，幼儿的生活经验不断增加，兴趣逐渐形成，这时符合幼儿兴趣或者需要的事物就容易引起他们的无意注意。例如，对玩具车十分感兴趣的幼儿，看到超市琳琅满目的玩具车，就会十分喜悦并主动靠近。

□ 3. 学前儿童的无意注意随年龄增长不断稳定和深入

小班幼儿的无意注意占据优势地位，新奇、鲜艳的事物、强烈的刺激变化都容易引起他们的注意，因此他们的注意也容易被其他新异的刺激物所转移。

中班幼儿的无意注意进一步发展，他们对感兴趣的事物能够保持长时间的注意，表现出一定的稳定性。

大班幼儿相较于小班、中班幼儿，能够更长时间地保持注意，对注意对象有干扰性的事物会引起其不满情绪。随着认识的不断深入，他们从关注事物的表面特征转向事物的内在联系，即使是不那么感兴趣的事物，也能保持一定的注意。

（二）有意注意初步发展

幼儿的有意注意主要表现在幼儿能自主控制自己的注意，其特点是有目的和需要意志努力。但幼儿的有意注意还处于初步发展中，而且幼儿有意注意的目的性和自我控制力主要依赖于成人在活动中合理的组织与适宜的提醒。

有意注意的发展特点表现在三个方面：

1. 学前儿童的有意注意受到大脑发育水平的限制

幼儿有意注意的发展与大脑额叶功能水平密切相关。额叶在 7 岁后才能达到成熟水平，因此，学前阶段幼儿的有意注意开始发展，但是还未充分发展。有研究表明，在良好的教育下：小班（3～4 岁）幼儿能够集中注意 3～5 分钟；中班（4～5 岁）幼儿能够集中注意 10 分钟左右；大班（5～6 岁）幼儿能够集中注意 15 分钟左右。如果教师组织得法，5～6 岁幼儿集中注意可以达到 20 分钟。

2. 学前儿童的有意注意是在成年人的引导下发展的

进入幼儿园，面对新的生活环境和教育环境，对各种生活制度和行为规则，幼儿需要成人的引导，成人的作用主要：第一，帮助幼儿明确注意的目的；第二，用肢体动作和语言提醒幼儿，以保持注意力学习新知识来适应新环境；第三，教给幼儿克服注意分散的方法，从而促进幼儿有意注意的发展。

3. 学前儿童的有意注意是在一定的活动中实现的

幼儿受到整体心理发展水平的制约，他们的有意注意发展水平仍然处于低级阶段。幼儿的有意注意还需要在智力活动和实践操作中维持和发展。当幼儿有直接的操作对象时，其注意能够更好地保持并处于积极状态，否则就容易分散。

📕 知识拓展

给幼儿讲故事需要关电视吗？

维尔纳和博伊科对 73 名 7～9 个月大的婴儿和 40 名 18～30 岁的成人的辨音行为做了比较。结果显示，当噪声和语音混杂时，婴儿比成人更容易捕获到噪声，更难捕获到语音。

实验表明，父母在给婴儿讲故事或说话时要关掉电视或收音机的声音，不然婴儿很难从嘈杂的环境中听出语音。

另外有实验表明，1～3 岁长期待在电视前的幼儿，会在学前阶段表现出更难集中注意力的情况。

■ 二、注意品质的发展

■ （一）注意的广度

注意的广度又称为注意的范围，即一个人在同一时间内能够清楚地察觉和把握的对象的数量。例如，"一目十行"就是说明一个人阅读时注意的范围比较广。心理研究发现，人的注意广度是生理性的。因此，幼儿的注意广度比较狭窄，成人在 0.1 秒的时间可以注意 4～6 个相互无联系的对象，而幼儿一般只能把握 2～3 个对象。注意的广度要求把信息对象组成块，使各个对象之间能联系为一个整体。

扫一扫
注意广度实验

影响注意广度的因素主要有两方面：一是对象的特点，对象越集中，排列越有规律，注意的广度也就越大；二是个体经验和心理状态，个体对自己熟悉的事物注意范围较大，紧张状态下的注意范围较小。

■ （二）注意的稳定性

注意的稳定性是指在同一对象或同一活动中注意所能持续的时间相对较长。幼儿的注意稳定性相对较差，因为幼儿容易受到新刺激的影响，注意力容易分散。

影响注意稳定性的主要因素有：一是是否有明确的任务；二是注意对象的内容是否丰富；三是活动的方式是否多样化；四是个体的情绪和身体状况是否良好等。

📕 知识拓展

注意的起伏现象

人的感受不能长时间地保持固定的状态，而是间歇地加强和减弱，这种现象叫作注意起伏。

要使注意持久地集中在一个对象上，是很困难的。注意起伏是正常的注意现象，它具有防止疲劳、提高注意稳定性的作用。如图 4-1，我们长久地注视小正方形时，小正方形会出现时而凸起时而凹陷的现象。

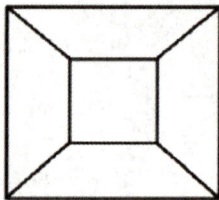

图 4-1　注意的起伏现象

■ （三）注意的分配

注意的分配是指在同一时间内把注意指向两种或者两种以上的对象或者活动的特性。通常可以用成语"一心二用"来理解注意的分配。幼儿的注意分配能力较差，很难同时完成两件事情，但随着年龄的增长和对事件熟练程度的提高，在学前末期，幼

儿能够基本实现注意的分配，例如，幼儿能够一边唱歌一边做相应的动作，还能适当保持队形。

（四）注意的转移

注意的转移是指能够根据新的要求，将注意从一个对象转移到另一个对象。通常情况下学前初期的幼儿还不擅长转移注意，经过成年人的教育和引导，学前末期的幼儿能够比较灵活地按要求转移自己的注意。

这里要着重强调：注意的转移与注意的分散有着本质的区别。注意的转移是根据新任务的需要，主动地把注意转移到新的对象上，使一种活动合理地代替另一种活动，是一个人注意灵活性的表现。注意的分散是由于受到无关刺激的干扰，使自己的注意离开了需要注意的对象，而不自觉地转移到无关活动上。

影响注意转移的因素主要有四个方面：第一，原来注意的紧张度；第二，前后活动的联系；第三，个人的兴趣和情感的投入；第四，已有的习惯。这些都可能会影响注意的转移程度。

案例呈现

中班的幼儿参加户外活动时，陈老师组织幼儿玩了丢手绢的游戏，大家都十分开心。回到教室后，幼儿如厕、盥洗后，陈老师按计划开始数学活动。这时，有的幼儿还十分兴奋，有的幼儿发呆看着窗外，有的幼儿趴在桌子上，陈老师发现很少幼儿能集中注意倾听。

请结合注意的品质相关理论，想一想：幼儿在数学活动中为什么注意力难以集中？

任务三　学前儿童注意的培养

一、学前儿童注意分散的原因

（一）生理因素

引起学前儿童注意分散的生理原因主要包括以下方面。

第一，少数学前儿童大脑发育不完善，神经系统机能没有得到充分发展，导致学前儿童的自制力较差，注意力不集中。

第二，作息时间不合理，如睡觉时间晚，学前儿童睡眠时间不足，容易产生疲劳，进而使得注意力难以集中。

第三，鉴于学前儿童不同的气质类型，注意力保持时间也有所不同，胆汁质的学前儿童注意的稳定性相较于其他类型更差，更容易出现注意分散。

（二）环境因素

学前儿童的无意注意占优势，新颖、多变的事物，嘈杂的环境，不同的声音，都可能吸引其注意，从而干扰正在进行的活动。例如，教室环创过于花哨，区角的材料过于繁多，环境过于嘈杂，这些可能分散学前儿童的注意。

（三）教育因素

1. 教师方面

教师在组织教学时目的不明确，语言指令不清晰，活动没有遵循学前儿童身心发展水平，教师与学前儿童之间的关系不够密切，师幼之间情感交流过少，都会分散学前儿童的注意力。另外，学前儿童的理解能力有限，不能正确理解教师指令及要求，也是造成他们注意分散的原因。

2. 家长方面

家长对学前儿童的教育方式不恰当，生活中忽视了学前儿童良好注意习惯的培养，不能给学前儿童营造良好的家庭环境，家长缺少培养学前儿童注意的科学方法，家长过分溺爱学前儿童，同时提供过多的玩具，这些都会引起学前儿童注意分散。

二、学前儿童注意力的测评标准和方法

学前儿童具有个体差异性，所以注意力水平也存在着巨大差异，如何测评学前儿童注意力水平，并能根据注意力水平不同对学前儿童进行因材施教，是值得研究的问题。

（一）学前儿童注意力的测评标准

学前儿童注意力测评，可以围绕着注意的广度、注意的稳定性、注意的分配和注意的转移进行，具体如表 4-3 所示。

表 4-3 学前儿童注意力的测评标准[1]

测评项目	优	中	差
注意的广度	在单位时间内（0.1秒）能注意到三个或三个以上毫无联系的对象	在单位时间内（0.1秒）能注意到两个毫无联系的对象	在单位时间内（0.1秒）能注意到一个毫无联系的对象

---

① 张永红. 学前儿童发展心理学 ［M］. 北京：高等教育出版社，2011：58.

续表

测评项目	优	中	差
注意的稳定性	根据任务，对注意对象持续注意15分钟以上	根据任务，对注意对象持续注意10～15分钟	根据任务，对注意对象持续注意5～10分钟
注意的分配	在成人的要求下熟练地、迅速地同时进行两种或两种以上不同性质的活动	在成人的要求下熟练地、迅速地同时进行两种相同性质的活动	在成人的要求下基本上能同时进行两种简单的学习、游戏或生活活动
注意的转移	根据要求迅速、连续地从一个活动转移到另外的活动中来	根据要求连续地在不同类型的活动中相互转移	能在成人的要求和督促下从一个活动转移到另一个活动中来

（二）学前儿童注意力测评方法

1. 校对改错法

成年人在利用校对改错法测查时，可发给每个幼儿一张印有圆形和三角形的改错练习纸。纸上每行印有31个符号，共15行，有465个符号，符号的排列是随机的；播放按一定速度读"圆圈"和"三角"的录音。录音中的符号排列，跟改错练习纸上的符号排列不完全相同，每隔1～4个符号出现一次错误，错误出现的间隔时间的长短也是随机的。成年人要求幼儿根据录音校对纸上的圆形和三角形两种符号，并将纸上的错误符号划去。

正式实验前要让幼儿理解校对改错法的测试方法。每个幼儿用快（每分钟35个符号）、中（每分钟19个符号）、慢（每分钟13个符号）三种不同的速度先后完成三次练习，以"改错练习的最大连续正确数"作有意注意稳定性的指标。成年人也可根据幼儿的年龄特点和教育需要适当调整校对改错图形，以便更能激发幼儿兴趣，吸引幼儿注意力。

2. 匹配法

让幼儿把一定数量的材料中同一对象的两部分图案找出来并连在一起。例如，请幼儿把同一车辆的车头和车尾用线连起来，如图4-2所示。幼儿答案正确率越高、所用时间越少，说明其注意发展水平越高。此外，随着幼儿年龄的不断增长，幼儿注意逐步发展，测查所用的刺激物数量、复杂程度、要求难度也应有所提高。

3. 轨迹法

让幼儿在较为复杂的对象（如迷宫）中，根据一定的要求和线索，找出正确答案。

如在图 4-3 中，找出钓到鱼的幼儿。根据幼儿答案的正确率、所用时间的多少，评定其注意发展水平的高低。此外，随着幼儿年龄的不断增长，幼儿注意逐步发展，测查所用图案复杂程度或要求难度可以逐步提高。比如，在"钓鱼"的案例中，可允许小班幼儿用手指摸索着找，而要求中班、大班幼儿只能用眼睛看。

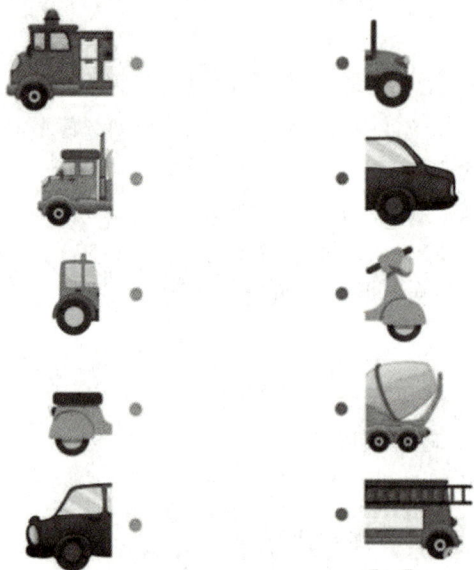

图 4-2　找出同一辆车的车头和车尾　　　图 4-3　找出钓到鱼的幼儿

■ 三、防止学前儿童注意分散的方法

■ （一）防止无关刺激的干扰

无关刺激的干扰会引起幼儿注意的分散，也就是引起无意注意。因此，恰当地避免无关刺激的干扰在组织活动时显得非常重要。例如，家长在培养幼儿阅读的专注力时，避免给幼儿同时提供多本图书。

■ （二）制定合理的作息制度

教师要加强家园联系，确保幼儿生活作息规律，有充足的睡眠时间，养成良好的生活习惯。例如在晚上或者周末不要让幼儿睡得太晚，这样才能使得幼儿有充沛的精力集中注意参与日常生活和学习活动。

■ （三）培养良好的注意习惯

成人应培养幼儿集中注意的良好习惯，在幼儿学习和参与其他活动时不要随意打扰。例如，当幼儿认真画画时，可能画得比较抽象，家长不要随意指点或者逗引幼儿，要留给幼儿独立思考的空间，让他们在实践中培养良好的注意习惯。

四、促进学前儿童注意发展的教学策略

高度集中的注意力是人们进行学习和探索活动的心理基础。学前儿童注意的特点是无意注意占优势，其有意注意还没有发展成熟，并且注意的广度很小，稳定性也较差，注意的分配和转移能力都较弱。在教学活动中，幼儿园的教育应尊重学前儿童身心发展的规律和学习特点，并且根据这些规律和特点培养他们的注意力。在教学活动中，具体的做法可以从以下几个方面进行。

（一）创设良好的教学环境，减少无关刺激的干扰

为减少环境中无关刺激的干扰，教师可以从教室布置、教具选择、教师形象及教育过程四个方面来营造良好的教学环境。具体来说，一是活动室的布置不宜过于花哨，应当安静整洁，突出教育主题。二是教具的选择应配合教学并适时使用和回收。三是教师的仪表、言行应符合规范。四是教育过程中避免因批评个别幼儿而分散其他幼儿的注意力。

（二）开展丰富的游戏化活动培养注意力

幼儿的注意力直接受兴趣和情绪状态的影响，他们对喜欢的活动表现出长时间的注意，而游戏是幼儿园教学的主要形式，也是幼儿最喜欢的方式。教师要有意识地开展丰富有趣的游戏活动，让幼儿在游戏中学习，寓教于乐，这样才能更好地培养幼儿的注意力。

（三）明确教学活动目的，不要反复提出要求

幼儿的有意注意逐步发展，教师应明确教学目的。在活动中以富有感染力的语言，提出具体明确的任务要求，但是切忌反复提出要求。因为这种做法会产生一定的负面影响，可能会让幼儿出现厌烦的情绪；也有部分幼儿认为成人会多次提醒注意事项，从而出现不认真倾听的心理现象。

（四）灵活地交互运用无意注意和有意注意进行教学

有意注意和无意注意是幼儿注意的两种形式，虽然幼儿的注意以无意注意为主，但是两种注意在活动过程中是相互补充交替进行的。教师在活动中恰当地引导幼儿进行两种注意的转换，不仅有助于幼儿维持注意，而且可以使幼儿在活动中减少疲劳感，提高活动兴趣，产生愉快情绪，从而使幼儿的活动得以顺利地进行。

因此，教师在组织幼儿活动时，应设法使活动的方式与内容适合幼儿的发展特点，灵活地交互运用无意注意和有意注意进行教学，在可能的情况下增强活动的趣味性；同时，也要引导幼儿集中注意坚持完成活动，有意识地培养幼儿的有意注意。

真题再现

一、单项选择题

1. 幼儿注意的稳定性差表现在（　　）。（2024年上半年幼儿园教师资格证考试真题）

A. 注意的选择性　　　　　　　　B. 有意注意时间短

C. 注意范围小　　　　　　　　　D. 注意的分配能力差

2. 幼儿期注意发展的特点是（　　）。（2021年下半年幼儿园教师资格证考试真题）

A. 无意注意占优势，有意注意逐渐发展

B. 有意注意占优势，无意注意逐渐发展

C. 无意注意逐渐发展，有意注意未出现

D. 有意注意逐渐发展，无意注意未出现

3. 幼儿认真、完整地听完教师讲的故事，这一现象反映了幼儿注意的（　　）特征。（2019年上半年幼儿园教师资格证考试真题）

A. 注意的选择性　　　　　　　　B. 注意的广度

C. 注意的稳定性　　　　　　　　D. 注意的分配

4. 小班集体教学活动一般都安排15分钟左右，是因为幼儿有意注意时间一般是（　　）。（2014年下半年幼儿园教师资格证考试真题）

A. 20～25分钟　　　　　　　　　B. 3～5分钟

C. 15～18分钟　　　　　　　　　D. 10～11分钟

5. 儿童一进入商场就被漂亮的玩具吸引，儿童在这一刻出现的心理现象是（　　）。（2012年上半年幼儿园教师资格证考试真题）

A. 注意　　　　　　　　　　　　B. 想象

C. 需要　　　　　　　　　　　　D. 思维

6. 在良好的教育环境下，5～6岁幼儿能集中注意（　　）。（2011年下半年幼儿园教师资格证考试真题）

A. 5分钟　　　　　　　　　　　　B. 10分钟

C. 15分钟　　　　　　　　　　　D. 7分钟

二、简答题

1. 简述幼儿注意的类型。
2. 简述幼儿注意发展的主要特点。

三、材料分析题

小一班的陈老师发现，班上的小朋友上课时总是无法集中注意力。尤其是周一早上，小朋友一来幼儿园就打着呵欠，上课也无精打采。最近陈老师换了个新发型，小朋友可喜欢了，争着要看。

要上课了，小朋友还沉浸在刚才的游戏中，直到陈老师弹钢琴才坐到小椅子上。陈老师让小朋友一起讨论"小白兔为什么那么可爱"，小朋友七嘴八舌地开始讨论，陈老师收都收不住。接着，陈老师又给小朋友讲了膳食金字塔的知识，以及饮食均衡的重要性，刚开始小朋友还能认真听，不一会儿就开始东张西望了。

问题：1. 请根据案例分析小朋友注意分散的原因。

2. 陈老师应该怎样防止小朋友注意分散？

📖 岗位实训

任务一　利用谈话法对幼儿注意发展水平进行评价，并做好谈话记录。

【谈话目标】

【谈话对象】

【谈话记录】

【谈话分析】

任务二　通过观察法对幼儿注意发展水平进行评价，尝试运用本章知识进行分析并记录在表上。

幼儿年龄：　　　　性别：　　　　观察对象：　　　　记录者：

观察项目	注意持续时间	注意保持或者分散原因	培养注意的策略

📖 直通国赛

观看国赛视频，运用观察法分析幼儿注意的特点。

国赛视频 4

项目五　学前儿童感知觉和观察力的发展

知识目标：

1. 了解感觉和知觉的概念与分类；

2. 认识学前儿童感觉和知觉的发展特点。

能力目标：

1. 能够运用有效的策略促进学前儿童感觉和知觉的发展；

2. 掌握培养学前儿童观察力的方法。

素养目标

1. 尊重学前儿童心理发展规律，用发展的眼光看待儿童；

2. 能够用科学的观点观察评价学前儿童。

📕 思维导图

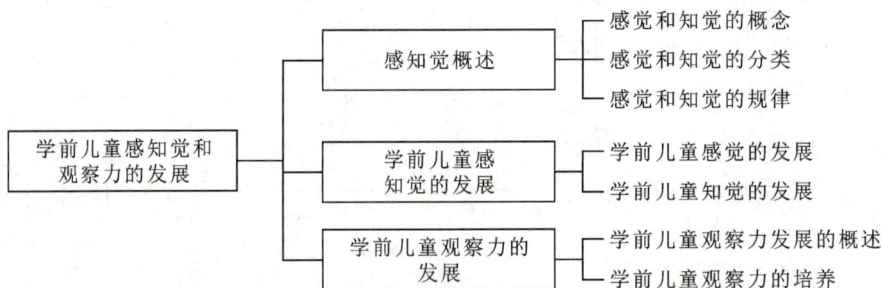

📕 情境导入

在一次美食品尝活动中，果果吃完一颗甜甜的糖果后，紧接着吃了一瓣橘子，这时一个有趣的感觉对比现象悄然发生。只见果果咧着嘴说着："好酸呀，好酸呀，不好吃……"

想一想：果果吃完糖果再吃橘子，为什么感觉橘子更酸了？

任务一　感知觉概述

感知觉是人脑接收和处理外界信息的基本过程，主要分为感觉与知觉两大部分。感觉负责捕捉事物的个别属性，知觉则整合这些信息形成整体认知。

■ 一、感觉和知觉的概念

■ （一）感觉的概念

感觉是指人脑对直接作用于感觉器官的客观事物个别属性的反映，属于简单的心理现象。当人认识某种事物的时候，会先将事物的个别属性通过感觉器官反映到大脑中，使大脑获得各种外部信息，从而产生相应的感觉。

■ （二）知觉的概念

在生活中，任何客观事物的个别属性都不是孤立存在的，而是由多种属性有机结合起来构成一个整体。即客观事物直接作用于感受器时，人脑中反映的不仅仅是事物的个别属性，同时反映事物的整体，这就是知觉。

■ 二、感觉和知觉的分类

■ （一）感觉的分类

根据刺激来源的不同，可以把感觉分为外部感觉和内部感觉。其中外部感觉包括视觉、听觉、味觉、嗅觉、肤觉，内部感觉包括运动觉、平衡觉、机体觉，如表 5-1 所示。

表 5-1　感觉的分类

感觉种类	适宜刺激	感受器	反映属性
视觉	380～780 纳米的电磁波	视网膜的视锥细胞和视杆细胞	黑、白、彩色
听觉	16～20000 次/秒音波	耳蜗的毛细胞	声音
味觉	有味道的化学物质	舌、咽上味蕾的味细胞	甜、酸、苦、咸等味道
嗅觉	有气味的挥发性物质	鼻腔黏膜的嗅细胞	气味
肤觉	物体机械的、温度的作用或伤害性刺激	皮肤和黏膜上的冷点、温点、痛点、触点	冷、温、痛、触

感觉种类	适宜刺激	感受器	反映属性
运动觉	肌肉收缩，身体各部分位置变化	肌肉、筋腱、韧带、关节中的神经末梢	身体运动状态，位置变化
平衡觉	身体位置、方向的变化	内耳的前庭半规管的毛细胞	身体位置变化
机体觉	内脏器官活动变化时的物理化学刺激	内脏器官壁上的神经末梢	身体疲劳、饥渴和内脏器官活动不正常

（二）知觉的分类

从不同角度可以对知觉进行分类。根据在知觉中起主导作用的分析器的特性，把知觉分为视知觉、听知觉、嗅知觉、味知觉和触知觉等；根据知觉反映的事物的特性，把知觉分为空间知觉、时间知觉和运动知觉等；根据知觉所反映的客体的性质，把对客观事物的不正确的知觉称为错觉。

三、感觉和知觉的规律

（一）感觉的规律

1. 感觉的相互作用

感觉的相互作用包括同一感觉中的相互作用和不同感觉之间的相互作用两种。

1）同一感觉中的相互作用

对一种感受器的刺激有空间和时间两种模式。刺激的空间模式是指刺激同时作用于一种感受器的不同部位。刺激的时间模式是指刺激先后作用于一种感受器的同一部位。对感受器的时空刺激模式不同而导致感受性变化的现象，称为同一感觉中的相互作用。适应和对比是这类现象的突出表现。

（1）感觉适应。感觉适应是指由于刺激物对感受器的持续作用，使感受性发生变化的现象。刺激在时间上持续作用于某个感受器，导致对后来刺激的感受性发生变化。因此，感觉适应既表现为感受性的提高，也会表现为感受性的降低。各种感觉都有适应现象，如视觉适应、听觉适应、皮肤觉适应、嗅觉适应和味觉适应等，唯痛觉很难适应。其中，视觉适应分为明适应和暗适应。明适应是指从暗的环境到亮的环境，眼睛逐渐适应光线，感受性降低的过程。暗适应是指从亮的环境到暗的环境，视觉感受性上升的过程。

（2）感觉对比。感觉对比指感受器因接受不同刺激而产生的感受性发生变化的现象。感觉对比可以分为同时对比现象和继时对比现象。同样的白色在黑色背景上比在灰色背景上显得更白。这样的感觉对比现象，在日常生活中是常见的。左手泡在热水里，右手泡在凉水里，然后同时放进温水里，结果左手感觉凉，右手感觉热，这是同时对比。吃过糖果后吃橘子，感觉橘子特别酸，这是继时对比，即不同的刺激先后作用于某一感受器而产生的对比现象。

如图 5-1，在这张图片中，色彩对比被巧妙地运用以突出视觉效果的差异。左边的灰色正方形置于明亮的白色背景之中，这种高对比度的组合使得灰色显得较为浅淡且鲜明，给人一种轻盈和突出的感觉。相反，右边的灰色正方形虽然在描述中被提及为"灰色"，但由于其被放置在

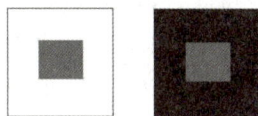

图 5-1　色彩对比

深邃的黑色背景之中，实际上它呈现出近乎黑色的外观，与背景几乎融为一体，仅在边缘处因光线的微妙差异而略显轮廓。通过与不同背景色彩的对比，它们在视觉感知上产生了截然不同的效果，充分展示了色彩对比在增强视觉层次感和引导视觉注意力方面的强大作用。

2）不同感觉之间的相互作用

对某种刺激物的感受性因其他感受器受到刺激而发生变化的现象，称为不同感觉之间的相互作用。不同感觉相互作用的一般规律大致是：弱刺激能提高另一种感觉的感受性，而强刺激则使另一种感觉的感受性降低。

2. 感受性的训练

感受性是感觉器官对某种刺激的感受能力，又称为感觉的灵敏度。感受性其实就是我们平常所说的一个人的感觉能力的强弱。比如同样条件下，很微弱的声音，你能听见而我听不见，这就说明你的感受性好，我的感受性差。感觉阈限是指能引起人感觉的刺激范围。感觉阈限实质上是对感受性的量化表现，我们常说谁的感受性好或者差，那都是一个抽象笼统的说法，所以引进了感觉阈限这个概念。感受性是指一个人对于某种刺激的感受能力，而感觉阈限是对感受性的量化表现，也就是用数值表现，感觉阈限越大感受性越差，感觉阈限越小感受性越好。"入芝兰之室久而不闻其香，入鲍鱼之肆久而不闻其臭"，说的就是嗅觉感受性发生变化的现象。手放在温水里，开始感觉热，慢慢就不觉得热了，这是温度觉感受性发生变化的现象。所有这些感受性发生变化的现象，都是在刺激物的持续作用下产生的。

3. 联觉现象

联觉是指某种刺激不仅引起一种感觉，同时还引起另一种感觉的现象。联觉是感觉相互作用的表现，例如，看到红色会觉得温暖，看到蓝色会觉得清凉，听到节奏鲜明的音乐会觉得灯光也和音乐节奏一样在闪动。常见的有颜色与温度联觉，视听联觉。

（二）知觉的规律

对于客观事物来说，人们能够迅速获得清晰的感知，这通常与知觉所具有的基本

特性是分不开的。人的知觉活动表现出四种基本特性，分别是选择性、整体性、理解性和恒常性。

□ **1. 知觉的选择性**

知觉的选择性是指人们在知觉客观事物时，总是会把少数事物当成知觉的对象而优先区分出来，其他事物往往成为知觉的背景。知觉的选择性不仅依赖于个人的兴趣、态度、需要以及个体的知识经验和当时的心理状态，还依赖于刺激物本身的特点（强度、对比和活动性）和被感知对象的外界环境条件的特点（照明度和距离）。如图 5-2，黑白相对两部分均有可能被视为形象或背景，如将白色部分视为形象，黑色部分视为背景，该形象可解释为烛台或花瓶；相反，则可解释为两个人脸侧面的投影像。

□ **2. 知觉的整体性**

知觉的整体性是指人在知觉客观对象时，总是把它作为一个整体来反映。客观事物往往是由许多部分组成的，每个部分都具有不同的特征，但是人们并不把对象感知为许多个别和孤立的部分，而总是把它知觉为一个统一的整体。图 5-3 中的图形，就可用作此种心理现象的说明。从客观的物理现象看，这个图形不是完整的，是由一些不规则的线和面所堆积而成的。可是，图形能明确显示其整体意义——由两个三角形重叠，而后又覆盖在三个黑色圆形上。我们会发现，居于图中间第一层的三角形虽然在实际上没有边缘、没有轮廓，在知觉经验上却是边缘最清楚、轮廓最明确的图形。像此种刺激本身无轮廓，而在知觉经验上却显示"无中生有"的轮廓，称为主观轮廓。从主观轮廓的心理现象看，人类的知觉是极为奇妙的。这种现象早被艺术家应用在绘画与美工设计上，使不完整的知觉刺激形成完整的美感。

图 5-2　知觉的选择性示意图　　　　图 5-3　主观轮廓示意图

□ **3. 知觉的理解性**

知觉的理解性是指人在感知事物时，总是根据过去的知识经验来解释和判断它，从而能够更深刻地感知它。从事不同职业和有不同经验的人，在知觉上是有差异的。如医生在给病人做检查时能比普通人知觉到更多的病情细节；对于图画，成人能知觉到幼儿所知觉不到的细节，而且能更深刻地了解图画的内容和意义。

4. 知觉的恒常性

知觉的恒常性是指当知觉的条件在一定范围内发生改变时，知觉的映像仍然保持相对不变。如图5-4，当你站在一扇关闭的门前，无论从正面、侧面还是斜角观察，门在你视网膜上的投影形状都会有所变化。正面看时，门可能呈现为一个矩形；侧面看时，则可能变为一个窄长的形状；而从斜角观察，形状可能更加不规则。然而，尽管视网膜上的投影形状不断变化，你始终能够识别出这是同一扇门，并保持对其形状的稳定感知—— 一个矩形的门。知觉的恒常性在人的实际生活中有很大的作用，它可以使人们在不同情况下，按照事物的实际面貌反映事物，从而能够根据对象的实际意义去适应环境。如果知觉不具有恒常性，那么个体适应环境的活动就会更加复杂。

扫一扫
感觉剥夺实验

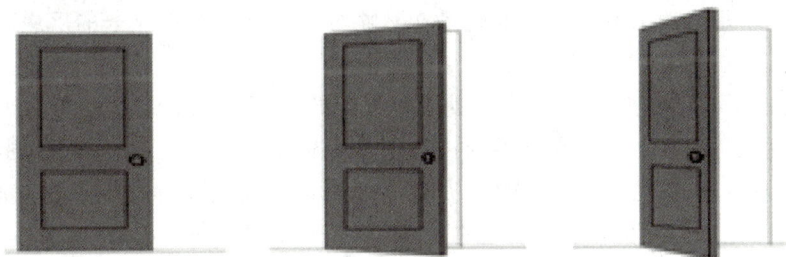

图 5-4　知觉的恒常性示意图

任务二　学前儿童感知觉的发展

一、学前儿童感觉的发展

（一）视觉的发展

1. 视敏度

视敏度指精确地辨别细致物体或处于具有一定距离的物体的能力，也就是发觉一定对象在体积和形状上最小差异的能力，即通常所说的视力。一般来说，婴儿出生后就能看见眼前东西，只是视线比较模糊，最佳视距为10～20cm。

2. 颜色视觉

颜色视觉指区别颜色细微差异的能力，也称辨色力。婴儿出生后第3个月开始区分红、绿两种光刺激，但不稳定，第4个月比较稳定。颜色视觉与颜色的明度、色调、饱和度有关。幼儿颜色视觉的发展主要表现在区分颜色细微差别能力的继续发展，同时能将辨别颜色和掌握颜色名称结合起来。3 岁幼儿不能认清基本颜色和区分各种颜色的色调。4 岁幼儿区别色调细微差别的能力不断发展，开始认识一些混合色。5 岁幼儿注意到明度、色调和饱和度，能辨别更多混合色。颜色辨别能力的发展，主要在于掌握颜色的名称，这依靠生活经验和教育。

（二）听觉的发展

1. 胎儿及新生儿的听觉

从胚胎期开始，胎儿的听觉系统便悄然启动。在妊娠的第 8 周，胎儿的神经系统初步形成，听神经开始发育，为后续的听觉发展奠定基础。到了妊娠中期，第 15～20 周时，胎儿虽然已有听觉，但对外界声音尚不敏感。然而，随着妊娠的推进，到了第 24～28 周，胎儿的听觉系统进一步成熟，能够对音响刺激产生充分的反应，如通过胎动、胎心率变化等方式表达其感受。

在新生儿阶段，听觉发展更是迅速而显著。出生后不久，新生儿便对声音有了明显的反应，尤其是那些强烈或熟悉的声音，如母体的心跳声、家庭成员的说话声等。在出生后的前几个月里，新生儿的听力会逐渐完善，他们能够辨别出连续性的声音，如拍手的声音或吹口哨的声音，并能在出生后 4～6 个月时分辨出单一的声音来源及其方向。此时，他们对音乐也表现出特别的敏感度，优美的音乐往往能让他们安静下来或放松身体。

随着婴儿的成长，他们的听觉系统继续发展，逐渐能够识别更多的声音元素，如不同的音调、音色和音量。7～12 个月，他们开始能够理解更多的词汇和短语，甚至对音乐产生了浓厚的兴趣，会随着音乐的节奏摆动身体或摇动头部。

2. 幼儿的听觉

随着年龄的增长，幼儿的听觉系统进一步成熟，对声音的敏感度、辨别能力以及反应速度都有了显著提升。他们开始能够更准确地定位声源，不仅限于前后左右，还能感知到声音的高度差异。同时，幼儿对声音的识别范围也大大扩展，从简单的词汇、短语到复杂的句子，他们都能逐渐理解并模仿。此外，幼儿还展现出了对语调、节奏和音高的敏感性，这为他们日后的语言学习、音乐欣赏乃至情感交流打下了坚实的基础。

（三）触觉的发展

触觉是肤觉和运动觉的联合。新生儿出生就有触觉反应，许多种无条件反射都有触觉参加。

1. 口腔触觉

触觉是新生儿高度发育成熟的感觉系统之一。出生后，他们通过口腔触觉认识物体。

□ 2. 手的触觉

触觉探索主要通过手来进行，新生儿出生就有本能触觉反应；视觉和手的触觉协调，是幼儿认知发展的里程碑，也是手的真正触觉探索的开始；眼手协调出现的标志是伸手能抓到东西，表明幼儿的知觉发展到了能感知物体的位置、手的位置，能用视觉指导手的触觉活动。

■（四）痛觉的发展

幼儿的痛觉是随着年龄的增长而发展的，表现在痛觉感受性越来越强。新生儿的痛觉感受性是很弱的。幼儿年龄越大，对痛刺激的感受越敏感。

■ 二、学前儿童知觉的发展

■（一）空间知觉

空间知觉是人脑对客观事物空间的反映，包括对物体的形状、大小、远近和方位等空间特性的知觉。空间知觉是多种感受器官协同活动的结果，包括视觉、听觉、触觉和运动觉等活动及相互联系，其中视觉系统起主导作用。空间知觉包括方位知觉、形状知觉、大小知觉、深度知觉等。

□ 1. 方位知觉

幼儿的方位知觉，即对方向的定位能力，出生后已有所表现。幼儿方位知觉的发展主要表现在对上下、前后、左右方位的辨别。幼儿方位知觉的发展主要体现在能理解语词所代表的方位概念。幼儿在 3 岁时已经可以正确地辨别上下方位；4 岁时能够正确辨别前后方位；5 岁开始能以自身为中心辨别左右。教师在进行舞蹈训练、体育游戏等教育活动时，要根据幼儿方位知觉发展的这个特点，以幼儿为中心做镜面示范。

□ 2. 形状知觉

幼儿的形状知觉发展是一个循序渐进的过程，他们在这一领域的学习通常遵循从简单到复杂的路径。在辨认形状时，幼儿首先通过"配对"活动，即找出与给定形状相同的图形，来初步建立对形状的认知。随着经验的积累，他们进入"指认"阶段，能够根据成人的指示或自己的观察，指出特定形状的名称。最终，在"命名"阶段，幼儿能够自主地说出所看到形状的名称，无需外部辅助。

在掌握基本形状的过程中，幼儿也遵循着一个大致由易到难的顺序。首先是圆形，作为最基础、最直观的形状，它很容易被幼儿识别和理解。接着是正方形，其四个等边等角的特性让幼儿能够进一步巩固对形状的认知。随后，半圆形作为圆形的一部分，帮助幼儿理解形状的部分与整体关系。长方形、三角形则通过引入新的形状特征，如长边与短边的差异、三条边和三个角的组合，进一步挑战幼儿的形状认知能力。

随着幼儿形状知觉的进一步发展，他们开始接触更复杂的形状，如五边形、八边形，形状边数的增加要求幼儿具备更强的空间感知能力和形状分析能力。梯形以其独特的倾斜侧面和一对平行边，为幼儿提供了新的认知维度。最后，菱形以其对角线相等且各边等长的特性，成为幼儿形状认知中的一大挑战，要求他们进行更加细致的观察和判断。

□ 3. 大小知觉

在婴儿期，尽管婴儿尚处于感知世界的初步阶段，但他们已经展现出了对物体大小相对差异的初步理解，即具备了一定程度的大小知觉的恒常性。到了2岁半至3岁的年龄段，幼儿的大小知觉能力有了显著的提升。此时，他们不仅能够直观地识别出物体间的大小差异，还能根据成人的语言提示，准确地选择并取出指定大小的物品，如大皮球和小皮球。这一能力标志着他们的认知理解力和语言理解力已经发展到了一个新的高度，能够将抽象的语言指令与具体的物体属性相匹配。随着年龄继续增长至3岁以后，幼儿在判断物体大小的精确度上更是有了质的飞跃。他们开始能够更加精细地区分相近大小的物体，对大小的感知和判断能力日益增强。这种能力的发展不仅有助于他们在日常生活中做出更准确的判断和选择，也是他们智力水平和认知能力不断提高的重要体现。

□ 4. 深度知觉

深度知觉又称为距离知觉或立体知觉，是对物体距离远近的知觉。测量婴儿深度知觉的常用工具是吉布森和沃克于1960年创设的视崖装置，通过视崖实验发现，婴儿深度知觉发展较早，6个月大的婴儿就能感觉到视觉悬崖的存在，说明他们已经具有深度知觉的能力。

📕 案例呈现

视崖实验

美国心理学家吉布森和沃克设计首创的视觉悬崖（视崖）是一种用来观察婴儿深度知觉的实验装置（见图5-5）。

视崖装置：一张1.2米高的桌子，顶部是一块透明的厚玻璃。桌子的一半（浅滩）是用红白图案组成的结实桌面。另一半是同样的图案，但它在桌子下面的地板上（深渊）。在浅滩边上，图案垂直降到地面，虽然从上面看是直落到地上的，但实际上由玻璃贯穿整个桌面。在浅滩和深渊的中间是一块0.3米宽的中间板。

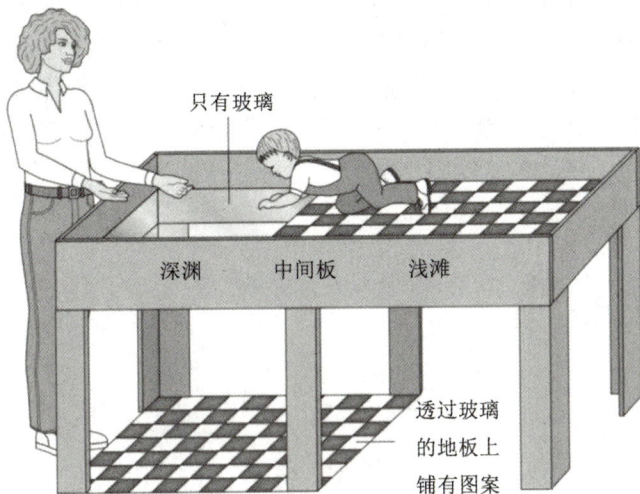

图 5-5　视崖实验示意图

被试：36 名年龄在 6～14 个月之间的婴儿。这些婴儿的母亲也参加了实验。

过程：每个婴儿都被放在视崖的中间板上，先让母亲在深渊的一侧呼唤自己的孩子，然后再在浅滩的一侧呼唤自己的孩子。

结果：在研究中 9 名婴儿拒绝离开中间板。虽然研究者没有解释这个问题，但这可能是因为婴儿太过固执。

当另外 27 位母亲在浅滩的一侧呼唤他们的孩子时，只有 3 名婴儿极为犹豫地爬过视崖的边缘。当母亲从视崖的深渊一侧呼唤孩子时，大部分婴儿拒绝穿过视崖，他们远离母亲爬向浅滩的一侧，或因为不能够到母亲而大哭起来。

结论：婴儿已经意识到视崖深度的存在，这一点几乎是毫无疑问的。通常他们能透过深渊一侧的玻璃注视下面的深渊，然后再爬向浅滩。一些婴儿用手拍打玻璃，虽然这种触觉使他们确信玻璃的坚固，但还是拒绝爬过去。

■ （二）时间知觉

时间知觉也称时间感，是人脑对客观事物的延续性和顺序性的反映。在日常生活中，人们能对过去、现在、将来、快慢等时间变化进行反映。如今天是几月几日，国庆节是哪一天，一节课通常是多长时间，这些都是人的时间知觉。

时间知觉的特殊之处在于它并非由固定刺激所引起，也没有提供线索的感觉器官。在缺乏计时工具作为参考标准的情况下，获得时间知觉的线索可能来自两方面：一方面是外在线索，比如太阳升落、月亮盈亏、昼夜更替和四季变化等；另一方面是内在线索，如人体自身的呼吸、脉搏、消化以及生物节律等。

扫一扫
别错过幼儿
感知觉发展
关键期

时间知觉是在人类实践活动中逐渐发展起来的。幼儿年龄越小，对时间估计的准确性越差。另外，职业类型和情绪状态也可能影响对时间的估计。如跳伞运动员要在跳出飞机之后的 20 秒钟准时开伞，要求时间估计准确度相当高，否则误差 1 秒钟都会造成失误；人在心情愉快时感觉时间过得快些，在心情不愉快时感觉时间过得慢些。

任务三　学前儿童观察力的发展

■ 一、学前儿童观察力发展的概述

■（一）观察

观察是一种有目的、有计划、比较持久的知觉过程，是知觉的高级形式。在观察的过程中，个体需要预先设定明确的目的和任务，根据这些目标和计划，细致而专注地审视观察对象，提出问题并寻求答案。观察不仅仅是视觉的参与，它还融合了听觉、触觉、嗅觉等多种感官的协同作用。这种多维度的感知方式，使得我们能够更全面、更深入地理解周围的世界。

■（二）观察力

观察力即观察能力，是感知觉发展的最高形式。它是指在观察过程中个体所展现出的综合分析和理解事物的能力。它不仅依赖于视觉的敏锐度，还融合了听觉、触觉、嗅觉等多种感官的协同作用，使得个体能够全面、深入地理解和感知外界信息。幼儿观察力的高低，直接影响感知的精确性，影响想象力和思维能力的发展。

■（三）学前儿童观察力的发展特点

□ 1. 观察的目的性增强

幼儿观察能力的发展经历了一个从无意识向有意识、从随意性向目的性转变的过程。在早期，幼儿的观察行为往往显得自由散漫，缺乏明确的目标导向，他们更多的是被外界环境中丰富多彩、瞬息万变的刺激所吸引，进行的是一种被动、无意识的探索。这一时期，幼儿的注意力容易分散，观察活动很容易就被其他新奇、有趣的事务所打断，难以持久地聚焦于某一对象或任务上，因此，成人的引导和支持变得尤为重要，它能帮助幼儿逐渐建立起观察的目的性和持续性。

随着幼儿年龄的增长和认知能力的提升，到了观察能力的中期和后期，情况开始发生积极的变化。幼儿开始能够有意识地设定观察目标，他们的观察活动不再仅仅是对外界刺激的简单反应，而是逐渐转变为一种主动、有目的的探索行为。在这一阶段，幼儿学会了如何过滤掉无关紧要的干扰信息，更加专注于自己感兴趣或符合任务要求的观察对象上，展现出了更强的自我控制能力和专注力。同时，他们也开始运用更复杂的观察策略，如对比、分类、归纳等，来深化对观察对象的理解和认知。

□ 2. 观察的持续性延长

通常，3 岁左右的幼儿，在面对图片这类视觉刺激时，其持续观察的时间相对有限，大致可维持 5～6 分钟。这一时期的幼儿，由于注意力集中能力尚在发展中，加之好奇心旺盛，容易被周围多变的环境所吸引，因此难以长时间专注于某一静态图像。然而，随着年龄的增长和心智的成熟，幼儿对事物的专注度和观察能力也会逐步提升。到了 6 岁左右，多数幼儿已经能够相对延长对图片等视觉材料的观察时间，平均可达到约 12 分钟。这标志着他们的注意力控制能力和认知兴趣有了显著的增强，能够更为深入地探索和理解所观察的内容。但值得注意的是，这一观察时间的延长并非绝对，它仍然受到幼儿个人兴趣、图片内容吸引力以及观察环境等多种因素的影响。而对于幼儿不感兴趣的对象，他们的观察时间往往会大幅度缩短，有时甚至不足一分钟。

□ 3. 观察的细致性增加

幼儿阶段的观察，更多的是一种模糊、笼统且粗略的感知过程，他们倾向于被那些色彩鲜艳、形状独特、动静明显的元素所吸引，而对于那些需要深入探究或细致分析的隐蔽特征，则显得力不从心。然而，这一现象并非固定不变，随着幼儿年龄的增长，他们的思维能力逐渐成熟，生活经验的积累以及实践机会的增多，都为观察力的提升提供了有力的支撑。有研究表明，随着年龄的增长、思维的逐步成熟，幼儿实践的机会增多，经验不断丰富，其观察的细致性在后期得到进一步提高。

□ 4. 观察的概括性提高

研究表明，3 岁幼儿在观察图形时，其眼球运动的轨迹呈现出明显的杂乱无章状态，这表明他们在这一阶段尚未形成系统性的观察模式。相反，随着年龄的增长，到了 4～5 岁，幼儿的眼动轨迹开始逐渐与图形的轮廓相吻合，显示出他们在观察过程中逐渐学会了更有条理、更系统化的扫描方式。这一变化不仅反映了幼儿视觉注意力和眼球控制能力的进步，也预示着他们认知能力的发展正在向更深层次迈进。然而，值得注意的是，尽管幼儿在观察技巧上有所进步，但他们在观察物体时往往仍难以洞察事物之间的内在联系和本质特征。这一阶段的幼儿，由于认知经验的有限和思维能力的局限，往往只能停留在对物体表面现象的感知上，缺乏深入分析和概括的能力。因此，在观察过程中，他们可能会错过许多重要的细节和信息，也难以将观察到的内容与已有的知识经验进行有效的整合和联系。

□ 5. 观察方法逐渐形成

幼儿的观察能力在其成长过程中经历了一个显著的转变，从最初的高度依赖外部动作逐渐发展为以视觉为主导进行内心活动。在幼儿初期，他们在进行观察时，往往需要将视觉与手的动作紧密结合，通过手指的指点来辅助和引导视线，几乎可以说，手的动作成为他们视知觉活动的核心支柱。随后，随着年龄的增长，幼儿开始尝试用点头这样的简单动作来代替手指的指点，甚至运用出声的自言自语来帮助自己集中注意力并加深观察的深度。到了幼儿末期，一个显著的进步是，他们开始能够摆脱对外在动作或言语的依赖，转而借助内部言语来自我控制和调节观察过程。这一变化标志着幼儿的观察力正逐渐走向成熟和独立。与此同时，幼儿的观察顺序也经历了从跳跃式、无序状态向有序性的转变。最初，他们的观察往往是杂乱无章的，缺乏固定的顺序，视线会随机地从一个点跳跃到另一个点。然而，通过适当的教育和引导，幼儿逐渐学会了按照一定的逻辑顺序进行观察，比如从左到右、从上到下，或是从外到里，这种有序性的观察方式不仅提高了他们观察的效率，也加深了他们对观察对象的理解和认知。

■ 二、学前儿童观察力的培养

观察，作为人类探索与理解世界的基石，是启迪智慧的钥匙，亦是通往科学殿堂不可或缺的起点。科学研究表明，大脑所接收的信息中，80%～90%源自视觉与听觉的输入。因此，应高度重视幼儿观察能力的培养。

□ 1. 明确观察的目的，提高观察的实效性

在培养幼儿观察能力的过程中，确立清晰的观察目标是至关重要的。观察目的越明确，幼儿的注意力就越集中，观察也就越细致，观察能力也就越能得到培养。起初，成人应扮演引导者的角色，每次观察活动前与幼儿共同设定明确的目标，确保幼儿对即将进行的观察任务有清晰的认识。随着时间的推移，成人应逐步放手，鼓励幼儿自主设定观察目标，以培养其独立思考和规划的能力。进而帮助幼儿形成围绕特定目的或主题进行深入观察的习惯，从而提升其观察的专注度与细致度。

□ 2. 创设观察条件，激发观察的兴趣

激发幼儿对观察的兴趣，引导幼儿观察自己喜欢的事物，帮助幼儿形成爱观察的好习惯。只有喜欢观察，幼儿才能自发地、主动地留意生活中的细节和事物。例如，让幼儿观察海洋馆里的海龟跟家里养的小乌龟有什么不同等。此外，我们还可以利用游戏来培养幼儿的观察力。比如，带幼儿在户外活动时，给幼儿一个放大镜，让他蹲在草丛中或小路旁，观察蚂蚁搬家、蝴蝶飞舞、虫子蠕动等，也可以看看叶子的纹路、花瓣的结构……总之，可以观察幼儿感兴趣的一切事物，我们在旁边指导幼儿要注意观察什么，要怎么观察。这样，幼儿就会延长观察的持久性，增加稳定性。

□ 3. 引导幼儿掌握观察的方法，提高观察的准确性

帮助幼儿掌握有效的观察方法，对他们的学习与日常生活是非常有意义的。这些方法不仅能帮助幼儿在学习上更加高效，还能使他们在生活中发现更多美好与细节，从而增强他们的自信心和成就感。常用的观察方法有直接观察、比较观察和解剖观察。

直接观察：靠自己的感官、依赖某种仪器或工具对某一事物进行观察。例如，让幼儿借助放大镜仔细观察蚂蚁搬家的过程。比较观察：将不同事物或将同一事物的不同部分进行比较，通过观察得出两者或几者之间的不同。例如，让幼儿观察不同植物之间的共同特征或不同之处，思考不同地区植物的特点。解剖观察：将事物的内部组成进行分解观察，得到更为细致、具体的内容。例如，让幼儿观察"花的构造"，教幼儿在不影响观察的前提下"分解"花，再仔细观察花的每一部分，深入认识花的组成及其功能。

此外，我们要有意识地训练幼儿，教他们按顺序进行观察。例如，我们让幼儿观察一棵树，可以按照从上到下，或者从下到上的顺序，然后再按照由远到近的顺序观察。这样，幼儿的观察才不会杂乱无章。

□ 4. 启发幼儿运用多种感官观察，提高观察的深刻性

丰富多彩的生活世界为幼儿提供了一个探索与发现的广阔舞台。然而，自然界的奥秘常常以多种形式展现，如"形与体"的多样、"视觉感受"的绚丽、"冷与热"的对比，以及"声波"的奇妙等，这些对幼儿而言显得相对抽象，难以直接理解和把握。因此，在培养幼儿的观察能力时，关键在于激发他们的多种感官共同参与，不仅依赖视觉，还应让听觉、味觉、触觉、嗅觉等感官协同作用。这样的全面参与能够让幼儿通过直接的感官体验来感知世界，进而促进他们的深刻感受与独立思考。

实践证明，当幼儿能够运用多种感官进行观察时，他们的观察活动变得更加生动有趣，不仅激发了学习兴趣，还自然而然地营造了一种轻松愉悦的学习氛围。这种全方位的感官参与不仅有助于幼儿更全面地理解世界，还能有效地培养他们的观察能力，为智力的发展和提升奠定坚实的基础。因此，我们应当积极创造条件，鼓励和支持幼儿运用多种感官进行探索，让他们的观察之旅成为充满乐趣的旅程。

扫一扫
让宝宝的眼睛
亮起来——宝宝
观察力发展之妙计

📕 真题再现

一、单项选择题

1. 保护幼儿听觉器官的正确做法是（　　）。

A. 引导幼儿遇到噪声时捂耳、张嘴

B. 经常帮助幼儿掏耳、去耳屎

C. 要求幼儿捏住鼻翼两侧擤鼻涕

D. 经常让幼儿用耳机听音乐

2. 下列不属于新生儿本能的是（　　）。

A. 觅食行为　　　　　　　　　　B. 抓握反射

C. 踏步反射　　　　　　　　　　D. 膝跳反射

3. 由于幼儿是以自我为中心辨别左右方向的，幼儿教师在进行动作示范时应该（　　）。

A. 背对幼儿，采用镜面示范   B. 面对幼儿，采用镜面示范

C. 面对幼儿，采用正常示范   D. 背对幼儿，采用正常示范

4. 人们去吃火锅的时候，刚进门会闻到一股浓烈的火锅味，但是进去吃一会儿就闻不到了，这是（   ）现象。

A. 感觉适应   B. 感觉对比

C. 知觉的恒常性   D. 知觉的整体性

5. 白天从电影院看完电影走出来，觉得阳光非常刺眼，什么都看不清，过一会儿视觉才恢复正常，这种现象是（   ）。

A. 对比现象   B. 视觉现象

C. 定位现象   D. 适应现象

二、简答题

1. 学前儿童形状知觉的发展有何趋势？

2. 学前儿童知觉的规律有哪些？

三、材料分析题

大二班陈老师正进行古诗《咏鹅》的教学，为了加深幼儿对内容的理解，陈老师出示了一幅挂画。挂画中有一只仰着脖子的大白鹅，红色的脚掌划着清澈的湖水，红色的脚掌是抽拉式的，陈老师先富有表情、绘声绘色地朗诵古诗，接着结合挂画，一边讲解古诗，一边演示能移动的抽拉式的红色脚掌。

问题：请根据感知觉规律，分析评价材料中陈老师的做法。

📕 岗位实训

任务一   观摩一次幼儿园科学活动，对幼儿感觉发展水平进行评价，并做好观察记录。

【观察目标】

【观察对象】

【观察记录】

【观察分析】

任务二   观摩一次幼儿园科学活动，对幼儿知觉发展水平进行评价，并做好观察记录。

【观察目标】

【观察对象】

【观察记录】

【观察分析】

直通国赛

观看国赛视频，运用观察法分析幼儿感知觉和观察力的特点。

国赛视频 5

项目六　学前儿童记忆的发展

学习目标

知识目标：

了解记忆的概念、种类及学前儿童记忆发展的特点。

能力目标：

能在理解学前儿童记忆发展特点的基础上掌握培养学前儿童记忆的策略。

素养目标：

能根据学前儿童记忆发展的特点及规律，选择合适的教学内容，建立科学的儿童观及教育观。

思维导图

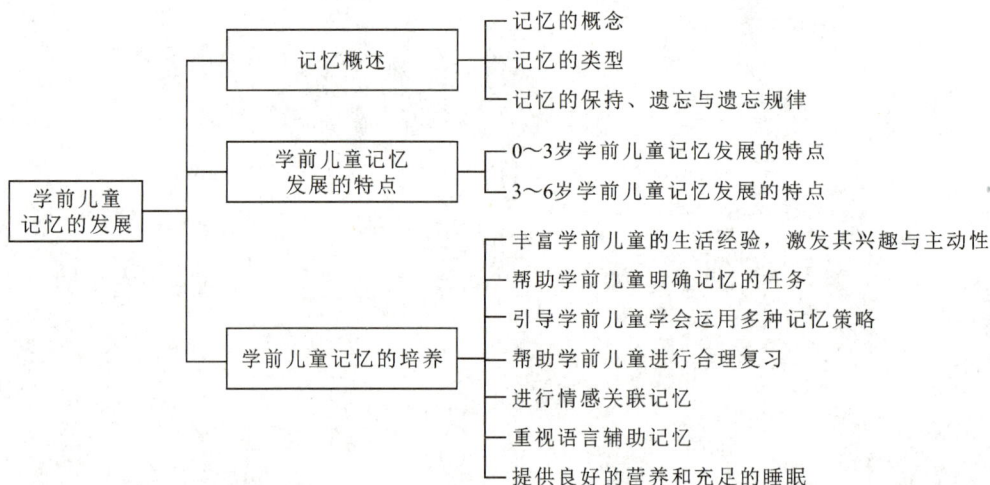

```
                          ┌─ 记忆的概念
              ┌─ 记忆概述 ─┼─ 记忆的类型
              │           └─ 记忆的保持、遗忘与遗忘规律
              │
              │  学前儿童记忆   ┌─ 0～3岁学前儿童记忆发展的特点
学前儿童       ├─ 发展的特点 ──┤
记忆的发展 ────┤               └─ 3～6岁学前儿童记忆发展的特点
              │
              │               ┌─ 丰富学前儿童的生活经验，激发其兴趣与主动性
              │               ├─ 帮助学前儿童明确记忆的任务
              │               ├─ 引导学前儿童学会运用多种记忆策略
              └─ 学前儿童记忆 ─┼─ 帮助学前儿童进行合理复习
                 的培养        ├─ 进行情感关联记忆
                              ├─ 重视语言辅助记忆
                              └─ 提供良好的营养和充足的睡眠
```

情境导入

3岁的乐乐开始上幼儿园了，每天从幼儿园回家，乐乐总会给爸爸妈妈带回来一个小节目，有时是一段舞蹈，有时是一首儿歌，有时是一首唐诗……这是因为乐乐具有记忆能力，所以她回家后会把在幼儿园学到的知识分享给爸爸妈妈看。那么，究竟什么是记忆呢？学前儿童的记忆有哪些特点？又该如何培养？

任务一 记 忆 概 述

■ 一、记忆的概念

记忆是人脑对过去经验的反映。过去的经验包括人们感知过的事物、思考过的问题、体验过的情绪、操作过的动作，等等。

记忆不是一个瞬间的过程，而是一个从记到忆的过程，包括三个阶段：识记、保持和回忆。识记是人们把感知或体验过的东西记下来；保持是识记过的事物在头脑中贮存和巩固的过程；回忆又分为再认和再现。再认指过去经历过的事物再度出现时，能够识别；再现指过去经历过的事物不在面前，能在头脑中重新呈现出来。

■ 二、记忆的类型

□ 1. 根据内容划分，记忆可分为形象记忆、运动记忆、情绪记忆和逻辑记忆

形象记忆是以感知过的事物的具体形象为内容的记忆。例如，带幼儿去旅行，幼儿会记住火车、美食、山岭、河流的形象。形象记忆可以是视觉的、听觉的，也可以是嗅觉的、味觉的、触觉的。

运动记忆是以过去做过的运动或者动作为内容的记忆。例如，学游泳、跳过的舞、洗手的动作等，运动记忆一旦形成，保持的时间往往比较长久。

情绪记忆是以体验过的某种情绪或情感为内容的记忆。例如，幼儿玩滑滑梯时的快乐，受到表扬时的愉悦，找不到妈妈时的害怕恐惧等，情绪记忆比其他记忆更为深刻，甚至能使人终生不忘。

逻辑记忆是以语词、概念、原理为内容的记忆。例如，我们对数学公式、科学概念、法律法规的记忆等都是逻辑记忆。

📕 案例呈现

当我们第一次走上讲台，对着几十个小朋友组织活动时的紧张激动心情，多年后依然清楚地记得，这是什么记忆？

【分析】

这是情绪记忆。情绪记忆是以体验过的某种情绪或情感为内容的记忆，第一次上讲台的激动紧张情绪往往记忆深刻。情绪记忆也是幼儿最不容易忘记的记忆类型。

□ 2. 根据保持的时间长短，记忆可分为瞬时记忆、短时记忆和长时记忆

瞬时记忆是指客观刺激停止后，在头脑中只保留一瞬间的记忆，也称感觉记忆。例如，一张带有数字的图片一闪而过，你记得有数字，但很快会忘记。

短时记忆指信息在头脑中保持的时间为一二分钟。例如，当我们拨打114查询到某个电话号码后，可以马上拨出这个号码，但打完电话后，刚才的号码很快就会忘记。这就是短时记忆。

长时记忆是指长时间的信息存贮，一般能保持多年甚至终身。例如，你对你的名字、家乡、祖国的记忆。长时记忆储存的时间长，可随时提取。

□ 3. 根据有无目的及是否需要意志努力，记忆可分为无意记忆和有意记忆

无意记忆指没有预定目的、不需要意志努力，在不知不觉中自然而然产生的记忆。例如，幼儿看到老师穿了件颜色鲜艳、款式特别的裙子，感到新奇，他们就记住了，当在商店了看到这件衣服时就会认出："这是我老师穿的衣服。"

有意记忆指有一定的目的任务，需要一定意志努力的记忆。例如，大班的花花为了拿到"我是诗词小达人"的荣誉，坚持每天努力记忆唐诗，这就属于有意记忆。

□ 4. 根据主体记忆时是否对材料理解，记忆分为机械记忆和意义记忆

机械记忆是指通过机械重复，不加以理解的记忆。例如，死记硬背乘法口表。

意义记忆是指在理解的基础上，根据内在联系进行的记忆。例如，幼儿记住2000这个数字卡，他说："前面一个鸭妈妈，后面三个大鸭蛋。"这是幼儿自己的意义记忆。

■ 三、记忆的保持、遗忘与遗忘规律

■ （一）记忆的保持

记忆的保持是一个复杂而精妙的过程，涉及多个方面，包括生理机制、日常习惯以及环境因素等。

生理机制方面，人类记忆功能由存储和回忆两部分组成。我们所经历的每件事都以临时记忆储存在脑海中。记忆的形成与神经元之间的连接密切相关，当一个神经元反复激活另一个神经元时，它们之间的连接就会加强，形成长期记忆。

日常习惯方面，合理的饮食对记忆力的保持至关重要。富含抗氧化剂和多种维生素的食物，如绿色蔬菜、水果、坚果和鱼类，有助于保持大脑健康，促进记忆力的保持。睡眠是记忆巩固和强化的重要时期。充足的睡眠可以提高大脑的记忆能力，促进信息的整合和储存。适度运动可以改善血液循环，为大脑提供更多的氧气和营养物质，有助于保持记忆力的敏锐性。此外，经常进行智力训练，如阅读、学习新技能、玩智力游戏等，可以刺激大脑皮层，增强记忆能力。

环境因素方面，保持心情愉悦、减少压力对记忆力的保持至关重要。与他人保持良好的社交关系可以刺激大脑活动，提高记忆力。与他人分享知识和经验也可以进一步巩固记忆。

（二）遗忘

遗忘，作为记忆过程中的一个关键环节，指的是个体无法回忆或再认先前学习或经历过的信息或事件。它不仅仅是记忆内容的简单消失，更是记忆系统内部复杂动态过程的外在表现。遗忘是记忆研究中不可或缺的一部分，对于理解记忆机制、提升记忆效率具有重要意义。

从信息加工的角度来看，遗忘被视为信息在记忆系统中加工、存储、检索等环节中出现问题的结果。信息首先通过感觉器官进入大脑，经过注意、编码、存储等阶段形成记忆。遗忘可能发生在任何一个阶段，如信息编码不充分、存储不稳定或检索失败等。这一观点强调了记忆过程的动态性和交互性，以及遗忘与记忆各阶段的紧密联系。

遗忘受到多种因素的影响，包括时间间隔、信息性质、干扰、个体状态等。时间间隔越长，遗忘的可能性越大；有意义、有组织的信息相对于无意义、杂乱无章的信息更容易被记住；前后学习的材料相互干扰也会导致遗忘；而个体的情绪状态、注意力水平、学习动机等因素也会影响遗忘的程度。

关于遗忘的原因，心理学界提出了多种理论。其中，衰退说认为遗忘是由于记忆痕迹随时间推移而自然衰退；干扰说则认为遗忘是由于新旧信息之间的干扰；而压抑说（也称动机性遗忘）则强调遗忘是由于情绪或动机的压抑作用；还有提取失败说，认为遗忘并非信息本身的消失，而是由于记忆提取线索的缺失或不适当。这些理论从不同角度解释了遗忘的机制，各有其合理性和局限性。

遗忘还受到个体差异的显著影响。不同的人在记忆能力、记忆策略、记忆偏好等方面存在差异，这些差异会导致他们在面对相同记忆任务时表现出不同的遗忘程度。例如，有些人擅长通过视觉形象进行记忆，而另一些人更依赖于语言逻辑；有些人在压力下容易遗忘，而另一些人能在压力下保持清醒。因此，在探讨遗忘问题时，不能忽视个体差异的存在和影响。

（三）遗忘规律

心理学研究表明，遗忘是有规律的。德国心理学家艾宾浩斯最早对遗忘现象做了比较系统的研究，发现了比较著名的"遗忘曲线"。

艾宾浩斯（见图 6-1）通过实验发现，遗忘在学习之后立即开始，并且遗忘的速度在最初一段时间内非常快，之后逐渐减慢。这一发现揭示了遗忘随时间推移而变化的普遍规律，即艾宾浩斯遗忘曲线（见图 6-2）。

遗忘曲线的存在提醒我们，遗忘的发展"先快后慢"，及时复习是巩固记忆、减少遗忘的有效手段。

图 6-1　艾宾浩斯

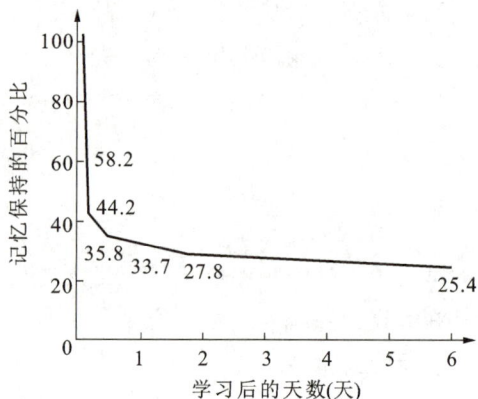

图 6-2　艾宾浩斯遗忘曲线

任务二　学前儿童记忆发展的特点

著名生理学家、心理学家谢切诺夫说：一切智慧的根源在于记忆。记忆对人的成长具有非常重要的价值。而学前儿童记忆的发展随着年龄的增长表现出不同的特点。

■ 一、 0～3 岁学前儿童记忆发展的特点

人到底什么时候开始有记忆的呢？研究发现，胎儿末期，听觉记忆就已经出现。

新生儿记忆的主要表现之一是条件反射的建立。例如，新生儿只要被抱成喂奶的姿势，他们就会有张嘴寻找、吸吮的动作。

2～3 个月婴儿已经有了短时记忆，表现为注视的物体从视野消失后，能用眼睛寻找。

5～6 个婴儿能辨认自己的妈妈，表现出明显的认生。当陌生人想要抱他时，表现出抗拒、大哭甚至推打等行为以示拒绝（见图 6-3）。

图 6-3　婴儿表现出明显的认生

9个月左右的婴儿出现"客体永久性"概念,认为看不见的客体仍然继续存在。当玩具不在眼前时,不会像之前一样认为玩具消失了,而是会主动寻找,找到后会表现得非常开心(见图6-4)。这时期的婴儿会比较喜欢躲猫猫之类的游戏。

获得"客体永久性"之前

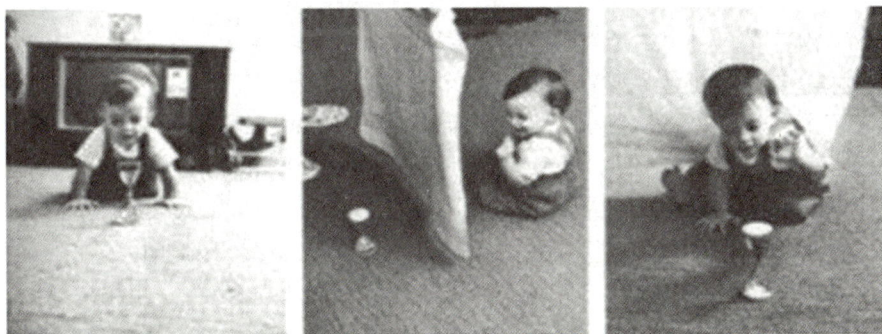

获得"客体永久性"之后

图6-4 婴儿获得"客体永久性"前后的变化

大约一岁半以后,言语的出现使得幼儿的记忆出现了新的特点:

(1)幼儿再现的能力发展起来,能够记住一些简短的儿歌和短小的故事。例如,幼儿可以记住:"小白兔,白又白,两只耳朵竖起来,爱吃萝卜和青菜,蹦蹦跳跳真可爱。"

(2)幼儿有意记忆开始萌芽。例如,成人向幼儿提出记住洗手步骤的记忆任务,幼儿能够记住并且按照步骤进行洗手。

■ 二、 3~6岁学前儿童记忆发展的特点

幼儿的记忆随着年龄的增长而逐渐发展,3~6岁幼儿的记忆主要具有下列四个方面的特点。

□ 1. 从记忆的目的性看,幼儿的无意记忆占优势,有意记忆逐步发展

幼儿的记忆带着很大的无意性,他们既不善于有意识地完成成人提出的记忆任务,更不会主动要求自己记住某种事物。

📕 **案例呈现**

周末，3岁的乐乐去了动物园，父母想让她多认识一些动物，但是回家后聊天发现，乐乐只记住了动物园里路边的装饰"喜洋洋和灰太狼"，还记得吃了香喷喷的烤肠，而对那些动物几乎都忘记了。

【分析】

这是因为乐乐的记忆特点是以无记忆记为主，所以她容易记住自身感兴趣的或者更形象鲜明的。而有意记忆是在教育的影响下逐渐产生的。

📕 **案例呈现**

在幼儿园中，教师经常发现引导幼儿记住一些内容，往往需要各种方法，结果记忆的效果并不理想。而生活中，幼儿往往轻易就能记住很多东西，如一句洗脑的广告词、一件衣服上的细节、游乐园里的动画造型……

以上案例说明，幼儿的记忆以无意记忆为主，有意记忆逐步发展，往往在成人的教育引导下开始产生。因此，他们容易记住有趣的、生动鲜明的事物，如洗脑的广告词、感兴趣的造型、图案等，而成人要求记的反而记忆效果不好。

☐ **2. 从记忆的内容看，幼儿形象记忆占优势，语词记忆逐渐发展**

形象记忆是根据具体的形象来记忆各种材料，在幼儿语言产生之前，其记忆内容只有事物的形象。之后，随着语言的发展，直到整个幼儿期，形象记忆仍然占主导地位。实验证明，幼儿对直观材料记忆的效果要好于语词记忆的效果，幼儿对熟悉物体的记忆效果明显优于熟悉的词的记忆效果。并且幼儿的形象记忆和语词记忆都随年龄的增长而发展，两种记忆效果的差别会逐渐缩小。

两种记忆效果的差别之所以逐渐缩小，是因为随着年龄增长，形象和语词都不是单独在幼儿的头脑中起作用，而是有越来越密切的相互联系。一方面，幼儿对熟悉的物体能够叫出其名称，那么物体的形象和相应的词就紧密联系在一起；另一方面，幼儿所熟悉的词必然建立在具体形象的基础上，语词和物体的形象不可分割。总之，形象记忆和语词记忆的区别只是相对的，随着年龄和语言能力的发展，二者之间的相互联系越来越密切，两种记忆的差别也相对减少。

📕 **案例呈现**

4岁的圈圈看完动画片《超级飞侠》后，能绘声绘色地讲述动画片里的角色形象，然而家长拿起字卡教她认字的时候，反复教了好几遍，问起来她还是不认识。

为什么会出现这种现象呢？

【分析】

这是因为幼儿的无意记忆和形象记忆占优势，动画片生动、形象，幼儿更容易记住。并且幼儿的语词记忆和有意记忆尚在发展中，因此，通过字卡进行认字，记忆效果就不理想。

☐ 3. 从记忆的理解看，幼儿较多运用机械记忆，但意义记忆效果更好

根据记忆是否建立在理解的基础上，可把有意记忆分为机械记忆与意义记忆。机械记忆是指对材料没有理解的情况下，采用机械重复的方法进行的记忆。意义记忆是指对材料进行理解的情况下，根据材料的内在联系，运用有关经验进行的记忆。

和成人相比，幼儿较多运用机械记忆，主要因为幼儿的知识经验少，不会加工，多数时候只能死记硬背；但意义记忆的效果要明显优于机械记忆。因此，我们要尽量帮助幼儿理解所要记忆的内容。例如，认识日、月、水、火等汉字时，可以充分利用汉字象形的特点，画上这几个字的形象，记忆效果就会很好。

☐ 4. 从记忆的品质看，幼儿虽然记得快但忘得也快，并且记忆不精准

三岁半的甜甜可以很快背出唐诗《静夜思》，但是很快也会忘记。这说明幼儿记得快，忘得也快。

同时，幼儿的记忆也不精准。例如：教师让幼儿们第二天上学带一盆"多肉"来幼儿园，但小明却带了一块真的猪肉来。

📕 **知识拓展**

幼儿记忆中的两种独特现象

1. 幼年健忘

幼年健忘，又称为"幼儿期健忘"，是指幼儿在 3 岁之前的记忆往往无法长期保持，大部分成年人在成年后难以回忆起这一阶段的详细经历。

幼年健忘与幼儿大脑皮质的发展密切相关。3 岁前幼儿的大脑皮质神经细胞反应性极强，但他们的大脑皮质各个区域尚未完全成熟。这种不成熟状态导致他们虽然能短时记忆大量细节，却无法长期保持这些记忆。脑的各区域成熟有先有后，后发育的脑区结构会控制先发育的脑区，从而可能妨碍或者覆盖了原先记忆的东西，从而使人不能回忆更早发生的事情。另外，幼儿的脑细胞树突生长过程较慢，2~4 岁才接近成人的分枝形式，这也可能影响了他们的长时记忆能力。

幼年健忘是幼儿发展过程中的一个正常现象，与大脑皮质的发育、脑区

域的成熟顺序以及中枢神经系统的发展密切相关。家长应关注幼儿的睡眠、营养和注意力等方面的发展，以促进他们的大脑健康发展和记忆能力的提升。同时，也应认识到不同幼儿在记忆能力上存在的个体差异，并尊重这些差异。

2. 记忆恢复现象

记忆恢复现象，亦称为"记忆的恢复"或"记忆的回涨"，是指在学习或识记某种材料后，相隔一段时间所测量到的保持量（即回忆或再认的成绩）比学习之后立即测量的保持量要高。

它最早是美国心理学家巴拉德在1913年发现的。他让一些12岁左右的孩子识记一首诗，结果是识记后即刻回忆的成绩不如过一两天后的回忆成绩好，尽管在这期间并没有让他们进行复习。若识记后立即回忆的平均分数为100，则识记一天后的平均分数为111，识记两天后的平均分数为117，再往后回忆的次数就逐渐减少了。

后来许多的实验研究，都取得了大致相同的结果。研究还表明，记忆恢复的现象幼儿比成人普遍；学习较难的材料比学习容易的材料表现得更为明显；学习程度较低时比学习纯熟时更易出现；记忆恢复的内容大部分处于学习材料的中间部位。

关于记忆恢复现象的发生机制，目前尚存在不同的解释。一些心理学家认为，这是由于在识记过程中，大脑皮层中相关的神经细胞受到频繁刺激后产生了抑制的积累，这种抑制影响了即时回忆的成绩。而随着时间的推移，这种抑制逐渐解除，从而使得延缓回忆的成绩得以提高。另一种观点则认为，记忆在识记之后需要一个巩固发展的过程，这个过程中记忆材料得到了进一步的加工和整合，从而提高了回忆的效果。

记忆恢复现象是心理学中一个有趣且重要的现象。它揭示了记忆在时间和加工过程中的复杂性和动态性。它提醒我们在教授新知识时，不应立即要求幼儿进行回忆或复述，而是应该给予他们一定的时间来巩固和整合所学知识。同时，家长和教师也应尊重幼儿的记忆发展特点，不要过分强调即时记忆的效果，而是应该注重培养幼儿的长期记忆能力和学习策略。

任务三　学前儿童记忆的培养

德国著名的心理学家艾宾浩斯研究发现，遗忘具有一定规律：最初遗忘速度很快，以后逐渐缓慢。学前阶段是幼儿记忆能力发展的关键时期，有效的培养策略不仅能够促进幼儿记忆力的提升，还能为其日后的学习和生活奠定坚实的基础。

结合幼儿记忆发展的特点，我们主要从下列几个方面来促进幼儿的发展，提高幼儿的记忆力。

一、丰富学前儿童的生活经验，激发其兴趣与主动性

幼儿园中，教师经常发现引导幼儿记忆一些知识，往往需要各种方法，但生活中，一句广告词反而一次就记得非常牢固。这是因为幼儿的记忆具有以无意记忆为主，有意记忆逐步发展的特点，所以丰富幼儿生活经验有助于提高记忆能力。

此外，幼儿在活动中是否具有主动性及是否感兴趣对幼儿记忆的效果也有很大影响。把幼儿带到实验室，要求他们完成简单的记忆任务，幼儿对这种活动缺乏积极性，不感兴趣，甚至会直接拒绝完成任务，记忆效果自然就差。而在幼儿感兴趣的游戏活动中，记忆效果就相对比较好。例如，在益智区投放了"记忆萝卜棋"的材料，一个爱吃萝卜的农夫，在自己的农庄里种满了萝卜，但农夫不记得每个萝卜的位置，需要幼儿按卡片在菜地里寻找今日需要的萝卜。西西和乐乐在玩这个游戏时，开始总是记不住萝卜的位置，于是就一个一个拔出来寻找，但是因为喜欢玩这个有趣的游戏，很快他们就能记住各种萝卜的位置了，并且还能增加玩伴，玩出新花样。

二、帮助学前儿童明确记忆的任务

发展有意记忆对幼儿未来的学习具有重要意义。在幼儿园故事讲述活动中，我们经常发现教师想引导幼儿复述故事内容，而幼儿会对故事中某个角色记忆特别清晰，并会说生活中对这个角色的认识，而记不住故事情节和内容。这是因为教师未向幼儿提出具体而明确的记忆任务，如故事中出现了哪几种动物，它们分别干了什么，最后结果怎样。

值得注意的是，向幼儿提出明确的记忆任务后，对幼儿完成记忆任务的情况要给予及时肯定与赞扬，以提高幼儿记忆的积极性。

明确的记忆任务有助于幼儿集中注意力，提高记忆效果。在布置记忆任务时，教师应尽量使用简单明了的语言，确保幼儿能够理解并记住任务要求。同时，还可以将任务分解为若干个小步骤，引导幼儿逐步完成，以降低记忆难度，提高记忆效率。

三、引导学前儿童学会运用多种记忆策略

常见的记忆策略有复述、归类、联想、协同、归纳等。

复述记忆法就是为了保持记忆，避免遗忘，对目标信息不断重复以便能更准确、更牢固地记住这些信息的一种策略。如记忆诗歌《春风》，教师可以多次带领幼儿重复"春风吹醒了小草，吹绿了树枝，吹开了花朵，吹响了小河"，以达到记忆效果。

归类记忆法是把许多同类的事物归为一类，整理成适当有序、方便记忆的方法。例如，这里有几张不同的图片需要记忆，可以把糖果、饼干、冰激凌归为食品类；把裙子、头花、水晶鞋归为服饰类。这种方法适用于年龄较大的幼儿，有助于提高幼儿的记忆能力。

联想记忆法是利用事物间的联系通过联想进行记忆的方法。我国优秀的传统文化中，汉字从象形而来，极具艺术价值和形象性，例如，"泪"字由一个三点水加一个"目"字组成，幼儿可以联想眼睛流出的水就是泪（见图 6-5）。这样就比较容易识记并且记忆深刻。

图 6-5　"泪"字的联想

协同记忆法就是在记忆的过程中把各种感觉器官（视觉、听觉、味觉、嗅觉、触觉等）和动作都动员起来，协同配合，共同参与记忆的方法。例如，引导幼儿记忆儿歌《小白兔》，可以（在听觉上）听儿歌，（在视觉上）看图谱，还可以动手画一画小白兔，将感官与动作都协同起来，这样会使幼儿记得又快又好。教幼儿认识纸的时候可以让幼儿撕一撕纸，感受纸张的触感与韧性，还可以把纸放进水里，让幼儿看纸吸水的过程，感受纸的特性。

📕 案例呈现

乐乐记忆歌曲《拔萝卜》时，不仅听和复述，还边唱边配上肢体动作，这是什么记忆方法呢？

【分析】

这是协同记忆法。这种方法将感官与动作都协同起来，记忆效果较好，幼儿常常喜欢运用。

归纳记忆法是将所记忆内容按不同属性加以归纳，然后分门别类地记住这些内容及其属性的记忆方法。如用归纳记忆法记忆有关隋朝大运河的历史知识。关于隋朝大运河的开通时间、流经地域和历史意义等，可归纳为一二三四五六的数字来记忆：一条南北交通大动脉；隋朝第二位皇帝隋炀帝开凿；有三个关键节点，即以洛阳为中心，北达涿郡（今北京），南至余杭（今杭州）；全长分四段，永济渠、通济渠、邗沟、江南河；连接五大河流，海河、黄河、淮河、长江和钱塘江；流经六省，冀、鲁、豫、皖、苏、浙。

■ 四、帮助学前儿童进行合理复习

幼儿记忆保持的时间较短，记忆准确性差，记得快，忘得快，因此，帮助幼儿及时合理复习非常重要。

引导幼儿复习巩固所学内容时，不宜采用单调、枯燥的方式，应采用生动有趣的方法，如讲故事、做游戏、唱儿歌等，这样不仅可以让幼儿在轻松愉悦的情况下复习所学，还可以激发幼儿的记忆兴趣。

五、进行情感关联记忆

情感与记忆之间有着密切的联系。当幼儿对某个信息或事件产生强烈的情感反应时，他们更容易记住这些信息。因此，教师可以通过创设具有情感色彩的教学情境，如声情并茂地讲述感人的故事、播放情感丰富动听的音乐、组织开心有趣的游戏等，激发幼儿的情感共鸣，进而促进其记忆的形成和巩固。

六、重视语言辅助记忆

语言是记忆的重要工具之一。对幼儿来说，语言不仅能帮助他们理解和表达信息，还能辅助记忆。教师可以通过生动的语言描述、有趣的故事讲述等方式，将需要记忆的内容与幼儿的生活经验相联系，使其更容易被记住。同时，鼓励幼儿用自己的语言复述所学内容，也能加深他们对信息的理解和记忆。

七、提供良好的营养和充足的睡眠

良好的饮食和充足的睡眠对幼儿的记忆力发展至关重要。蔬菜、水果、肉、蛋、奶、粗粮、坚果等各种食物为幼儿提供了蛋白质、维生素和抗氧化剂等各种营养素，有助于促进幼儿的大脑发育和提高记忆力。此外，有规律的睡眠亦可以很好地帮助大脑整理记忆并巩固学习内容。

真题再现

一、单项选择题

1. 在幼儿记忆活动中占主要地位的是（　　）。（2022年下半年幼儿园教师资格证考试真题）

　　A. 有意记忆　　　　　　　　　B. 语词记忆

　　C. 形象记忆　　　　　　　　　D. 意义记忆

2. 幼儿时期占优势的记忆类型是（　　）。（2021年下半年幼儿园教师资格考试真题）

　　A. 意义记忆　　　　　　　　　B. 形象记忆

　　C. 词语逻辑记忆　　　　　　　D. 动作记忆

3. 幼儿以前生病时去过医院，以后看到穿白大褂的人就害怕，幼儿的这种心理活动是（　　）。

　　A. 记忆　　　　　　　　　　　B. 想象

　　C. 思维　　　　　　　　　　　D. 感觉

4. "一朝被蛇咬，十年怕井绳"反映的是（　　）。

A. 情绪记忆

B. 动作记忆

C. 形象记忆

D. 语词逻辑记忆

二、简答题

1. 根据下图说明幼儿记忆的发展规律。（2023年上半年幼儿园教师资格证考试真题）

（横坐标表示年龄，读小班、中班、大班、小学；纵坐标表示识记量的各种数值）

2. 简述3～6岁学前儿童记忆的特点。

3. 简述促进学前儿童记忆发展的策略（至少三种）。

三、材料分析题

幼儿教师常常发现一个现象：教师花大力气教幼儿记住某首诗歌或者儿歌，幼儿也不一定能完全记得牢固，但在生活中偶尔听到某个电视广告、某个童谣，他们反而很快就熟记于心，并且不容易忘记。

问题：结合材料分析幼儿记忆的特点，并结合实际提出培养幼儿记忆力的策略。

📕 岗位实训

任务一　分析幼儿记忆的精准性和策略的运用。

预先准备好15张画有常见物品的图片及记录幼儿识记内容和数量的表格。等幼儿坐好后，交代任务，"等会儿老师跟大家玩一个闪卡游戏，你们要努力记忆卡片上的内容"。根据幼儿正确再现的数量、识记有无方法、再现有无顺序等分析幼儿记忆的精准性和策略的运用。

任务二　设计一个可以锻炼幼儿记忆力的游戏活动。

直通国赛

观看国赛视频，运用观察法分析幼儿记忆的特点。

国赛视频 6

学习目标

知识目标：

了解想象的概念、功能及学前儿童想象的种类。

能力目标：

能分析学前儿童想象发展的具体表现，并掌握培养学前儿童想象的方法。

素养目标：

根据学前儿童想象的特点，选择合适的教学内容和方法，建立科学的儿童观及教育观。

思维导图

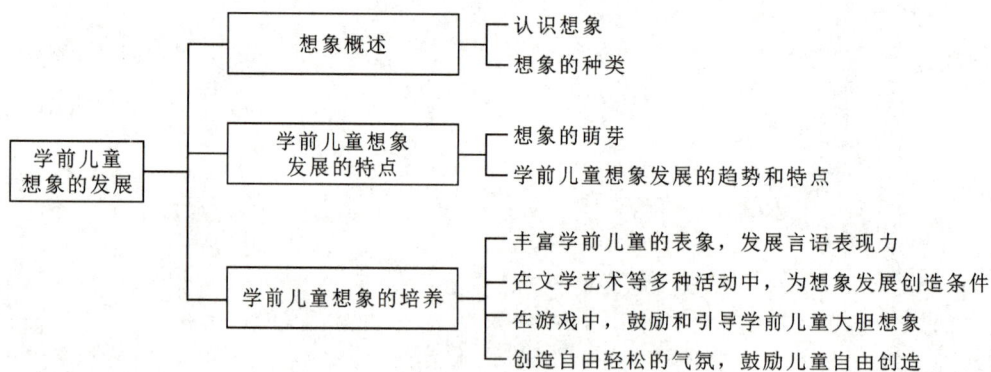

情境导入

　　3岁5个月的彤彤早上起来哭闹得特别严重，不愿意上幼儿园，一会儿说肚子疼，一会儿说头疼。妈妈带她到医院检查，什么事都没有，回家的路上也没事，在家里一个人玩的时候也没事，只要听妈妈说，要上幼儿园，就又开始闹肚子疼。那么，你们认为彤彤在说谎吗？面对这种情况，我们应该如何处理呢？

任务一 想象概述

■ 一、认识想象

■ （一）想象的概念

想象是人脑对已有表象进行加工改造形成新形象的心理过程。表象是指基于知觉在头脑内形成的感性形象，包括记忆表象和想象表象。

记忆表象是指通过感知觉获得、保存在大脑中的事物的形象。例如，当听见外面放鞭炮和烟花，看见街上挂满大红灯笼时，就会在脑海中浮现之前过年的场景。这就是记忆表象，记忆表象就是对过去感知过的事物的形象在脑中进行再现。

想象表象是指人们在头脑中形成的对从未感知过的事物的形象，或对已感知过的事物进行加工改造后形成的新形象。它是一种心理意象，是想象的产物，并非直接来自现实的感知，而是通过大脑对已有的记忆表象等进行加工、组合、创造而形成的。例如，在听过白雪公主的故事后，能在脑海里面想象白雪公主吃毒苹果的场景。创作者创作的童话中的"美人鱼"形象，如图 7-1 所示，是将人与鱼的特征组合在一起，创造出的现实中不存在的全新形象。这些都是想象表象。

记忆表象和想象表象不同主要在于：记忆表象是过去感知过的事物在头脑中的再现，它基本保持了事物原来的形象特征，是对过去经验的忠实记录；想象表象虽然以记忆表象为基础，但它不是对记忆表象的简单重现，而是对记忆表象进行了加工、改造和创新，形成了与原有记忆表象不同的新形象。

图 7-1 美人鱼

■ （二）想象与现实的关系

想象所产生的新形象是想象者本人没有感知过的或者是现实生活中不存在的事物形象，但这并不意味着想象是超现实、凭空产生的。想象和其他心理过程一样，仍然是对客观现实的反映。

□ 1. 想象来源于现实

想象不是凭空产生的，而是以现实为基础的。人们的想象素材都来源于对现实生活的观察、体验和认知。例如，神话故事中的各种神奇生物，往往是人们根据现实中不同生物的特征组合想象出来的；科幻作品中的未来科技，也是在现有的科学技术基础上进行的大胆设想。

2. 想象影响现实

想象能够为人们的行动提供目标和方向，激发人们为实现想象中的目标而努力奋斗，从而推动现实的改变和发展。例如，科学家们想象着人类能够探索宇宙的深处，于是不断进行研究和实验，推动了航天技术的发展，使人类登上月球、探索火星等成为现实；设计师们想象出各种新颖独特的建筑造型和功能，从而创造出了许多令人惊叹的建筑作品，改变了城市的面貌。

（三）想象的功能

1. 预见功能

想象的预见功能是指想象能对客观现实进行超前的反映，以形象的形式实现对客观事物的超前认知。简单来说，就是我们可以通过想象，在头脑中创造出还没有发生或者现实中不存在的事物或情境，并且能够凭借这种想象去预测未来可能出现的情况，提前做好准备或规划。

大多数的发明创造、科学研究、设计预想、艺术创造等，都是以想象为基础的，这些正是想象预见性的体现。例如，爱因斯坦在创立相对论时，就通过想象自己骑着光束飞行等情景，展开了大胆的思维实验，最终为科学的发展开辟了新的道路。大二班的豆豆一家计划暑假一起去北京旅行，在旅行出行前一周，豆豆的爸爸妈妈会在脑海中想象旅行的场景，预见可能会遇到的问题，像交通拥堵、天气变化等，然后提前做好攻略和准备。

在学前儿童的发展中，想象的预见功能可以促进学前儿童的认知发展，他们可以通过想象预见一些简单的因果关系，例如他们会想象如果把水倒进沙子里，沙子会变成什么样，从而了解到一些自然现象和事物的变化规律，促进对世界的认知。还可以培养他们的创造力和创新思维，具有较强预见功能的想象能让孩子创造出属于自己的世界和故事。例如在玩游戏时，他们可能会想象自己是拯救世界的超级英雄，设计出各种拯救世界的情节和方法，这种想象为他们日后的创造力和创新思维发展奠定了基础。同时，还能发展学前儿童的情感表达和社交能力，他们可以通过想象预见他人的情感和行为，从而更好地与他人交往。例如在玩过家家时，孩子想象自己是妈妈，模仿妈妈照顾宝宝的样子，这不仅能让他们体验到不同的情感角色，还能学会站在他人角度思考问题，提高社交能力。

2. 补充功能

想象的补充功能是指在现实生活中，当人们遇到一些无法直接感知或了解的事物、信息时，想象能够发挥补充作用，帮助人们获取更完整的认知。简单来说，就是通过想象，我们可以填补知识或经验上的空白，对那些我们没有直接接触或无法直接观察到的事物形成一定的认识和理解，从而扩大我们的视野，使我们更加充分、全面、深刻地认识世界。

人们可以借助想象，追溯过去的几千年，也可以展望未来的几万年。对于古代的历史事件和文化场景，我们无法亲身经历和目睹。但是通过历史学家的研究、考古发现以及我们自己的想象，就可以在脑海中构建出古代的生活画面，补充我们对历史文化的认知。例如，通过阅读关于唐朝的历史资料，我们可以想象出唐朝长安城繁华的街道、热闹的集市、宏伟的宫殿等景象，仿佛穿越时空，亲身体验那个时代的风貌。我们无法亲眼看到恐龙的样子，但通过科学家的研究和描述，我们可以在脑海中想象出恐龙的形态、生活场景等。

作家和艺术家们常常运用想象的补充功能来丰富作品的内容和情节。例如，作者创作小说时，会在现实生活的基础上，通过想象补充一些虚构的元素和情节，使故事更加生动有趣、引人入胜。像《西游记》中，作者吴承恩通过丰富的想象，创造出了孙悟空、猪八戒等一系列神奇的人物形象，以及各种奇幻的神话故事，这些想象补充了现实中不存在的元素，让读者进入了一个充满奇幻色彩的世界。

在学前儿童的发展中，想象可以丰富其知识经验，学前儿童的生活经验和认知范围相对有限，想象的补充功能可以帮助他们突破这些限制。例如，当给孩子们讲一个关于森林里动物生活的故事时，他们可以通过想象补充出森林的样子、动物们的生活场景等，从而丰富自己对大自然和动物的认识，还可以促进他们的语言发展，想象的补充功能能激发孩子们的表达欲望，他们会用自己的语言描述想象中的事物和场景。在这个过程中，孩子们的词汇量会不断增加，语言表达能力也会得到锻炼和提高。例如，孩子们在想象自己乘坐宇宙飞船遨游太空的情景后，会迫不及待地向小伙伴们讲述自己的"太空之旅"，在讲述中他们会学会使用一些与太空相关的词汇和语句。同时，还能培养他们的思维能力，孩子们在运用想象补充信息的过程中，需要进行联想、推理和创造等思维活动。这有助于培养他们的形象思维、逻辑思维和创造性思维能力。例如，在玩拼图游戏时，孩子们需要根据已有的拼图碎片，通过想象补充出完整的图案，这个过程就锻炼了他们的思维能力。

□　3. 替代功能

想象的替代功能是指在某些情况下，当个体无法实际拥有或体验某种事物、情境时，可以借助想象来满足自己的需求、愿望或情感体验，以想象的情境或事物来替代现实中缺失的部分，从而获得心理上的满足和平衡。

📖　案例呈现

在游戏中，孩子们可能会把一根木棍当成"魔法棒"，拿着它挥舞，想象自己是拥有神奇魔力的魔法师，能施展各种魔法。

在学前儿童发展中，想象的替代功能可以让学前儿童在想象的世界中体验到各种情感，满足他们对关爱、成就感、冒险等的渴望。在游戏中，木棍就替代了真正的魔法棒，满足了孩子们对魔法世界的好奇和向往，让他们在想象的情境中体验到了成为魔法师的乐趣。日常生活中，孩子在玩"过家家"游戏时，扮演妈妈照顾宝宝，通过这种想象的替代，满足了自己被需要的情感需求。还可以促进他们社会性的发展。再例如，在玩"医院"游戏时，孩子们分别扮演医生、护士、病人等角色，通过想象的替代，模拟医院的工作场景，在这个过程中，他们需要相互配合、沟通，这个过程有助于他们学会与他人合作、交流和分享，提高社会交往能力。

□ 4. 调节功能

想象的调节功能是指想象对个体的生理、情绪和行为等方面所具有的调整和控制作用，具体包括对生理、情绪、行为的调节。

1）对生理的调节

想象能使个体的身体状态在放松与唤醒之间进行调整。例如，当我们引导学前儿童想象自己躺在温暖的阳光下，听着轻柔的音乐，身体会逐渐放松，呼吸变得均匀，肌肉也不再紧张，有助于学前儿童在午睡时更好地进入休息状态。

想象还可以在一定程度上影响身体的生理机能。有研究表明，长期想象自己进行积极的体育锻炼，身体的某些机能会有所变化，如新陈代谢可能会加快。对于学前儿童来说，当他们想象自己是大力士，能够轻松举起很重的东西时，会在一定程度上增强肌肉的力量感，这就是想象对生理机能的一种调节表现。

2）对情绪的调节

想象能够帮助学前儿童缓解负面情绪。当他们感到害怕、焦虑时，通过想象一些美好的、令人安心的场景，可以让他们从消极情绪中解脱出来。例如，学前儿童在黑暗中感到害怕，若引导其想象房间里有许多会发光的小精灵在守护着自己，他们就会减少恐惧，情绪逐渐平静。

想象也可以强化积极情绪。当学前儿童想象自己在幼儿园里得到了教师的表扬，站在领奖台上接受大家的掌声和赞美，会让他们内心充满喜悦和自豪，这种积极的想象会进一步增强他们的自信心和快乐感，让积极情绪更加持久。

3）对行为的调节

想象能够为学前儿童的行为提供方向指引，学前儿童会根据自己的想象来决定自己要做什么以及怎么做。例如，学前儿童想象自己是一名医生，就会拿起玩具听诊器给"病人"看病，模仿医生的行为动作，此时想象引导着学前儿童去做出一系列与医生角色相关的行为。

想象还可以促使学前儿童改变自己的行为。如果学前儿童想象自己是一个爱护环境的小卫士，就会有意识地把垃圾捡起来放到垃圾桶里，将想象中的行为准则转化为实际行动，从而实现行为的改变和规范。

想象在我们的生活中具有重要的意义，在学前阶段，儿童如同一张纯净的白纸，正等待着世界的色彩去描绘。而想象，无疑是他们手中最神奇的画笔，成为其认识世界、表达自我、发展能力的重要工具，对学前儿童的成长起着不可替代的关键作用。

■ 二、想象的种类

根据想象是否有明确的目的以及是否需要意志努力，可以把想象分为无意想象和有意想象。

■ （一）无意想象

无意想象是指无预定目的，在外界的某种刺激影响下产生，无需意志努力的想象，是最简单、最初级形式的想象，完全是自然而然地发生的。在学前阶段，无意想象是他们主要的想象形式，在学前儿童的日常生活和活动中随处可见。例如，小悦躺在草地上看天空，看到一朵云像一只小羊，便喊："看，小羊在天上跑呢！"过了一会儿，云的形状变了，小悦又说："小羊变成大老虎啦！"这种随着云朵形状变化而产生的无目的、随意的想象，就是无意想象。

梦是无意想象的一种极端表现，完全不受个体意识的支配，皮亚杰称之为"无意识的象征"。

■ （二）有意想象

有意想象是有一定的目的性，需要意志努力，自觉主动进行的想象，是人类从事实践活动的主要想象形式。学前儿童在一定的意识控制下，为了达到某个特定的目标或完成某项任务而主动开展的想象活动，它与那种无目的、不自觉的无意想象截然不同，体现了学前儿童心理活动发展的有意性和目的性。例如，在玩建构游戏时，5岁的小满想要搭建一座城堡，他先在脑海中构思城堡的样子，有高高的塔楼、厚厚的城墙、坚固的大门等。然后选择合适的积木，按照自己的想象进行搭建，在搭建过程中，还可能会想象城堡里住着国王和公主，有士兵在守卫等。学前儿童这种自觉主动进行的想象就是有意想象。

根据新颖性、独立性和创造性程度，有意想象又可以分为再造想象、创造想象和幻想。

□ 1. 再造想象

再造想象是根据语言的描述或非语言的描绘（如图片、符号等）在头脑中形成相应新形象的过程。它不是学前儿童完全独立创造出全新的形象，而是在已有信息的基础上，通过自己的理解和加工，在脑海中构建出符合描述的新形象。例如，四岁半的穗穗阅读绘本《大卫不可以》时，看着画面上大卫站在椅子上伸手去够柜子上的饼干、在客厅里把玩具扔得到处都是等画面，结合简单的文字提示，可以在脑海中想象大卫在家里调皮捣蛋的一系列情节，以及妈妈看到后生气又无奈的样子。

再造想象所形成的新形象，对于学前儿童来说是新的，但新形象是根据语言的描述或非语言的描绘在脑海中再造出来的，所以，并不完全具有新颖性、独立性和创造性。

2. 创造想象

创造想象是根据一定的目的和任务，在头脑中独立地创造出新形象的过程。例如，依依在参加"我心中的地球"绘画比赛时，画出了一个被五彩祥云环绕的地球，地球上有各种形状奇特的房子，这些房子的屋顶是水果形状，墙壁是透明的糖果玻璃，房子周围飞翔着长着人脸的小鸟，还有会跳舞的花朵和能弹奏音乐的大树，以此表达自己对美好地球家园的独特想象。

创造想象所形成的新形象是独创的，这些形象是在没有现成描述或范例的基础上，完全由个体的创造力和想象力构建出来的，具有首创性、独立性和新颖性等特点。

知识拓展

再造想象和创造想象的区别

再造想象：独立性和创造性程度相对较低。它需要依据一定的描述、图样或符号等信息来进行想象，是在已有框架基础上的再加工和再创造。如读者根据科幻小说中的文字描述，在脑海中想象出外星生物的模样和星际文明的场景，这种想象是基于作者的描述而进行的再造。

创造想象：具有高度的独立性和创造性。它不依赖于现成的资料或他人的提示，完全是个体自主地进行想象和创造，能够产生出前所未有的新形象、新观念或新情境。如作家创作一部全新的科幻小说，其中的外星生物、星际文明等都是作者独立创造出来的。

3. 幻想

幻想是一种想象的特殊形式，幻想是指向未来，并与个人愿望相联系的想象，是创造想象的特殊形式。它不立即体现在人们的实际活动中，而是带有向往的性质，是人们寄托情感和期望的一种心理活动。幻想分为积极幻想和消极幻想。积极幻想包括科学幻想和理想，消极幻想是指空想。积极的幻想能激发学前儿童的动力和创造力，消极的幻想则可能让学前儿童沉迷于不切实际的想象中。

科学幻想是科学预见的一种形式，是创造想象的准备阶段和发展的推动力，是具有进步意义和实现可能的积极幻想。科学发现和发明创造往往都基于科学幻想，再通过科学实验加以验证和实现。

知识拓展·

从地球到月球

在 19 世纪，法国科幻小说家儒勒·凡尔纳在其作品中展开诸多科学幻想，其中关于人类登月的设想极具代表性。

当时，人类航空航天技术尚处于萌芽阶段，飞机还未发明，更不用说载人登月。但凡尔纳在小说里详细描绘了一艘名为"哥伦比亚号"的巨型炮弹飞船，它由一门超级大炮发射，载着宇航员冲破地球引力，前往月球。小说中对飞船的发射过程、太空旅行中的失重状态、月球表面的景象等都有细致入微的刻画。

后来，20 世纪美国的"阿波罗计划"开启。科学家们基于对航天技术的不断探索与研究，通过无数次科学实验，制造出"土星五号"运载火箭，将"阿波罗 11 号"飞船成功发射。宇航员尼尔·阿姆斯特朗和巴兹·奥尔德林乘坐飞船登陆月球，实现了凡尔纳笔下的科学幻想。这一过程充分体现了科学幻想作为创造想象的准备阶段，为后续的科学发现和发明创造提供了灵感与方向，推动人类在航天领域不断探索，最终将幻想变为现实。

理想是符合客观规律，以现实为依据，并指向行动，经过努力可以实现的幻想。例如，瑞瑞想成为一名科学家，并且知道要通过努力学习科学知识、参加科学实验等方式来实现这个目标，这就是一种理想。理想是激发人类在学习、工作中发挥创造性和积极性的巨大动力。理想对学前儿童的成长具有引导和激励作用，因此，我们要帮助学前儿童树立正确的理想。

空想是一种完全脱离现实的、不符合客观规律，毫无实现可能的幻想。例如，幻想自己不用学习就能考 100 分，或者不用吃饭就能长大，这种不切实际的想象就是空想。空想是一种无意义的幻想，通常提到的"白日梦"就是空想，要引导学前儿童认识到空想的不现实性，鼓励他们面对现实，通过努力去实现自己的愿望。

任务二　学前儿童想象发展的特点

■ 一、想象的萌芽

一般来说，想象萌芽于学前儿童 1.5～2 岁，在 2 岁之后，他们的想象会迅速发展。

1.5～2 岁时，开始有了最低级形态的想象，此时的想象属于对记忆材料的简单迁移。例如，当小橙使用听诊器给娃娃看病时，他的脑海中往往出现的是医生拿着听诊器给自己看病时的情景。

2～3岁是学前儿童想象快速发展的时期。3岁前学前儿童的想象没有目的性，且还较多依赖于成人的引导，需要语言提示或动作辅助。例如，学前儿童在玩拼图游戏时，拼好一个城堡以后展示给成人看，成人询问"你拼的是什么？"时，他们有时无法回答。但是如果成人说"我觉得这个好像一个飞机场"，他们也会赞同这个说法，并可能会说："我拼的是大型飞机场，这里有非常多的飞机。"

二、学前儿童想象发展的趋势和特点

幼儿期是想象最为活跃的时期，想象几乎贯穿学前儿童的各种活动。学前儿童想象发展的一般趋势是从简单的自由联想向创造想象发展，表现在三个方面：一是无意想象占主导地位，有意想象逐步发展；二是再造想象占主导地位，创造想象开始发展；三是想象容易脱离现实，想象与现实混淆。

（一）无意想象与有意想象的发展

1. 无意想象占主导地位

学前儿童的想象以无意想象为主，主要有以下几个特点：

1）想象无预定目的，由外界刺激直接引起

学前儿童的想象通常不是有计划、有目的地进行的，而是由外界刺激直接引发，他们在想象时没有明确的目标和方向，往往随接触到的事物而出现。例如，学前儿童在户外活动时，看到天上的白云，可能会突然说"白云像棉花糖"，这种想象是在看到白云这一刺激物后瞬间产生的，事先没有要想象白云像什么的计划。再例如，他们在玩积木时，一开始可能并没有想要搭建一个特定的造型，只是随意地摆弄积木，结果在摆弄的过程中，突然发现搭出的形状像一座城堡，这就是无意想象的表现，没有任何预先设定的目标。

2）想象的主题不稳定

学前儿童想象活动的方向容易受到他人的影响。例如，一起绘画时，大家画出的作品常常雷同。如果要求他们在想象前就确定想象的目标，他们往往无法完成这一任务。他们常常是在活动过程中看到了自己无意画出的物体形态，才会思考自己绘画作品的最终目的。

学前儿童的想象进行的过程往往受到外界事物的影响。3～4岁的学前儿童往往不能为达到预定的目的而坚持行动，他们的想象活动很容易受外界事物的引导和干扰，想象的主题往往随外界事物的变化而变化。这是因为他们的注意力容易分散，兴趣点也变化得很快，很容易受到新的刺激或自身情绪、兴趣的影响而改变想象的内容。例如，在公园沙池，4岁的明明正用小铲子堆沙堆，边堆边说"我要建座大城堡"。这时，他瞧见旁边小朋友用模具印出小鱼，立马放下铲子，拿过模具说"我做条大鱼"。不一会儿，看到远处有人放风筝，他又扔下模具，兴奋大喊"我要做个能飞的大风筝"。

3）以想象的过程为满足

学前儿童的想象往往不追求达到一定的目的，只满足于想象进行的过程。对于学前儿童来说，无意想象的过程比结果更重要，他们享受想象的过程，并不太在意最终想象出来的东西是什么样子或者有什么实际意义。例如，在听故事时，他们会沉浸在故事所营造的想象世界中，随着故事情节的发展，他们的脑海中会不断浮现出各种生动的画面，即使故事结束了，他们也可能会继续沉浸在自己的想象中，反复回味那些有趣的情节，从中获得极大的满足，而不会去思考这个故事有没有什么深刻的道理或者对自己有什么实际的用处。

4）想象的内容零散、无系统

由于学前儿童的想象无预定目的、想象的主题不稳定，其想象的内容很零散，想象的形象之间不存在有机的联系。学前儿童的想象常常是一个形象与另一个形象之间没有内在逻辑联系地拼接在一起。例如，在他们画的画中，可能会出现太阳在水里、小兔子长着翅膀、汽车在天上飞等画面，这些形象之间的组合没有遵循现实中的自然规律或逻辑关系，只是学前儿童根据自己的主观意愿随意拼凑，想到什么就画什么，每个形象都是相对独立的，没有形成一个有机的整体，如图 7-2 所示。

图 7-2　太阳、星星、白云与太阳

5）想象过程受情绪和兴趣的影响

学前儿童的情绪和兴趣对无意想象的影响非常大。当学前儿童情绪高涨时，其想象就活跃，不断出现新的想象结果；积极的情绪能够激发学前儿童的想象力，使他们更加大胆、自由地进行想象。例如，在充满欢乐氛围的游戏活动中，学前儿童的想象会更加活跃，会想出各种新奇的游戏情节和角色。相反，消极的情绪可能会抑制他们的想象力。当他们处于紧张、害怕的情绪中时，他们的想象活动可能会受到限制，难以展开丰富的想象，甚至会停止想象，只专注于引起消极情绪的事物本身。同时，学前儿童也会更容易围绕感兴趣的活动展开想象并且长时间进行想象，专注于这个活动。兴趣能够让学前儿童在想象活动中保持较长时间的注意力和积极性，使想象过程持续进行。例如，一个热衷于搭建积木的学前儿童，会因为对积木搭建的兴趣，长时间沉浸在自己的搭建想象中，不断尝试搭建不同的建筑，从简单的房子到复杂的城堡，再到想象中的城市，在整个过程中，兴趣不断推动着他的想象活动向前发展，让他能够持续地进行想象和创造。

2. 有意想象逐步发展

有意想象在学前儿童 4～5 岁时就有了明显的发展，这个年龄段的学前儿童，想象虽然仍带有很大的无意性，但是想象主题的变化基本上有了范围。有意想象在学前儿童 5～6 岁时有了进一步明显的表现。在进行想象活动之前，已经能够有预定目的，也就是想象有了确定的主题。例如，老师讲述故事的前半部分，学前儿童会根据故事的前半部分续编故事的后半部分。

（二）再造想象与创造想象的发展

1. 再造想象占主导地位

1) 学前儿童的想象常常依赖于成人的语言描述

学前儿童往往难以独立地产生丰富多样的想象主题和内容。他们在听故事时，成人的语言描述能够为他们打开想象的大门，提供想象的线索和方向。如果没有语言描述，仅靠图片他们的再造想象是无法深入展开的。例如，当家长给孩子讲《小红帽》的故事时，通过描述森林、小红帽、大灰狼等元素，孩子就会在脑海中构建出相应的画面，想象出小红帽在森林中行走、遇到大灰狼等场景。如果没有家长的讲述，孩子可能很难自主地产生这样的想象。

2) 学前儿童的想象具有复制性和模仿性

学前儿童由于认知经验不足，头脑中的表象缺乏，其无意想象一般是再造的。学前儿童想象的内容基本上是重现一些生活中的经验或作品中描述的情节。例如，在"幼儿园游戏"中扮演的老师，常常是重现班上的老师的言行举止。在"娃娃家"游戏中扮演爸爸妈妈的角色，就是重现自己爸爸妈妈的言行举止。

2. 创造想象开始发展

随着学前儿童知识经验的丰富和抽象概括能力的提高，学前儿童在再造想象快速发展的同时，创造想象开始出现。例如，4 岁的天天在洗头发时，看着头上冒出来的肥皂泡泡，会兴奋地对妈妈说："我现在是一条小鱼了，我的头上也吐泡泡了。"

（三）想象容易脱离现实，想象与现实混淆

1. 想象容易脱离现实

学前儿童想象的一个突出特点是想象具有夸张性，喜欢夸大事物的某些特征和情节，常常出现"撒谎"的现象。这种"撒谎"并不是真正意义上的撒谎。例如，童童在讲述自己的"英雄事迹"时，会说自己跳得特别高，能一下子跳到屋顶上；跑得特别快，比汽车还快。学前儿童有时会夸张地描述自己的能力，以满足自己的想象和表现欲。又如，兜兜在描述自己拥有的东西时，可能会说"我有一千个奥特曼卡片"。实际上他可能只有几十张，但为了表现自己拥有的卡片很多，就会对数量进行夸张。

此外，学前儿童的想象的夸张性与其认知水平有关，由于认知水平有限，抓不住事物的本质和主要特征，他们往往只能感知到事物的某些突出的特点。

□　2. 想象与现实混淆

3～4岁的学前儿童认识水平不高，常常把自己想象的事情当作现实，无法把想象的事物与现实的事物区分开，经常把想象的内容当作真实出现过的事实来描述。学前儿童想象与现实混淆具体表现在以下几个方面：

（1）把渴望得到的说成已经得到的。尤其是看到其他的小朋友有而自己没有的东西，如看到别的小朋友玩变形金刚，他会说，"我家也有，比你的还大呢"，但实际上是不存在的。这时往往被成人理解成是吹牛，但实际上是一种无意想象。

（2）把希望发生的事情当成已经发生的事情。如没有去成公园，别的小朋友去了，在向其炫耀时，他会说自己也去了，他把美好的想象当成了现实。

（3）在参加游戏或欣赏文艺作品时，往往身临其境，与角色产生同样的情绪反应。例如，在玩老鹰抓小鸡的游戏时，当扮演老鹰的老师抓到小朋友扮演的小鸡后，假装要吃小鸡，小朋友会吓得大哭，拼命挣扎。

幼儿园老师应通过观察分析，审慎区分学前儿童是说谎还是把想象与现实混淆。说谎是一种不良的行为习惯，表现为说话者故意颠倒黑白、掩盖事实或无中生有，需要老师及时加以干预和引导。而学前儿童的想象与现实相混淆的现象与说谎有本质区别，这是学前儿童想象力发展的典型年龄阶段特征，并不涉及道德品质方面的问题。成人不要把学前儿童谈话中所提出的一切与事实不符的话，都简单地归之为说谎，并予以严厉的责备，而应该深入了解，弄清真相。若是由于想象与现实的混淆，成人就要耐心指导学前儿童，引导其分清想象和现实。

4～6岁的学前儿童想象与现实混淆的情况已逐渐减少，当他们听到离奇的故事时会问："这是真的吗？"其中少数甚至不喜欢听童话故事，而对现实中的故事更感兴趣。这说明他们已能够区分想象和现实了。

📕　案例呈现

在幼儿园组织的童话剧表演活动中，老师们精心准备了《小红帽》的剧目。一位老师穿上了毛茸茸的大灰狼服装，戴着逼真的狼头面具，张牙舞爪地走上舞台。

小班的教室里，孩子们正在通过大屏幕观看这场表演。当"大灰狼"出现的那一刻，小班许多孩子吓得小脸煞白，有的直接钻进了小桌子底下，嘴里喊着："大灰狼来吃我们了，快跑！"他们的小眼睛里满是惊恐，小手紧紧地抓住身边的东西，仿佛真的置身于危险之中，完全沉浸在对大灰狼的恐惧想象里，难以分清这只是一场表演。

而在大班观看区域，孩子们的反应截然不同。"大灰狼"刚一登台，就有几个大班孩子兴奋地拍起手来，大声说道："哇，老师扮的大灰狼好酷啊！"他们一边看，一边还和旁边的小伙伴讨论："你看，这狼尾巴有点短，真的大灰狼尾巴可长啦，而且真狼走路不会这么蹦蹦跳跳的……"当旁边有个别小班的孩子被邀请来大班一起观看，吓得快要哭出来的时候，大班的孩子会立刻像小大人一样，轻轻搂住小班的弟弟、妹妹，安慰道："别害怕，这是假的，是老师装的，不会伤害咱们，咱们一起看它后面还会干啥。"在整个观看过程中，大班孩子能够凭借自己相对丰富的生活经验和认知，轻松地辨别出表演与现实的差异，还能从表演中获得别样的乐趣，并且懂得照顾年龄小的同伴的情绪。

任务三　学前儿童想象的培养

《3—6岁儿童学习与发展指南》中指出，"要充分尊重和保护幼儿的好奇心和学习兴趣，帮助幼儿逐步养成积极主动、认真专注、不怕困难、敢于探究和尝试、乐于想象和创造等良好学习品质"。爱因斯坦说过：想象力比知识更重要，因为知识是有限的，而想象力概括着世界上的一切，推动着进步，并且是知识进化的源泉。想象的培养，已成为教育中不可忽视的重要课题。

■ 一、丰富学前儿童的表象，发展言语表现力

想象是改造旧表象，创造新形象的过程。学前儿童表象的丰富或贫乏，将直接影响到其想象的质量与内容。所以，在日常活动中，教师要经常使用形象化的语言和实际的物品，经常组织学前儿童去实地参观，接触自然、观察生活，让学前儿童在实际活动中积累经验，丰富学前儿童的表象。

■ 二、在文学艺术等多种活动中，为想象发展创造条件

可以通过听音乐、绘画、跳舞、猜谜、表演舞台剧、讲故事等方式激发学前儿童的想象力。例如，在教学活动中，学习故事、诗歌等可以丰富学前儿童的再造性想象，激发学前儿童广泛的联想。又如，在学习故事《小鼹鼠要回家》时，小鼹鼠克拉在外面蹦蹦跳跳地玩，迷路了，怎么办呐？教师可以通过诱导启发式的提问，开拓学前儿童的想象，他们会争先恐后为小鼹鼠想办法。有的说"小鼹鼠可以找警察叔叔啊"，有的说"小鼹鼠可以拨打110啊"，有的说"搭辆出租车吧"，有的则说"雷锋叔叔就爱送迷路的孩子回家……"他们各抒己见，展开了丰富的想象。

音乐舞蹈活动也是培养学前儿童想象力的重要手段。通过对音乐、舞蹈的感受，学前儿童可以运用自己的想象去理解所塑造的艺术形象，然后运用自己的创造性思维去表达艺术形象。例如，音乐欣赏时教师放一段音乐，让学前儿童去听、去思考，当教师播放情绪激昂的进行曲时，他们雄赳赳气昂昂地大踏步前进，还说自己是小解放军、小海军等。当教师播放一段轻音乐时，孩子们都很安静，有个孩子说："我做了个

梦，梦见自己变成了蝴蝶，在花丛中飞啊飞啊，我好美啊!"在优美的音乐中，他们的情绪兴奋愉快，想象力得到尽情的发挥。

■ 三、在游戏中，鼓励和引导学前儿童大胆想象

游戏是学前儿童最喜欢的活动形式，他们可以在游戏中利用玩具和对周围现实生活的模仿，积极、自由地想象。特别是角色游戏和造型游戏中，随着扮演的角色和游戏情节的发展变化，学前儿童的想象非常活跃。例如，在娃娃家游戏中，小忆抱着娃娃时，不仅会把自己想象成妈妈，还要想象妈妈怎样去爱护自己的孩子。于是，她一会儿喂娃娃吃饭，一会儿哄娃娃睡觉，一会儿又抱娃娃上"医院"看病，送娃娃去"托儿所"等。

学前儿童的想象力是在这种有趣的游戏活动中逐渐发展起来的。因此，教师要为学前儿童多提供玩具和游戏材料，鼓励他们大胆想象。

■ 四、创造自由轻松的气氛，鼓励儿童自由创造

要在自由轻松的气氛中，让学前儿童都有从自己的创造中得到正面反馈的机会，这样会极大增强他们的自信心。要让他们在审美感知充分积累的同时，进行比较随意的情感创造，不强调有目的性的逻辑创造。

教师不仅要熟悉学前儿童想象发展的生理机制，更重要的是在工作中要创造各种条件，让他们能异想天开，充分发挥想象力。

真题再现

一、单项选择题

1. 幼儿看到天上的白云，一会儿觉得它像马，一会儿觉得它像火车头，这种想象属于（　　）。

A. 无意想象　　　　　B. 有意想象
C. 再造想象　　　　　D. 幻想

2. 幼儿园小朋友听老师讲《龟兔赛跑》的故事，头脑中呈现出乌龟和兔子赛跑的生动形象，这种心理活动属于（　　）。

A. 再造想象　　　　　B. 无意想象
C. 创造想象　　　　　D. 幻想

3. 一个幼儿对另一个小朋友说："我爸爸可高了，有三层楼那么高。"这是因为该幼儿（　　）。

A. 记忆与想象相混淆，把自己的想象当作真实的事情描述出来了
B. 喜欢撒谎

C. 思维相对性差，具有片面性，在想象中过分夸大事物的某个部分或某种特征

D. 认知存在障碍

4. 为了培养幼儿想象力，老师让幼儿画蝴蝶，下列做法恰当的是（   ）。

A. 老师画好左半边蝴蝶，幼儿模仿完成右半边

B. 老师在黑板上逐笔示范，让幼儿跟着画

C. 先让幼儿观察蝴蝶，然后让幼儿自己画

D. 老师先画蝴蝶，然后让幼儿照着画

二、简答题

1. 简述学前儿童无意想象的主要表现。

2. 简述学前儿童想象发展的特点。

3. 简述培养学前儿童想象的方法。

三、材料分析题

离园时，3 岁的小凯兴奋地对妈妈说："妈妈，今天我得了一个'小笑脸'，老师还贴在我的脑门儿上了。"妈妈听了很高兴。连续两天，小凯都这样告诉妈妈。后来妈妈和老师沟通后才得知，小凯并没有得到"小笑脸"。妈妈生气地责怪小凯："你这么小，怎么就说说谎呢？"

问题：小凯妈妈的说法是否正确？试结合幼儿想象的特点分析上述现象。

📕 岗位实训

任务一 观摩幼儿园的一个故事活动，评析幼儿园教师是如何促进学前儿童想象力发展的，并做好观察记录。

【观察目标】

【观察对象】

【观察记录】

【观察分析】

任务二 设计一个学前儿童喜欢的想象游戏。

📕 直通国赛

观看国赛视频，运用观察法分析幼儿想象的特点。

国赛视频 7

学习目标

知识目标：

1. 理解思维的概念、特点、种类、过程和基本形式；
2. 理解学前儿童思维的产生和发展过程。

能力目标：

1. 能结合实例分析学前儿童思维发展的趋势；
2. 能结合实例分析学前儿童思维形式的发展特点。

素养目标：

1. 根据学前儿童思维发展的特点和趋势，萌发设计教育活动的意识；
2. 萌发培养学前儿童创造性思维的意识。

思维导图

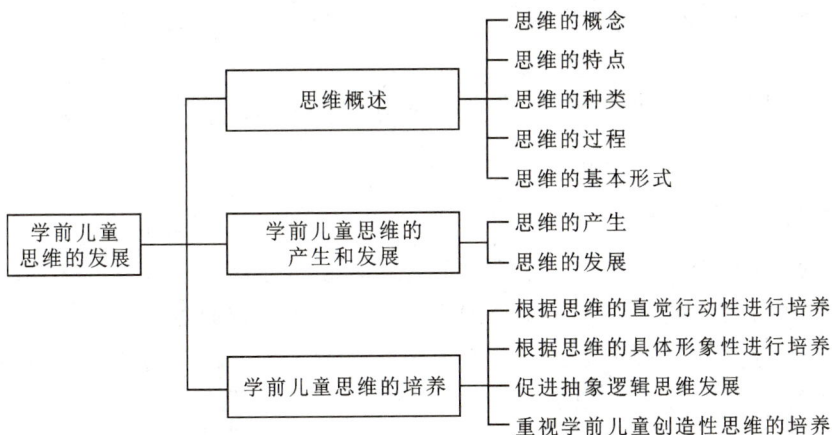

情境导入

　　2岁的小意想把放在桌子中央的玩具拿下来，他伸长胳膊，踮起脚尖，却拿不到。当他偶尔扯动桌布时，桌子上的玩具就会移动一点儿，他马上用力拉，玩具就到手边了。

有一次，张老师问幼儿园中班的孩子："花儿为什么会开？"有的孩子说花儿睡醒了，想要看看太阳。有的孩子说花儿一伸懒腰，就把花朵顶开了。有的孩子说花儿想跟小朋友比一比，看看哪一个穿的衣服更漂亮。有的孩子说花儿想看一看，有没有小朋友把它摘走。还有的孩子说，花儿也有耳朵，它想出来听听小朋友们在唱什么歌。

为什么孩子会有上面的行为和表现呢？在进行学前教育时，教师应采取哪些措施有效地引导他们的行为？

任务一 思维概述

■ 一、思维的概念

思维是人脑对客观事物间接概括的反映。它是借助言语、表象或动作实现的，能揭示事物本质特征及内部规律的认识过程。

思维和感知觉一样都是人脑对客观事物的反映，但它们的区别在于感知觉是直接作用于人脑的对客观事物个别或整体属性的反映，是认识活动的低级阶段；而思维是间接地对客观事物本质属性和内部规律的反映，是认识活动的高级阶段。

■ 二、思维的特点

■ （一）思维的间接性

思维的间接性是指人能凭借已有的知识经验或其他事物，理解和把握那些没有直接感知或根本不可能直接感知的事物。例如，人类学家根据古生物化石及其他有关资料推知人类进化的规律；幼儿教师根据幼儿的表情和动作分析其情绪特征和内心需要。

■ （二）思维的概括性

思维的概括性是指将同一类事物的共同本质特征以及事物之间的联系和关系抽取出来，加以概括，得出结论。例如，我们将形状、颜色和大小不同而能写字画图的用具统称为"笔"；人们发现下雨前动物的异常表现，总结得出"蚂蚁搬家""燕子低飞"是要下雨的征兆这一结论。

■ 三、思维的种类

■ （一）根据思维过程中的凭借物不同，可分为动作思维、形象思维和抽象思维

动作思维是以具体动作为工具的思维过程。例如，幼儿将玩具拆开，再尝试组合起来；或者借助掰手指进行加减法的计算。

形象思维是以直观形象或表象为工具的思维过程。例如，幼儿教师在创设班级环境时，通常会在脑海里考虑墙面的布置、房顶的设计和地面的摆设等。

抽象思维是用概念进行判断、推理并得出结论的过程。例如，幼儿问：为什么月亮有时候是圆的有时候是弯的？为什么秋天有的树会掉叶子，而有的树不掉叶子呢？

■ （二）按照探索问题答案方向的不同，可分为聚合思维和发散思维

聚合思维是把问题所提供的信息聚合起来，得出一个正确或最好解决办法的思维。例如，已知明明 5 岁，3 年后妈妈的年龄是明明年龄的 4 倍，请问妈妈今年多少岁？

发散思维是沿着不同的方向探索问题答案的思维，又叫求异思维。例如，请幼儿想一想，筷子除了用来吃饭还能用来做什么呢？或者让幼儿编一编故事，小马想要过河可是它不会游泳，怎么办呢？

■ （三）按照思维的创新程度不同，可分为常规思维和创造性思维

常规思维是用已知的知识或方法解决问题的思维。例如，学生按照熟悉的公式来计算正方形的面积；医生运用已学的知识为病人开药方。

创造性思维是用新异、独创的方式来解决问题的思维。例如，作家创作一部新的小说，音乐家谱写新的乐曲，设计师设计新的产品，幼儿画出一幅新颖而独特的作品等。

创造性思维是人类社会价值最高的思维方式。人们运用直觉、灵感、想象等手段来触发新思想、产生新意向、拓展新领域，创造更有价值的物质产品或精神产品，推动着人类文明的发展和进步。

■ 四、思维的过程

■ （一）分析与综合

分析与综合是思维的基本过程，其他过程都是由此派生出来的。分析是指在头脑中把事物的整体分解成各个部分、方面或不同特征的思维过程。综合是指在头脑中把事物的各个部分、方面、特征结合起来进行考虑的思维过程。

■ （二）比较与分类

比较是指在头脑中把各种事物或现象加以对比，以确定它们之间异同点的思维过

程。分类是指在头脑中根据事物或现象的共同点和差异，把它们区分为不同种类的思维过程。

■ （三）抽象与概括

抽象是指在头脑中把同类事物或现象共同、本质的特征抽取出来，并舍弃个别、非本质特征的思维过程。概括是指人脑在比较和抽象的基础上，把抽象出来的共同的、本质的特征综合起来，并推广到同类事物中的思维过程。

■ （四）具体化与系统化

具体化是指把概括出来的一般认识同具体事物联系起来的思维过程。系统化是指把学到的知识分门别类地按照一定的结构组成层次分明的整体系统的思维过程。

上述思维过程彼此之间并不是截然分开的，而是在实际解决问题的过程中相互联系、相互统一的。

■ 五、思维的基本形式

■ （一）概念

概念是思维的最基本形式。由概念可以组成判断，用判断可以进行推理，从而形成科学原理、法则，使人能够正确认识世界、改造世界。

概念是人脑对客观事物本质特征的认识。概念反映客观事物的本质特征，而本质特征是决定事物的性质，并决定这一事物区别于其他事物的特征。在认识过程中，人们把感觉到的事物的共同特点抽取出来，加以概括，并用词语表示，就成为概念。因此，词是概念的物质外衣，也就是概念的名称。例如，从白雪、白马、白纸等事物里抽取出它们的共同特点，就得出了"白"的概念。

每个概念都有其特定的内涵和外延。内涵是指概念包含事物的本质属性，外延则是指具有这一本质属性的所有事物。例如，"人"这个概念的内涵是指有语言、能思维、会制造工具的高等动物，人的外延则包括古今中外、一切民族、一切种族的人。

概念的内涵与外延成反比关系，即内涵越小，则外延越大；内涵越大，则外延越小。随着人类知识经验的积累，概念的内涵和外延会有所改变。

■ （二）判断

人的思维不仅以概念的形式反映事物的本质属性，而且以判断和推理的形式反映事物有无某些属性以及事物间的关联。

判断是概念与概念之间的联系，它是事物之间的联系在人脑中的反映。判断大都是借助语言、词汇并用句子形式来实现的。例如，"正方形是四边形。"这个句子就属于判断。

■ （三）推理

推理是由一个或几个相互联系的已知判断推出合乎逻辑的新判断的思维形式。推理是一种间接判断，它反映着判断与判断之间的联系。它是根据已有的知识推出新结论的思维活动。推理可分为归纳推理和演绎推理两种。

概念、判断和推理是相互联系的。概念是判断和推理的基础，概念的形成要借助判断和推理。判断是推理的基础，判断本身又是通过推理获得的。概念、判断与推理是思维的三种基本形式，任何思想都是通过概念、判断和推理这三种思维形式得到表现的。

任务二　学前儿童思维的产生和发展

■ 一、思维的产生

幼儿的思维处在人类思维发展的低级阶段，它具有间接性和概括性的特点，但抽象概括水平很低，还不是典型的人类思维。幼儿的思维产生在感知、记忆等认识过程之后，与言语产生的时间相同，即两岁左右。

能用语词概括，是幼儿思维产生的标志。幼儿的概括能力的产生和发展经过了三个阶段。

第一阶段：直观的概括。幼儿最初是对物体最鲜明和突出的外部特征（主要是颜色特征）进行概括。在一个实验里，用同一种颜色的玩具（如绿色的汽车），使幼儿学会了玩具的名称（汽车）以后，要求幼儿按指定的名称从整套玩具中找出汽车，幼儿不仅指出绿色的汽车，也会指出绿色的青蛙。

第二阶段：动作的概括。幼儿学会操作各种物体，逐渐掌握各种物体的用途。例如，看到球就知道滚动，将玩具小船放在水里，拿到桶就会做提的动作等。但这只是对某个单独物体的外部特征的概括，还不是最初的概括。

第三阶段：语词的概括。2 岁左右，幼儿出现了语词的概括，开始能按照物体的较稳定的主要特征进行概括，舍弃那些可变的次要特征。例如，舍弃灯的颜色、大小等差别，将"灯"这个词作为各种灯的标志，甚至当房间很黑时，也能根据灯的主要特征（照明用的）要求将其打开。

直观的概括是对感知水平的概括，动作的概括是对形象水平的概括，只有当幼儿能够借助语词，概括物体的一些具有稳定性的一般特征时，也就是语词具有概括的意义时，才标志着思维水平的提高。

■ 二、思维的发展

■ （一）思维发展的一般特点

□ 1. 思维具有一定的直觉行动性

直觉行动思维是指利用直观的、行动的方式解决问题的思维，又叫直观行动思维。这种思维的主要特点如下。

（1）思维是在直接感知中进行的，思维依赖直观的事物和情境。例如，幼儿只有抱着玩具娃娃才会玩"娃娃家"的游戏，娃娃不见了，游戏也就停止了。

（2）思维是在实际行动中进行的，思维离不开幼儿自己的动作。例如，幼儿作画常常事先没有目的，即先做后想，或者边做边想，只有画出来之后才知道画的是什么。

幼儿在进行这种思维的时候，只能反映自己动作所能触及的具体事物，依靠动作思考，而不能离开动作在动作之外思考，更不能计划自己的动作，不能预见动作的效果。

▰ 知识拓展

"尝试错误"与幼儿思维特征

皮亚杰认为探索性行为是促进幼儿发展的重要因素，并认为幼儿是主动的学习者，在知识建构的过程中，他必须凭借与事物的接触和经验的累积，促进个人的认知发展，因此他强调"尝试错误"的重要性。即在学习的过程中，幼儿需经由不断的探索来累积经验，以动作和行动来认识外界的事物，以尝试错误的方式来解决问题，并凭借听、看、触摸等方式来发现结果。

所以，成人要正确对待幼儿的犯错。尝试错误是幼儿直觉行动的典型方式。他们的犯错过程，也正是其不断改正错误、完善方法、积累经验的过程。

□ 2. 以具体形象思维为主

具体形象思维是指凭借事物的形象或表象来进行的思维。幼儿初期的思维仍具有直觉行动的特点，在此基础上，幼儿思维的具体形象性逐渐发展起来。在解决问题的过程中，表象代替了一些动作，因而有些动作被压缩、省略了。具体形象思维在直觉行动思维中孕育起来并逐渐分化，以至成为幼儿思维的主要方式。思维的具体形象性是幼儿思维的主要特点。

具体形象思维具有具体性和形象性的特点。具体性表现在幼儿思维的内容是具体的。例如，幼儿较容易掌握"花""草"和"树"等概念，却难掌握抽象性较强的"植物"概念。形象性表现在幼儿依靠头脑中的形象来思维。例如，幼儿认为女儿就是年龄较小的孩子，他无法理解"阿姨""妈妈"和"外婆"也是女儿。

幼儿思维的具体形象性还派生出幼儿思维的自我中心化、泛灵性、经验性、表面性等特点。自我中心化是指幼儿完全以自己的身体和动作为中心，从自己的立场和观点去认识事物。皮亚杰的"三山实验"就充分说明这一点。泛灵性是指幼儿将一切物体都赋予生命的色彩。例如，幼儿会问："春天来了，冬天躲到哪里去了？""树叶娃娃离开了，树叶妈妈一定很伤心吧？"经验性是指幼儿的思维常常根据自己的生活经验来进行。例如，幼儿希望小鸡早日长大，就将它埋在土里，天天给它浇水。表面性是指幼儿的思维只是根据具体接触到的表面现象来进行。例如，妈妈带孩子沿着石阶从山下往山顶爬，幼儿很奇怪地问："妈妈，这明明是爬楼梯，怎么是爬山呢？"

经典实验

皮亚杰的三山实验（自我中心化）

把大小不同的"三座山"摆放在桌子中央，四周各放一张椅子，带着幼儿围绕三座山的模型散步，使幼儿可以从不同角度观察这三个模型形状（见图8-1）。散步以后，让幼儿坐在其中的一张椅子上，洋娃娃依次坐在桌边其他椅子上，问被试："洋娃娃看到了什么？"然后向幼儿出示从不同的角度拍摄的"三座山"的照片，让幼儿挑出洋娃娃所看到的那张照片。

图 8-1 皮亚杰的三山实验示意图

实验结果显示，不到 4 岁的幼儿根本不懂得问题的意思；4~6 岁的幼儿不能区分他们自己和洋娃娃看到的景色。

□ **3. 幼儿晚期抽象逻辑思维开始萌芽**

抽象逻辑思维是指利用抽象的概念或词，根据事物本身的逻辑关系解决问题的思维。幼儿期，特别是 5 岁以后，明显地出现了抽象逻辑思维的萌芽。

心理学家通过实验研究了幼儿对直觉行动、具体形象和抽象逻辑三种思维方式的掌握水平。实验中，要求幼儿把一套杠杆连接起来，借以取得用手不能直接拿到的糖果。上述任务用三种不同方式提出：第一种，在实验桌上放有实物杠杆，使幼儿能以直觉行动的方式解决问题；第二种，在图画中画出有关物体的图形，使幼儿依靠具体形象进行思维；第三种，只用口头言语布置任务，要求幼儿的思维在言语的抽象水平上进行。

实验结果显示，不同年龄阶段的幼儿其思维存在显著差异，幼儿晚期，抽象逻辑思维才初步发展起来。

同时，随着抽象逻辑思维的萌芽，幼儿自我中心化的特点逐渐开始消除，即开始"去自我中心化"。幼儿开始学会从他人以及不同的角度考虑问题，开始获得"守恒"观念，开始理解事物的相对性。

■ **（二）思维过程的发展**

思维的基本过程包括分析与综合、比较与分类、抽象与概括、具体化和系统化。由于幼儿思维水平主要还处在具体形象思维阶段，幼儿思维过程的发展突出表现在分析与综合能力、比较与分类能力的发展上。

□ **1. 分析与综合能力的发展**

分析是在头脑中把事物分解为若干属性、组成部分等分别加以思考的过程。综合是在头脑中把事物的属性、组成部分等按照一定关系组合成为一个整体进行思考的过程。

幼儿在分析与综合活动中，还不能把握事物复杂的组成部分。对 3~6 岁幼儿来说，要求分析的环节越少，相应的概括完成就越好。研究人员曾经做过一个幼儿分析与综合能力的研究，向 3~6 岁幼儿提出下列任务：利用工具从器皿中取出带有金属圈的糖果。器皿旁放着形状、颜色各异的工具，其中只有带小钩的工具才能取出糖果，任务是选择适当的工具。

第一组：形状、颜色各不相同，需要从两个维度分析。

第二组：颜色相同、形状不同，只分析一个维度。

第三组：颜色、形状都不同，但颜色鲜明的是合适工具，颜色和有钩的形状之间有固定联系，只需简单的分析。

实验结果表明，第一组幼儿完成任务所用时间和尝试次数最多。

2. 比较能力的发展

比较是在头脑中确定事物之间共同点和差异点的过程。幼儿比较能力的发展表现在以下几方面。

（1）逐渐学会找出事物的相应部分。幼儿最初难以寻找事物的相应部分，他们常常按物体的颜色进行比较。例如，让幼儿比较图中的两个小朋友，他们可能会说："小围裙是绿色的，喷水壶也是绿色的。"4～5岁的幼儿逐渐能够找出事物的相应部分，并进行比较，但一般只能找出两三个相应部分。

（2）先学会找物体的不同处，后学会找物体的相同处，最后学会找物体的相似处。幼儿倾向于比较物体的不同之处。例如，比较两个大小和亮度不同的勺子——铝制和钢制的，大部分的5岁幼儿只能说出它们的不同。经过教育后，幼儿能找出物体的相同之处，如颜色。找物体的相似之处，对幼儿更加困难。一般说，插入第三个物体，有助于明确两个物体的相似处。

3. 分类能力的发展

分类是根据某一特征将物体组织起来，便于人们整体识别或记忆这些物体的思维过程。幼儿分类能力发展经历了随机分类、知觉分类、功能分类、概念分类四个阶段。

（1）随机分类（也称习性分类）阶段（2～3岁）。幼儿对物体的分类，既不能说出理由，也不能说出物体的某一个具体特征。例如，幼儿将皮球和香蕉分在一起，当你问他为什么这样做时，他可能会摇头，也可能会回答"因为皮球可以玩，香蕉可以吃"或"我喜欢玩皮球，也喜欢吃香蕉"。

（2）知觉分类阶段（3～4岁）。幼儿根据物体的颜色或形状等外部特征进行分类。例如，幼儿将葡萄和茄子分在一起的理由是它们都是紫色的，将皮球和苹果放在一起的理由是它们都是圆的。

（3）功能（或主题）分类阶段（4～6岁）。幼儿根据物体的功能或物体之间的关系进行分类。例如，幼儿将空调和冰激凌放在一起的理由是它们可以让人感到凉快，将电梯和人放在一起的理由是人可以坐电梯。

（4）概念分类阶段（6～9岁）。此时他们的分类水平接近成人的分类水平，较为科学，有逻辑性。例如，将桌子和床放在一起的理由是它们都是家具，将手电筒和灯放在一起的理由是它们都是照明用的工具。

（三）思维形式的发展

概念、判断、推理是思维的基本形式。判断是由概念组成的，推理是由判断组成的，概念是思维的细胞，是思维进行的基础。

□ 1. 对概念的掌握

概念是人脑对客观事物的一般特征和本质特征的反映。幼儿对概念的掌握表现在以下几方面。

1）特点

概念是在概括的基础上形成的，幼儿的概括能力处于形象概括的水平，表现在：一是概括的内容比较贫乏，幼儿最初掌握的每一个词只代表一个或某一些具体事物的特征，而不是代表这一类事物的共同特征；二是概括的特征很多是外部的、非本质的，例如，幼儿对人、马、虎的概括是都有头、有身子、有脚。

幼儿掌握的大多是日常生活中能接触到的具体实物概念，且概念的内涵和外延常常是不准确的，如幼儿认为"老爷爷"就是"头发白了的人"或"拄着拐杖的人"，看到白头发的年轻人时也会叫"爷爷"。只有到了幼儿晚期，他们才有可能掌握一些比较抽象的概念，例如，野兽、动物、家具、团结等。

📕 **案例呈现**

什么是动物？

老师带孩子们去动物园，一边看猴子、老虎、大象等，一边告诉他们这些都是动物。回到班上，老师问孩子们"什么是动物"时，很多孩子都回答"是动物园里的，让小朋友看的""是狮子、老虎、大象……"老师又告诉孩子们"蝴蝶、蚂蚁也是动物"。很多孩子觉得奇怪，老师又告诉他们"人也是动物"，孩子们更难理解，甚至有的孩子争辩说："人是到动物园看动物的，人怎么是动物呢？哪有把人关在笼子里让人看的！"

想一想，分析幼儿掌握概念的特点。

2）掌握实物概念的发展过程

小班幼儿掌握的实物概念的基本内容代表幼儿所熟悉的某一个或一些事物。例如，问："什么是马？"答："就是那个木马。"（幼儿所看见过的木马）

中班幼儿已能在概括水平上指出某一些实物的比较突出的特征，特别是功用上的特征。例如，问："什么是马？"答："马是拉车的。"

大班幼儿开始能指出某一实物若干特征的总和，但还只限于所熟悉的事物的某些外部或内部的特征，而不能将本质的和非本质的特征很好地加以区分。例如，问："什么是马？"答："马有头、有尾巴、有四只脚，会拉车。"

在正确的教育下，大班幼儿也有可能初步掌握某一实物概念的本质特征。例如，他们认识到"马是兽类"或"马是动物"等。

3）数概念的初步掌握

幼儿掌握数概念是一个从具体到抽象的发展过程。幼儿数概念的发展经历了口头数数→给物数数→按数取物→数概念的掌握几个阶段。幼儿不仅能理解数的实际意义、数的顺序，而且还能理解数的组成。

总的来说，幼儿期的思维以具体形象思维为主，他们对数概念的理解很容易受到对事物直接感知的干扰。为此，幼儿教师常常会利用一些变化的图示来帮助幼儿从多个角度感知事物，帮助幼儿通过分析和综合，发现事物的本质属性。

2. 判断能力的发展

判断是肯定或否定某事物具有某种属性的一种思维形式。幼儿判断能力的发展，主要表现在以下两个方面：

第一，从判断形式看，从以直接判断为主，逐步向以间接判断为主发展。比如，3岁幼儿会指着一个来找刘老师的小男孩告诉同伴说："这是刘老师的小哥哥。"能根据自己对小男孩特征的感知来做出判断，且能根据人际关系来做间接判断的幼儿会说："这是刘老师的儿子。"幼儿认为"汽车比飞机跑得快"，他会说："我坐在汽车里，看到天上的飞机飞得很慢。"

第二，从判断的依据看，从对事物直觉观察到的表面联系，逐步向以事物的内在联系来做出客观的判断发展。例如，问幼儿："为什么人没有四条腿？"年龄小的幼儿会回答"因为人不是小狗""人长四条腿不知道怎么走路""人有四条腿看起来会很怪"，年龄大的幼儿会回答"因为我爸爸妈妈都只是长着两条腿""站起来走的动物都是用两条腿走的""人原来有四条腿，后来有两只变成了手"。总的来说，受知识经验和能力发展的限制，幼儿还是无法综合考虑事物多种属性并根据事物的内在联系做出合理的判断，因此他们的判断很容易被自己或者他人推翻，变动性很强。但随着各方面的发展，他们做判断的依据会越来越全面，判断也会越来越接近客观，判断的确定性逐步增强，不易被推翻。

📕 案例呈现

两只棉手套

中班的王老师正在给幼儿讲《两只棉手套》的故事，故事讲完后，王老师一连问了好几个问题。当问到"松鼠爸爸为什么迎着风雪卧在棉手套的外面"时，幼儿回答"因为松鼠爸爸不怕冷"，"因为棉手套里面太挤了，住不下了"。

想一想，为什么幼儿会给出这样的答案呢？

3. 推理能力的发展

推理是根据已知判断推出新判断的思维形式。每一个推理都由前提和结论两部分组成，已知的判断是推理的前提，新的判断是推理的结论。

（1）幼儿最初的推理是转导推理。转导推理是从一些特殊的事例到另一些特殊事例的推理。这种推理还不是逻辑推理，而属于前概念的推理。例如，2 岁 10 个月的果果想吃橘子，父母告诉她："橘子还是绿的，不能吃，变黄了才能吃。"果果接受了。过了一会儿，她喝菊花茶时说："菊花茶不是绿色的，已经变黄了，给我橘子吧！"她的推理是：菊花变黄了，橘子也就变黄了。幼儿的转导推理常常不符合客观逻辑，这主要与幼儿缺乏知识经验和不能进行分类、概括有关。

（2）幼儿常常使用的是归纳推理和类比推理。幼儿能把自己已经掌握的动作运用在新情境中解决问题，这就是动作水平的归纳推理。例如，当幼儿多次借助棍子取手够不着的物品后，如果球滚到沙发下，他就会用同样的办法取球。幼儿期，幼儿能将不同外形的物体归为一类，这是表象水平上的归纳推理。

相关实验表明，1 岁之前的婴儿就能根据知觉的相似性进行类比推理。在实验中，10～12 个月的婴儿需要越过一个障碍获得一个不能直接拿到的玩具。为了得到玩具，婴儿需要移开一个障碍（一个盒子），拉动一块布以拿到上面的一条绳子，然后拉动绳子以得到玩具。实验要求婴儿解决几个类似的问题，如改变玩具的种类，改变障碍物的形状，改变绳子的状态等。婴儿很少能独立解决任何一个问题。但当实验者向婴儿示范了解决问题的方法后，婴儿也能解决类似的问题。

任务三 学前儿童思维的培养

培养学前儿童的思维能力应以学前儿童思维发展的特点为出发点，着力促进学前儿童思维的发展。

一、根据思维的直觉行动性进行培养

1. 提供可以直接感知的活动材料

根据婴儿期和幼儿初期思维的特点，学前儿童的活动效果很大程度上取决于活动材料的提供，因此，教师应该有目的、有计划、合理地为学前儿童提供活动的各种材料。例如，在小班活动"我们一起玩水"中，教师可以为学前儿童提供各种能浮沉的玩具、杯子、瓶子、勺、叉等。

2. 创造活动和操作的条件和机会

这一阶段学前儿童的思维离不开动作，他们在动作中思维，先做后想，边做边想；动作停止，思维停止。因此，教师在为学前儿童组织活动时，应尽可能地为学前儿童创造动手操作的条件和机会，尽量让他们多看、多听、多闻、多尝、多动手，并鼓励学前儿童边操作边思考。例如，在"我们一起玩水"的活动中，教师在为学前儿童提供各种活动材料之后，可以让学前儿童进行分散自由操作活动，让学前儿童通过自己的实际操作去初步感知水的流动性、水的颜色、水中物体的浮沉等。

3. 引导学前儿童由表象代替动作，逐步向具体形象性过渡

在充分操作的基础上，教师引导学前儿童根据自己的经验进行归纳和总结，由表象代替动作，逐步实现直觉行动思维向具体形象思维的过渡。例如，在"我们一起玩水"的活动结束后，教师组织学前儿童集体讨论"在玩水的过程中用了哪些东西""是怎么玩的"等问题，最后，教师予以简单小结。这种活动后的归纳、总结，促使学前儿童将实际的操作转化为大脑中的表象，不仅有助于巩固学前儿童的探索经验，也有助于学前儿童的思维从直觉行动性向具体形象性过渡。

■ 二、根据思维的具体形象性进行培养

1. 选择适宜的活动材料和教学方法

教师应根据学前儿童思维的特点，为学前儿童提供鲜明、形象、生动、直观的活动材料，并配以灵活、有趣的教学方法（如游戏法、观察法、操作练习法、实验法等）。这样不仅可以调动学前儿童参与活动的积极性，而且为学前儿童的思维提供了具体的形象支持。

2. 丰富学前儿童的感性经验

丰富学前儿童的感性经验即丰富学前儿童头脑中的表象。表象是人脑中储存的具体事物的形象。表象的积累与学前儿童的日常生活及其所处的周围环境密切相关。例如，成人问学前儿童："在炎热的夏天，一位老爷爷挑着一担粮食走在路上，你能想出什么好办法帮老爷爷避暑吗？"城市的学前儿童可能有三种主要的答案，如"开空调""吹电风扇""吃冰激凌"，农村的学前儿童也会有很多不同的办法，如"扇扇子""用冷水洗脸""用草帽或树叶当扇子"等。表象的丰富程度直接影响学前儿童的思维水平，因此，教师可以通过组织各种园内外的活动来丰富学前儿童的表象。例如，教师可以组织学前儿童到动物园参观，带学前儿童到野外去亲身体验大自然中的花花草草、四季变化等。

3. 尊重和理解学前儿童的思维特征

教师不仅要根据学前儿童思维的特征进行教学和组织活动，还要尊重和理解学

前儿童的思维特征。学前儿童思维的具体形象性使得他们的想法往往比较片面化、表面化，所以他们经常会做出让成人匪夷所思的事情，这容易使他们面临一些困境，教师应予以理解，而不是简单地批评他们。例如，豆豆某一天发现有一只金鱼游得慢了，以为它感冒了，想起妈妈曾告诉过自己"感冒了要多喝开水，病就会好得快"，于是他就把开水倒进鱼缸，希望金鱼能快点"好"起来。当教师了解到事情的来龙去脉后，并没有责备他，反而表扬他是一个有爱心的孩子，同时也给予了正确的引导。

■ 三、促进抽象逻辑思维发展

□ 1. 引导学前儿童在日常生活中观察和探索

思维是在感知觉的基础上产生和发展起来的，因此，充分调动学前儿童的各种感官，引导他们主动、积极地观察和认识周围世界，是培养学前儿童积极思维习惯的有效手段。教师可以引导学前儿童重点观察周围事物的变化，并每天参与集体谈话活动，他们就会有许多新的发现，如"我们幼儿园的大门重新粉刷了""我们的教室养金鱼了"等。

在学前儿童观察发现的基础上，教师可以引导学前儿童提出问题然后加以思考，并通过多种途径来探索，寻找答案。例如："冬天堆的雪人，为什么第二天就化了?"教师可以引导学前儿童进一步观察和思考，使他们懂得"阳光有热量，冰雪受热就会融化"的道理。这样在观察的基础上进行探索，有助于学前儿童的具体形象思维向抽象逻辑思维过渡。

□ 2. 通过活动训练抽象逻辑思维能力

学前儿童的概括水平较低，属于感知水平的抽象概括。教师要有目的、有计划地开展各种形式的训练活动，要在引导学前儿童多次观察、感知的基础上，启发学前儿童讨论思考，概括出事物的本质特征，形成初步的类概念。例如，在科学活动中，让学前儿童切割并观察苹果、桃子、黄瓜、西红柿的果实，使学前儿童懂得，虽然果实的形状、颜色、味道不同，但它们内部都有种子，这样他们便可以在头脑中把"果实"这一概念的共同属性抽象出来，并推广到有这种属性的其他物体上，形成一个初级的"果实"的概念（在植物体的各部分中，凡是内部有种子的都是果实）。

□ 3. 注重归纳推理、演绎推理和类比推理的训练

推理是思维的核心，它是从一个或几个已知的判断推导出新的判断。推理能力是保证思维活动的效率及顺利完成思维活动的个性心理特征。教师在对学前儿童的思维训练中应注重归纳推理、演绎推理和类比推理的训练。

■ 四、重视学前儿童创造性思维的培养

学前儿童创造性思维的培养主要是通过学前儿童日常从事的各种课内外活动来实现的。在实践中，家长和教师可以从以下几个方面入手。

1. 保护好奇心，激发求知欲

学前儿童对周围的环境和事物大多充满好奇，他们在环境中积极地活动着。例如，有的学前儿童会趴在地上看蚂蚁怎样搬东西；有的学前儿童会问"为什么鱼儿在水里面不闭眼睛""为什么爸爸长胡子，妈妈不长胡子"等奇怪的问题。教师和家长对此问题要加以重视。首先，教师和家长必须保护学前儿童的这种积极的探索欲望，支持他们因好奇而提出问题。其次，要对学前儿童的好奇心进行正确引导，把学前儿童的好奇心引向他们应该注意的对象上去。最后，还需要为学前儿童提供能引起他们观察和探求行为的情境，并引导他们自己发现问题、解决问题。

2. 引导学前儿童积极参与文艺、游戏活动，促进其创造想象的发展

创造想象与创造性思维密切相关，创造性思维以创造想象为前提，创造想象又推动着创造性思维的发展。在学前儿童的日常活动中，文学、艺术（音乐、美术）和游戏活动都具有丰富的创造想象的成分，因此，教师和家长可以积极引导学前儿童参与文艺活动和游戏活动。

3. 教授学前儿童进行创造性思维的方法

创造性思维包括发散思维和聚合思维两种形式。两种形式相辅相成，缺一不可。在教学过程中，教师可以通过思维训练，训练学前儿童的发散思维和聚合思维。

对发散思维的训练。训练发散思维的方法有多种，如用途扩散、方法扩散、形态扩散、因果扩散等。用途扩散即一物多用的扩散。例如，请学前儿童尽可能说出"水"有哪些用处，"空气"有什么作用，等等。方法扩散是指一题多解的扩散。教师可以设计一些具有多种解决方法的生活趣题，让学前儿童思考。例如，请学前儿童在 1 分钟之内想出 3 种以上让开水变冷的方法；设想如果球掉进洞里，有多少种办法将它取出。形态扩散是一形多物的扩散。例如，请学前儿童尽可能多地说出圆形的东西有哪些，三角形的东西有哪些。因果扩散是指一因多果的扩散。教师可以带学前儿童玩"如果……将会发生什么"的游戏，如"如果世界上没有水，将会发生什么"。

对聚合思维的训练。训练聚合思维的方法也有多种，如归类法、排除法、类比推理法和下定义法等。归类法是指向学前儿童提供画有常见物体的卡片，要求学前儿童加以分类，并说出分类的理由。这样的分类标准有很多，如颜色、形状、季节、用途等。排除法是指让学前儿童找出混在一堆东西中不同类的一个。类比推理法是指用图形、数字、语词等呈现排列的规律性变化。例如，让学前儿童根据苹果和苹果树的关系，挑出梨和梨树、香蕉和香蕉树、桃子和桃树的对应图片。下定义法是指要求学前儿童用自己的语言给概念（如鸟、桌子、汽车等）下定义。

除此之外，教师和家长可以从培养创造性人格入手来培养学前儿童的创造性思维。除了保护学前儿童的好奇心，在活动中鼓励学前儿童的独立性和创新精神之外，教师和家长还可以为学前儿童提供具有创造性特征的榜样，以促进学前儿童创造性人格的培养。

真题再现

一、单项选择题

1. 儿童思维方式的变化发展，与思维所用工具的变化相联系，直观行动思维所用的工具主要是（　　）。（2010年上半年幼儿园教师资格证考试真题）

A. 感知动作 　　　　　　　　　　B. 表象

C. 判断 　　　　　　　　　　　　D. 概念

2. 婴儿喜欢将东西扔在地上，成人捡起来给他后，他又扔在地上，如此重复，乐此不疲。这一现象说明婴儿喜欢（　　）。（2012年下半年幼儿园教师资格证考试真题）

A. 玩东西 　　　　　　　　　　　B. 抓握物体

C. 重复连锁动作 　　　　　　　　D. 手的动作

3. 幼儿难以理解反话的含义，是因为幼儿理解事物具有（　　）。（2014年上半年幼儿园教师资格证考试真题）

A. 双关性 　　　　　　　　　　　B. 表面性

C. 形象性 　　　　　　　　　　　D. 绝对性

4. 按照皮亚杰的观点，2～7岁的思维处于（　　）。（2014年下半年幼儿园教师资格证考试真题）

A. 具体运算阶段 　　　　　　　　B. 形式运算阶段

C. 感知运动阶段 　　　　　　　　D. 前运算阶段

5. 2岁前婴儿直觉行动式的思维使得其动作具有一些特点，以下错误的表述是（　　）。（2015年上半年幼儿园教师资格证考试真题）

A. 动作有试误性 　　　　　　　　B. 动作无计划性

C. 精细动作发展迟缓 　　　　　　D. 动作停止思维停止

6. 小班幼儿玩橡皮泥时，往往没有计划性。橡皮泥搓成团就说是包子，搓成条就说是油条，长条橡皮泥卷起来就说是麻花。这反映了小班幼儿（　　）。（2015年下半年幼儿园教师资格证考试真题）

A. 具体形象思维的特点 　　　　　B. 直觉行动思维的特点

C. 象征性思维的特点 　　　　　　D. 抽象逻辑思维的特点

二、简答题

茵茵已经上了中班，她知道把2个苹果和3个苹果加起来，就有5个苹果。但是问她"2加3等于几"，她直摇头。

根据上述案例简述中班幼儿教学学习的思维特点以及教育启示。(2014年上半年幼儿园教师资格证考试真题)

三、材料分析题

情境一:

一天晚上,莉莉和妈妈散步时,有下列对话。

妈妈:月亮在动还是不动?

莉莉:我们动它就动。

妈妈:是什么使它动起来的呢?

莉莉:是我们。

妈妈:我们怎么使它动起来的呢?

莉莉:我们走路的时候它自己就走了。

情境二:

在幼儿园教学区活动中,老师给莉莉出示两排一样多的纽扣,莉莉认为一一对应排列的两排纽扣一样多。当老师把下面一排聚拢时,她就认为两排不一样多了。

问题:1. 莉莉的行为表明她处于思维发展的什么阶段?举例说明这个阶段思维的主要特征及表现。

2. 幼儿这种思维特征对幼儿园教师的保教活动有什么启示?(2015年上半年幼儿园教师资格证考试真题)

📕 岗位实训

任务一 观察小、中、大班幼儿,记录他们在思维活动中判断与推理发展的特点,并做好观察记录。

【观察目标】

【观察对象】

【观察记录】

【观察分析】

任务二 以小组为单位,设计发展幼儿思维能力的游戏,并做好观察记录。

【观察目标】

【观察对象】

【观察记录】

【观察分析】

 **直通国赛**

观看国赛视频，运用观察法分析幼儿的思维特点。

国赛视频 8

项目九 学前儿童言语的发展

📕 学习目标

知识目标：

1. 了解学前儿童言语发展的基本阶段和特征；
2. 掌握学前儿童言语发展过程中的重要里程碑。

能力目标：

1. 能够评估学前儿童言语发展的水平，包括词汇量、语法结构、表达能力等方面；
2. 能提出针对性的改进建议。

素养目标：

1. 尊重每个学前儿童言语发展的独特性；
2. 以积极、耐心的态度对待每个儿童的言语学习过程。

📕 思维导图

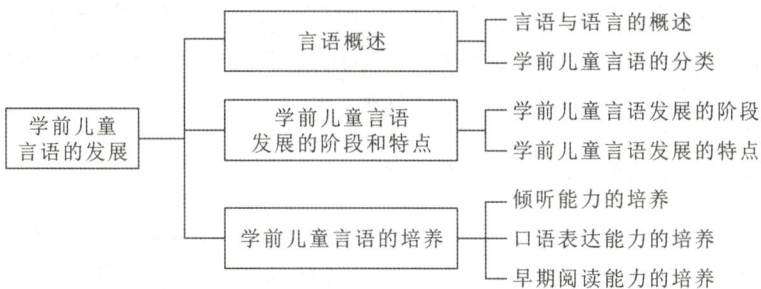

学前儿童言语的发展
- 言语概述
  - 言语与语言的概述
  - 学前儿童言语的分类
- 学前儿童言语发展的阶段和特点
  - 学前儿童言语发展的阶段
  - 学前儿童言语发展的特点
- 学前儿童言语的培养
  - 倾听能力的培养
  - 口语表达能力的培养
  - 早期阅读能力的培养

📕 情境导入

在幼儿园的"分享时刻"活动中，老师请小朋友们分享自己周末的有趣经历。轮到小明时，他显得有些紧张，小手紧紧攥着自己的衣服角，眼睛四处张望。老师温柔地鼓励他说："小明，你可以试试，把周末去公园玩的事情讲给大家听。"小明小声地说："我……我去公园……嗯……玩……"他停顿了一下，皱着眉头，好像在努力回忆，但最终只是重复说："我玩了……我玩了……"其他小朋友开始交头接耳，小明的脸蛋涨得通红，眼泪在眼眶里打转。

　　小明在这个场景中表现出明显的语言组织困难，无法完整地表达自己的经历。这可能是由于他词汇量有限，缺乏组织语言的经验，同时也受到紧张情绪的影响。

　　在日常生活中，家长可以为小明创造更多与人交流的机会。比如，邀请小伙伴来家里做客，鼓励他在游戏中主动表达自己的想法。同时，家长可以引导他描述自己看到的、听到的和感受到的，锻炼他的语言组织能力。

任务一　言　语　概　述

　　皮亚杰认为，语言是我们最灵活的心理表征方式。它帮助我们交流思想、表达情感，也是我们进行思维的重要工具。语言存在于人们的言语活动中。人们使用语言进行交际的过程就是言语。使用一定语言的人，其说话、听话、阅读、写作等活动，就是作为交际过程的言语。

■ 一、言语与语言的概述

■ （一）言语的概念

　　言语是人们运用语言材料和语言规律进行交际的过程。人们为了表达自己的见解和感情，可以使用各种语言，这些语言就是交际工具。它的主要构成是听、说、读、写，这些活动就是交际过程的言语，它是一种心理现象。

■ （二）语言的概念

　　语言以物质化的语音和字形而被人们所感觉和知觉。它以词汇标识着一定的事物，它用规则反映着人类思维的逻辑规律。因而语言是人类在社会实践中逐步形成和发展起来的最重要的交流工具。语言是一种社会现象，是人类特有的交流工具，是交流的双方共同使用的。每个民族都有其共同的语言，语言是社会历史的产物。

■ （三）言语与语言的关系

□ 1. 语言和言语是两个不同的概念

　　语言是工具、符号，它有别于其他工具的运用。语言是社会现象，具有群体性和稳定性。

　　言语是表明心理交流的过程，是心理现象，具有个体性和多变性。

2. 语言和言语是密不可分的

言语活动离不开语言，学前儿童只有在一定的语言环境中，才能学会和参与言语活动。

语言是在具体的言语交往情境中产生和发展起来的，学前儿童若没有言语活动的机会，也就不能掌握语言。

二、学前儿童言语的分类

（一）外部言语

1. 对话言语

3 岁以前的学前儿童与成人的交际主要形式是对话。他们的对话言语只限于向成人打招呼、提出请求或简单地回答成人的问题。往往是在成人逐句引导下，他们逐句回答，有时他们也向成人提出"为什么"。

2. 独白言语

到了 3 岁以后，随着独立性的发展，学前儿童在离开成人进行各种活动（如各种游戏）中获得了自己的经验和体会，在与成人的交际过程中也逐步运用报道、陈述等独白言语方式。学前儿童最初由于词汇不够丰富，表达会显得不够流畅，叙述时常会用"这个……这个……"或"后来……后来……"。在正确引导下，一般到 6 岁左右时，学前儿童就能较清楚地、绘声绘色地描述看过或听过的事件或故事了。

3. 初步的书面言语

学前儿童的书面言语指读和写，基本单位是字，由字组成词、句以及篇章。书面言语包括认字、写字、阅读、写作。其中认字和阅读属于接受性的，写字和写作属于表达性的。学前儿童书面言语的产生如同口头言语一样，是从接受性的开始的——先会认字，后会写字；先会阅读，后会写作。

（二）过渡言语

在从外部言语向内部言语的发展中，有一种介于外部言语和内部言语之间的言语形式，我们称之为过渡言语，即出声的自言自语。它体现了学前儿童言语发展所经历的由外到内的过程。皮亚杰把它称为"自我中心语"，他认为，学前儿童的"自我中心语"是其自我中心思维的表现。维果斯基则认为，学前儿童的自言自语是朝向自己的言语，应该称为"私人言语"，而不是"自我中心语"。这种言语是形式上的外部言语和功能上的内部言语的结合，是从社会化言语向个人的内部言语过渡的必要阶段和中心环节。

■ （三）内部言语

内部言语是针对自己的言语，不执行交际功能。外部言语是为了和别人交往而产生的。因而一般来说，内部言语比外部言语简略，常常是不完整的。

内部言语突出了自觉的分析综合和自我调节功能，与思维具有不可分割的联系。人们不出声的思考往往就是利用内部言语来进行的。

任务二 学前儿童言语发展的阶段和特点

■ 一、学前儿童言语发展的阶段

■ （一）言语准备阶段（0~1岁）

言语发展的准备阶段包括两方面内容：一是发音的准备；二是理解语音的准备。

□ 1. 发音的准备

儿童发音的准备大致经历三个阶段。

1）简单发音阶段（0~3个月）

哭是儿童最初的发音方式。新生儿的哭声中，特别是哭声稍停的时候，可以听出ei、ou的声音。2个月以后，婴儿不哭时也开始发音，当成人引逗他时，发音现象更明显，已能发出 ai、a、e、ei、ou、nei 等音。发这些音不需要较多的唇舌运动，只要一张口，气流自口腔冲出，音也就发出了。这与儿童发音器官不完善有关。

这一阶段的发音是一种本能行为，天生聋哑的儿童也能发出这些声音。

2）连续音节阶段（3~9个月）

这一阶段，儿童明显变得活跃起来。当他们吃饱、睡醒、感到舒适时，常常自动发音。如果有人逗他们，或者他们看到鲜艳的颜色而感到高兴时，发音更频繁。发出的声音中，不仅韵母增多、声母出现，而且能连续重复同一音节，如 ba—ba—ba、da—da—da 等，其中有些音节与词音很相似，如 ba—ba（爸爸），ma—ma（妈妈），ge—ge（哥哥）等。父母常常以为这是儿童在呼喊他们，感到非常高兴。其实，这些音还不具有符号意义。但如果成人利用这些音与具体事物相联系，就可以形成条件反射，使音具有意义。比如，每当儿童无意识地发出 ma—ma 这个音时，妈妈就会高高兴兴地出现在儿童面前，并应答。久而久之，儿童就会把 ma—ma 这个音当作对母亲的称呼。

3）模仿发音——学话萌芽阶段（9~12个月）

这一阶段，儿童所发的连续音节不只是同一音节的重复，而且明显地增加了不同音节的连续发音。音调也开始多样化，四种声调出现了，如 à—júe—lu—bì，à—lǔ—fū，听起来很像是在说话。当然，这些"话"仍然是没有意义的，但却为学说话做了发音上的准备。

这一阶段，近似词的发音更多，同时，儿童开始能模仿成人的语音，如 mao—mao（帽帽），deng—deng（灯灯）。这一进步，标志着儿童学话的萌芽。

在成人的教育下，儿童渐渐能够把一定的语音和某个具体事物联系起来，用一定的声音表示一定的意思。虽然此时他们能够发出的词音只有很少几个，但毕竟能开口"说话"了。

2. 理解语音的准备

1）语音知觉能力的准备

儿童对言语刺激是非常敏感的，出生不到10天的新生儿能区分语音和其他声音，并对语音表现出明显的偏爱。几个月的婴儿还具备了语音范畴知觉能力，能分辨两个语音范畴之间的差别（如"b"和"p"），而对同一范畴之内的变异予以忽略。语音知觉的发展为语言理解提供了必要的前提。

2）词语理解能力的准备

8~9个月的婴儿已能"听懂"成人的一些语言，表现为能对语言做出相应的反应。但这时，引起婴儿反应的主要是语调和整个情境（如说话人的动作、表情等），而不是词的意义。

案例呈现

"狼"和"羊"

给9个月的婴儿看"狼"和"羊"的画片。每当出示"羊"时，就用温柔的声音说"羊，羊，这是小羊"，而出示"狼"时，就用凶狠的声音说"狼，狼，这是老狼"。若干次以后，当实验者用温柔的声音说"羊呢？羊在哪里？"，婴儿就会指向画着羊的图片，反之亦然。这时，实验者突然改变说话的语调，用凶狠的声音说"羊呢？羊在哪里？"，婴儿毫不犹豫地指向画着狼的图片。

【分析】

这足以证明，婴儿反应的主要对象是语调和说话时的整个情境，而不是词，他们还不能把词从语言复合情境中区分出来。一般到了 11 个月左右，语词才逐渐从复合情境中分离出来，真正作为独立信号而引起婴儿相应的反应。直到此时，婴儿才算是真正理解了这个词的意义。

1 岁左右的儿童已经能够理解几十个词，但能说出来的很少。这种能理解却不能主动说出的语言叫被动性语言。被动性语言很难发挥交际功能。只有出现主动语言，即既能理解又能说出语言时，才标志着符号交际的开始。

■ （二）言语产生阶段（1～3 岁）

从 1 岁起，儿童进入正式学习语言的阶段。在短短两三年时间里，儿童便能初步掌握本民族的语言。儿童言语发展的基本规律是：先听懂，后会说。儿童口语的发展可分为两个大的阶段。

□ 1. 不完整句阶段

1）单词句阶段（1～1.5 岁）

此期儿童言语的发展主要反映在言语理解方面。同时，他们开始主动说出有一定意义的词。

这一阶段儿童理解词有以下特点：

（1）由近及远。儿童最先理解的是他们经常接触到的物体的名称，如"灯灯"；其次是对成人的称呼，如"爸爸""妈妈"；再次是玩具和衣物的名称，如"球球""帽帽"等。如果成人经常教他们一些动作，或者教他们做一些事情，儿童也能理解一些常用的动词，如"坐下、起来、捡、扔、拿、送"等。如果成人多以眼前的事物为话题，同儿童进行交谈，他们将会理解得更多。

（2）固定化。这一阶段儿童对词的理解，往往和某种固定的物体相联系，甚至把物体连同某种背景固定起来。例如，"爸爸"就是指自己的爸爸，而且必须是戴上眼镜时的爸爸。小花每当听到"把娃娃拿来"时，总是要把娃娃和玩具床一起拿出来。如果娃娃不在床上，也要先把它放到床上然后再拿。在幼小的儿童看来，物体的名称是同该物体以及物体所处的具体情境相联系的。

（3）词义笼统。这一阶段儿童对词的理解非常不确切，一个词常常代表多种事物，而不是确切地代表某种事物。

📖 案例呈现

挑出玩具小熊

在一个实验里，要求儿童从几样东西里挑出玩具小熊。实际上那几样东西里没有小熊，只有和小熊相似的东西。2～3 岁的儿童完成此任务感到有困难，他们或是说找不到小熊，或者是干脆跑到别处去找。但1岁的儿童却丝毫不感到困难，他们会毫不犹豫地把长毛绒手套拿来当小熊。长毛绒手套和小熊有某种相同的特征，该年龄段的儿童据此认为它就是小熊，这说明他们对词义的理解是笼统的、不精确的。

这一阶段儿童说出的词有以下特点：

（1）单音重叠。这个阶段的儿童喜欢说重叠的字音。如"娃娃、帽帽、衣衣、馒馒、拿拿、灯灯"等，还喜欢用象声词代表物体的名称，如把汽车叫作"笛笛"，把小狗叫作"汪汪"。出现这一特点，是因为儿童的大脑发育尚不成熟，发音器官还缺乏锻炼。重复前一个音，属同一音节、同一声调，不用费力，容易发出。如果发出不同的两三个音节，发音器官的部位（舌、唇等）就要变换动作，这对于1岁多的儿童来说，还是比较困难的事情。2～3岁的儿童说话仍然较慢，逐个字吐出来，也是同理。

（2）一词多义。这个年龄的儿童对词的理解还不精确，说出的词往往代表多种意义，故称为"一词多义"。例如，见到猫，叫"猫猫"；见到带毛的东西，如毛手套、毛领子一类的生活用品，也都叫"猫猫"。

（3）以词代句。这个阶段的儿童不仅用一个词代表多种物体，而且用一个词代表一个句子。例如，儿童说出"拿"这个词，有时代表他们要拿奶瓶，有时代表他们要拿玩具，还有时代表他们要拿别的儿童手里的食物。

2）双词句阶段（1.5～2岁）

1.5岁以后，儿童说话的积极性高涨起来，在很短时间内，会从不大说话变得很爱说话。说出的词大量增加，2岁时可达200个。这一阶段儿童言语的发展主要表现在开始说由双词或三词组合在一起的句子，如"妈妈饼干"等。这种句子的表意功能虽较单词句明确，但其表现形式是断续的、简略的，结构不完整，好像成人的电报式文件，故也称为"电报句"或"电报式语言"。

这时说出的句子还很不完善，具体表现为：

（1）句子简单。这一阶段的儿童说出的句子都很简单、短小，一般只有3～5个字。

（2）句子不完整。儿童虽然已能说出不少句子，但所说的句子往往缺字漏字。

（3）词序颠倒。语言本身有一定的语法规则，其中很重要的是各种词汇的排列顺序。1.5～2岁的儿童所说的句子，时常有颠倒词序的情况。

□ **2. 出现完整句阶段（2～3岁）**

在单词句和双词句阶段，儿童能选择一个词或把两个词组合起来粗略表达语义。2岁以后，儿童开始学习运用合乎语法规则的完整语句更为准确地表达思想。

此期儿童言语的发展主要表现在两方面：

（1）能说完整的简单句，并出现复合句。这一年龄阶段的儿童渐渐能够用简单句表达自己的意思，并开始会说一些复合句。这一时期也是儿童终止婴儿语的时期。说出的句子较长，日趋完整、复杂，由各种词类构成。从 2 岁开始，他们能把过去的经验表达出来。

（2）词汇量迅速增加。2~3 岁儿童的词汇量增长非常迅速，几乎每天都能掌握新词。他们学习新词的积极性非常高。经常指着某种物体问："这是什么？""那是什么？"当成人把物体的名称告诉他们时，他们便学了一个新词。到 3 岁时，儿童已能掌握 1000 左右个词。至此，儿童的言语基本形成了。

（三）基本掌握阶段（3~6 岁）

从 3 岁到入学前，是儿童基本掌握口语的阶段。儿童在掌握语音、词汇、语法和口语表达能力方面都迅速发展，为入学后学习书面语言打下基础。

这一阶段儿童语言表达有以下特点：

（1）词汇量显著增加。儿童在这一阶段会迅速增加词汇量，掌握更多日常用语和描述性词汇，能够更好地表达自己的想法和感受。

（2）语法结构逐渐完善。儿童开始能够构建更为复杂的句子结构，使用正确的语法规则来组织语言，使表达更加清晰和准确。

（3）语言表达能力增强。儿童能够连贯地讲述故事、描述事件，表达个人观点和情感，展现出较强的语言组织和表达能力。

（4）语言理解能力提高。随着词汇量的增加和语法结构的完善，儿童的语言理解能力也得到了显著提升，能够更好地理解他人的话语和意图。

（5）语言运用情境丰富。儿童开始能够在不同情境下灵活运用语言，如与家人交流、与朋友玩耍、在学校学习等，展现出较强的语言适应性和运用能力。

二、学前儿童言语发展的特点

（一）口语表达能力的发展

1. 从外部言语到内部言语

儿童口语表达能力的发展体现了一个从外到内的过程，即从对话言语发展到独白言语，后又从独白言语经过渡言语，发展到内部言语。讲述能力的发展是儿童独白言语能力发展的重要体现。

3 岁以前，儿童基本上都是在成人的帮助下和成人一起进行活动的，儿童与成人的言语交际也正是在这样一种协同活动中进行的。所以儿童的言语基本上都是采取对话的形式，而且他们的言语往往只是回答成人提出的问题，或向成人提出一些问题和要求。

到了儿童期，由于独立性的发展，儿童常常离开成人进行各种活动，从而获得一些自己的经验、体会、印象等，因此，他们有必要向成人表达自己的各种体验和印象。这样，独白言语也就逐渐发展起来了。

当然，儿童的独白言语刚刚开始形成，发展水平还很低，尤其是在儿童初期。小班儿童虽然已能主动地对别人讲述自己生活中的事情，但由于词汇较贫乏，表达显得很不流畅，常常带一些口头语，如"嗯……嗯……""后来……后来……""那个……那个……"等，还有少数儿童甚至显得说话口吃。在良好的教育下，五六岁的儿童就能比较清楚地、系统地讲述所看到或听到的事情和故事了，有的儿童甚至能够讲得绘声绘色、活灵活现。

知识拓展

华东师范大学的相关学者利用看图说话研究了幼儿口语表达能力的特点及发展趋势。研究表明：随着年龄的增加，幼儿讲述图画所表达的故事基本内容的量逐渐增加；看图说话中，幼儿语法结构发展的趋势与自发言语一致，但由于图画内容对幼儿言语的限制，幼儿在各年龄阶段对各种句子结构的使用率稍稍落后于自发言语的水平；幼儿看图说话的主动性有一个发展的过程。2～2.5岁的幼儿只能对主试提出的问题做简单的回答，不会主动叙述。3岁幼儿开始出现部分的主动叙述，4岁幼儿中能主动叙述的已达78%，6岁幼儿全部能主动叙述。幼儿的复述能力（幼儿在看图说话后能不再看图而讲述故事的内容）也在逐渐发展。3岁前的幼儿不会复述，4岁以后的大多数幼儿已会复述。

大约4岁，幼儿开始出现过渡言语。过渡言语的进一步发展便产生了内部言语。内部言语与思维联系密切，主要执行自觉分析、综合和自我调节的机能，与人的意识的产生有着直接的联系。

2. 从情景性言语到连贯性言语的发展

情景性言语往往与特定的场景相关，说话者事先不会有意识地进行计划，往往想到什么就说什么。3岁以前的儿童说话常常是情景性的，表现为说话断断续续的，缺乏连贯性、条理性和逻辑性。到了6～7岁时，儿童才能比较连贯地进行叙述，但叙述能力的发展还是不完善的。言语连贯性的发展往往是思维逻辑性的一个重要标志。儿童口语表达的逻辑性较差，表明其抽象逻辑思维的发展程度较低。

案例呈现

一个3岁的儿童向别人讲述自己前一天晚上做的事情："看到解放军了，在电影上，打仗，太勇敢了。妈妈带我去的，还有爸爸。"讲的时候好像别人已经了解他要讲的内容似的，一边讲，一边做出一些手势和表情。这种让别人边听、边看、边猜想当时情境才能懂的言语，就是情境性言语。

连贯性言语的特点是句子完整。前后连贯，逻辑性强，使听者仅从言语本身就能完全理解讲话人所要讲的内容和想要表达的思想。一般地说，随着儿童年龄的增长，情境性言语的比例逐渐下降，连贯性言语的比例逐渐上升。

整个儿童期都处在从情境性言语向连贯性言语过渡的时期。六七岁的儿童才能比较连贯地进行叙述，但其发展水平也不很高。幼儿园教学工作的任务之一就是要促进这一过渡，提高儿童连贯性言语的水平。

□ 3. 讲述的逻辑性逐渐提高

儿童讲述的逻辑性逐渐提高，主要表现为讲述的主题逐渐明确、突出，层次逐渐清晰。

儿童的讲述常常是现象的堆积和罗列，主题不清楚、不突出，常常让人有听了半天，不知所云的感觉。有些儿童在讲述时，词汇比较华丽，用的词句很多，叙述得也很流利，似乎很"能说"，但仔细分析一下就会发现，其言语所表达的主题常常不突出，甚至离题很远，层次与顺序不清楚，事物之间的关系比较混乱，用词也常常不恰当。随着儿童的成长，其口语表达的逻辑性有所提高。

讲述的逻辑性是思维逻辑性的表现。言语发展水平真正好的儿童，在讲述一件事时，语句不一定很多，但能用简练的语言讲清事情的来龙去脉，能抓住主要情节和各个情节之间的关系，不拘泥于描述个别细节，用词不一定华丽，但很贴切。成人可以通过训练来增强儿童讲述的逻辑性，这同时也是一种思维能力的训练。

📕 案例呈现

小明是一个四岁半的儿童，在语言表达上逐渐展现出对逻辑性的需求。小明最初讲述故事时，往往跳跃式地提及不同情节，缺乏连贯性。例如，他会突然提到，"昨天去了公园，然后吃了蛋糕，再然后是看到了大象"。父母开始通过提问的方式引导小明，让他按照时间顺序或因果关系来讲述事件。如："小明，你先去了哪里？在那里发生了什么？然后呢？"同时，父母还鼓励小明使用"首先""然后""最后"等连接词。经过一段时间的引导，小明讲述故事时的逻辑性明显提高。他能够有条理地叙述事件的起因、经过和结果，如："昨天早上，我和爸爸妈妈先去了公园，我们先玩了滑梯，然后吃了妈妈带的蛋糕。在回家的路上，我们还看到了一只大象在动物园里。"

这个案例表明，通过有意识的引导和训练，可以有效提高儿童言语表达的逻辑性。教育者在日常交流中，应多使用连接词和提问的方式，帮助孩子建立清晰的叙述框架。

4. 逐渐掌握语言表达技巧

儿童不仅可以学会完整、连贯、清晰而有逻辑地表述，而且能够根据需要恰当地运用声音的强弱、高低、快慢和停顿等语气、声调和节奏的变化，使之更生动，更有感染力。当然，这需要专门的教育。有感情地朗读、讲故事以及戏剧表演都是培养儿童言语表达技能的好形式。

（二）书面言语的发展

书面言语是指以文字作为工具的言语活动。学前儿童书面言语的产生是从接受性的言语活动开始的，即先会认字，后会写字；先会阅读，后会写作。书面言语产生的初期，儿童只会认字和阅读。

1. 学前儿童识字的特点

学前儿童识字的过程可以分为三个阶段。

1）泛化阶段

儿童把字当作视觉形象或图谱来感知，对字的认知较为笼统。例如，儿童看到"山"字，可能会联想到实际生活中"山"的形象。

2）识字阶段

儿童开始对字有再认的能力，通过多次接触和感知，能认识一些字，但对字形的细节可能还难以分化，容易混淆。如儿童可能把"未"和"末"混淆。

3）再现阶段

再现阶段也称为写字或默写阶段，儿童能够准确地回忆和书写所学过的字。不过，学前儿童通常处于前两个阶段。

📕 案例呈现

在识字课上，焦老师通过在教室四周摆放各种蔬菜，并配以相应的小卡片，创设了一个生活化的情境。学生们通过看、摸、闻蔬菜，再读卡片上的字，从而认识了这些蔬菜的名称。

这一案例很好地展示了儿童在识字阶段是如何通过感知和兴趣来认识字的。

2. 学前儿童的阅读准备——前阅读活动

学前儿童阅读的内容主要是画报、绘本，前阅读能力的发展经历三个阶段。

1）第一阶段：分析阶段

由于生活经验的不足和理解能力的限制，儿童对图画的理解常常是单个的、局部的。他们对图画内容的表达常常处在"给事物命名"阶段，即说出"这是什么，那是什么"。

2）第二阶段：综合阶段

儿童开始能够将图画上的内容经过组织后表达出来。表达的内容不再是对事物命名，而是能够表达图画中事物之间的联系，并且表达开始带有情境性。但这一阶段的表达还不连贯，他们对看到的事物和人还不能准确而迅速地表达出来。

3）第三阶段：分析综合阶段

儿童阅读画报时，开始能完整地理解画面的内容，能够把看到的和说出的统一起来，从而达到把看到并理解了的图画内容准确而迅速地用语句说出的程度。表达不仅具有情境性，而且具有连贯性。

任务三　学前儿童言语的培养

■ 一、倾听能力的培养

幼儿所获得的倾听技能是十分有限的，他们对诚实话、讽刺话、玩笑话的辨别能力较弱。这表现在他们常把成人的反话当作正面话理解。例如，幼儿擅自过马路时，妈妈说"你再往前走走看"，他就真的往前走，并没意识到此种情形中他是不应该再往前走的。4岁幼儿对听者困惑的眼神或"我不懂"等形式的反馈不像6岁幼儿那样敏感。

尽管如此，幼儿还是具备了一定的倾听能力。4～4.5岁的幼儿，即使在说话者话语的字面意义提供线索很少的情况下，也能推测出说话者的意图。如在一张纸上呈现一个空心圆圈，另有红色、蓝色两张纸，并且告诉幼儿不要将圆圈填成红的，4.5岁的幼儿已能领会到是要求他们将圆圈填成蓝色的。幼儿倾听能力的培养是一项重大的工程。教师可以选择幼儿感兴趣的内容，以各种方法引导幼儿感受倾听的乐趣，感受倾听的习惯。

■（一）游戏法

教师可通过开展适合幼儿的各种游戏活动发展幼儿的倾听能力。例如，在"你放我猜"活动中，教师播放自然界中的各种声音，如小鸟的叫声、下雨的沙沙声、小狗小猫的叫声等，引导幼儿倾听并模仿，辨别声音的大小、高低，培养幼儿认真倾听的习惯和辨音发音的能力。

■（二）复述法

教师讲完故事后，可以请幼儿复述刚才听到的故事，然后请其他幼儿选出复述得最完整的幼儿，给予表扬和鼓励。这就要求幼儿必须认真听，养成良好的倾听习惯。教师和幼儿之间可以根据故事内容进行互动（见图9-1）。

图 9-1 故事《好饿的小蛇》互动

■（三）讨论法

教师可以鼓励幼儿在注意倾听的基础上，参与对倾听内容的讨论，做评价性的思考。如讲完《三只蝴蝶》故事后，教师可以引导幼儿讨论："故事里发生了一件什么事情?""你认为花姐姐做得对吗?""你喜欢三只蝴蝶吗？为什么?"

■（四）评议法

当某个幼儿回答问题后，教师可以引导其他幼儿评价："某某小朋友什么地方念错了?""什么地方念得特别好?""哪个字的音发错了?"这就要求幼儿必须认真地倾听，养成良好的倾听习惯。

■（五）求异法

教师在让幼儿续编故事、仿编诗歌或回答问题时，可以要求幼儿说与别人不一样的答案，这样幼儿必须认真倾听别人的发言，说过的就不能再说了。

■ 二、口语表达能力的培养

《幼儿园教育指导纲要（试行）》指出，要鼓励幼儿大胆、清楚地表达自己的想法和感受，尝试说明、描述简单的事物或过程，发展语言表达能力和思维能力。因此，教师和家长要给幼儿创设"说"的环境和条件，让幼儿在模仿中练习，在练习中提高。

■ （一）重视发音技能的培养，提高幼儿发音准确度

随着年龄的增长，幼儿的发音能力在迅速发展，但幼儿对声母的发音正确率较低，3岁幼儿往往还不能掌握某些声母的发音方法，如经常混淆"g"音和"d"音、"n"音和"l"音，对齿音"z""c""s"和翘舌音"zh""ch""sh"的发音错误率也较高。因此，家长和教师不仅要以自己正确的发音为幼儿做出示范并注意纠正幼儿的错误发音，还要注意对幼儿进行发音技能的训练。例如，教师可以让幼儿朗读顺口溜、诗歌或绕口令（见图9-2），并注意其口型是否正确。对发音不准的幼儿要有耐心，以消除他的紧张感；对具有发音障碍的幼儿要予以鼓励，以提高他的积极性。此外，培养和训练幼儿的发音技能不能只局限于个别发音，还应注意幼儿发音的清楚程度、语调以及对音量强弱的控制能力。只有全面训练，才能真正提高幼儿发音的准确度。

《兜装豆》

兜里装豆，
豆装满兜，
兜破漏豆。
倒出豆，补破兜，
补好兜，又装豆，
装满兜，不漏豆。

《狗与猴》

树上卧只猴，
树下蹲条狗。
猴跳下来撞了狗，
狗翻起来咬住猴，
不知是猴咬狗，
还是狗咬猴。

图9-2 绕口令练习

■ （二）提供言语发展的环境，促进幼儿言语的发展

幼儿的言语发展需要一定的环境，如果限制或剥夺幼儿言语发展的环境，幼儿的言语将难以发展。

□ 1. 拓展生活空间，丰富幼儿语言素材

生活是语言的源泉，没有丰富的生活，就不可能有丰富的语言。幼儿的生活范围狭小，生活内容单调，言语发展就迟缓，语言就贫乏。因此，丰富幼儿的生活经验，

扩大生活环境，以幼儿的感性认识为切入点，丰富幼儿的语言素材，是发展幼儿言语能力的有效策略。例如，带幼儿走进大自然、社区，使其活动空间不断延伸，并创设丰富的活动内容，拓宽人际交流的空间。随着活动范围的不断扩大，幼儿的阅历丰富了，词汇、句式也不断积累，句子表述逐渐完整，语言的理解能力也不断提高，语言也不断丰富。

从故事叙事角度分析，每个故事都有自己的语法——"谁?""因为什么?""做了什么?""结果怎么了?"我们几乎可以用这个语法示意图（见图 9-3），总结出任何一个故事，以提高幼儿的理解能力和叙述能力。

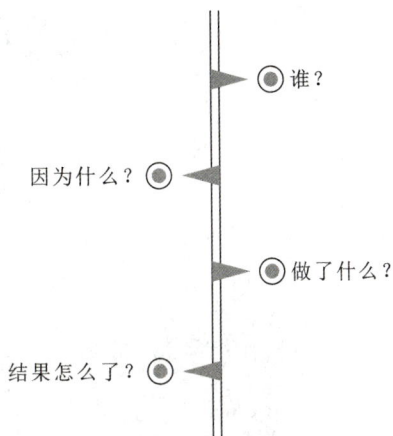

图 9-3 语法示意图

2. 创造条件，让幼儿体验语言交流的乐趣

言语本身就是在交往中产生和发展的，因此要为幼儿创设自由、宽松的语言交流空间，尤其是和其他幼儿的交往；还要重视幼儿在交往中用词的准确性和完整性，鼓励幼儿自发、自信地参与语言交流，帮助幼儿体验语言交流的乐趣。例如，教师每日为幼儿增设一个自由说话的时间，保证幼儿有与朋友交谈、与教师交往的自主性，也有随意安排谈话内容的自由度。教师可以从旁关注他们交流的内容，也可以同伴的身份加入谈话。自由、宽松的语言交流环境使幼儿通过交互传递语言信息体验交往情趣的同时，言语能力也获得发展。

3. 组织有利于幼儿言语发展的活动

幼儿无论学什么，都需要经过反复的实践练习，才能更好地理解掌握。因此，教师应经常组织朗诵会、故事会等，给幼儿创造练习口语表达能力的条件和机会。采取的方式可以是幼儿举手自愿朗诵、讲述，或是分小组进行，有时也可以用击鼓传花、事件骰子（见图 9-4）等形式让幼儿轮流朗诵和讲述，尽量使每个幼儿都得到练习和锻炼的机会。幼儿可以讲教师讲过的故事、唱教师唱过的儿歌，也可以讲父母、亲友教的故事。在这些活动中，幼儿学习了更多新的词语，学会用清楚、正确、完整、连贯的语言描述周围事物，表达自己的情感和愿望。

（三）成人良好的榜样示范

模仿是幼儿的天性，幼儿正处于言语学习的关键期，成人的言语对幼儿的言语学习影响非常大。幼儿的发音、遣词用句，甚至说话的神情、语调都酷似他们最亲近的人。成人良好的榜样示范作用，对幼儿的言语发展起着潜移默化的作用。因此，成人必须规范自己的言语，主动纠正错误，为幼儿提供积极、正面的影响。

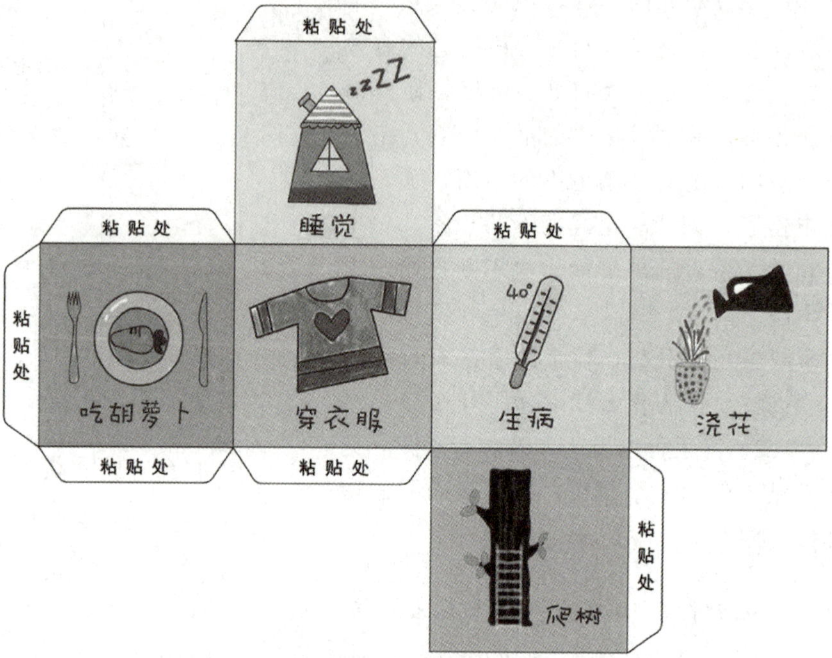

图 9-4　事件骰子

■ 三、早期阅读能力的培养

幼儿期是书面言语发展的准备期。在为幼儿的书面言语发展做准备时，应以培养读写兴趣为重点，对读写要求不要过于严格，多鼓励幼儿，提高他们学习的积极性，肯定他们的学习态度和成绩，这样才能提高幼儿的识字兴趣和识字能力水平。

教师和家长要共同协作，帮助幼儿做好阅读准备，培养幼儿的早期阅读能力。例如，在幼儿园设立专门的阅读角，摆放适宜的幼儿读物，组织幼儿分享读书收获，及时提醒和督促幼儿纠正不正确的阅读方式，帮助幼儿养成良好的阅读习惯。

对幼儿早期阅读能力的培养是一个系统而细致的过程，涉及多个方面和策略。以下是一些关键的措施和方法。

■ （一）创设丰富的阅读环境

□ 1. 开辟阅读角

在幼儿园或家庭中设置阅读角（见图 9-5），提供构图新颖、颜色鲜艳、趣味性强的图书，以吸引幼儿的注意力。

□ 2. 优化阅读氛围

确保阅读环境安静、明亮、优美，让幼儿在舒适的环境中享受阅读的乐趣。

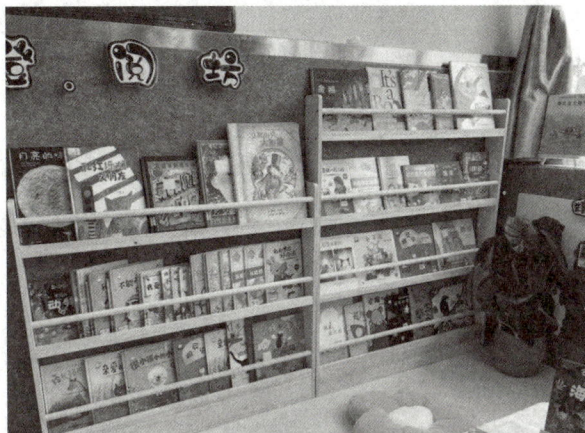

图 9-5　幼儿园阅读角

■ （二）保持良好的阅读心态

□ 1. 情感引导

幼儿对某一事物的情感往往受周围环境的影响，因此，教师和家长应给予幼儿积极的情感支持，鼓励他们大胆阅读。

□ 2. 层次化书籍选择

提供不同难度层次的书籍，以满足不同水平幼儿阅读的需要，避免阅读挫败感。

■ （三）激发阅读兴趣

□ 1. 选择适合幼儿的读物

根据幼儿的年龄和兴趣选择读物，如童话故事、科幻故事、动物童话等（见表 9-1）。

表 9-1　中国幼儿基础阅读书目[①]

年龄段	书名	作者（译者）	国别	出版社
0～3 岁 （10 本）	《中国童谣》	李光迪，金波（文），田原，胡永凯（图）	中	连环画出版社
	《点点点》	埃尔维·杜莱	法	二十一世纪出版社
	《可爱动物操》	方素珍（文），郝洛玟（图）	中	河北教育出版社
	《我爸爸》	安东尼·布朗	英	河北教育出版社

---

① 新阅读研究所研制，2014 年修订版。

续表

年龄段	书名	作者（译者）	国别	出版社
0～3岁 （10本）	《好饿的毛毛虫》	艾瑞·卡尔（著），郑明进（译）	美	明天出版社
	《鼠小弟的小背心》（"可爱的鼠小弟"系列，平装）	中江嘉男（文），上野纪子（图），赵静，文纪子（译）	日	南海出版公司
	《小玻在哪里》（"小玻翻翻书"系列）	艾力克·希尔（著），彭懿（译）	英	接力出版社
	《米菲住院》（"米菲绘本"系列）	迪克·布鲁纳（著），阿甲（审译）	荷兰	人民邮电出版社
	《喂～哎～》	和歌山静子（著），蒲蒲兰（译）	日	连环画出版社
	《我要拉粑粑》（"噼里啪啦"系列）	佐佐木洋子（编绘），张慧荣（译）	日	二十一世纪出版社
3～4岁 （10本）	《爱画画的诗》	林芳萍（著）	中	明天出版社
	《一园青菜成了精》	编自北方童谣，周翔（图）	中	明天出版社
	《你一半，我一半》（"儿童多元智能绘本"系列）	曹俊彦，陈木城（著）	中	五洲传播出版社
	《子儿，吐吐》	李瑾伦（著）	中	明天出版社
	《拔萝卜》	阿·托尔斯泰（编写），内田莉莎子（译写），佐藤忠良（图），朱自强（译）	日	新星出版社
	《逃家小兔》	玛格丽特·怀兹·布朗（文），克雷门·郝德（图），黄迺毓（译）	美	明天出版社
	《数数看》	安野光雅（著）	日	接力出版社
	《大卫，不可以》	大卫·香农（著），余治莹（译）	美	河北教育出版社
	《我就是喜欢我》（青蛙弗洛格系列）	马克斯·维尔修思（著）	荷兰	湖南少年儿童出版社
	《和甘伯伯去游河》	约翰·伯宁罕（著），林良（译）	英	河北教育出版社

续表

年龄段	书名	作者（译者）	国别	出版社
4～5岁 （10本）	《乡下动物园》（"中国绘"系列）	肖袤（文），梁培龙（图）	中	新世纪出版社
	《武松打虎》（"京剧猫"系列）	熊亮（文），熊亮，吴翟（图）	中	连环画出版社
	《吃黑夜的大象》（"中国原创图画书"系列）	白冰（著），李清月（图）	中	中国少年儿童出版社
	《妈妈，买绿豆》	曾阳晴（文），万华国（图）	中	明天出版社
	《神笔马良》	洪汛涛（文），张光宇（图）	中	湖南少年儿童出版社
	《雪人》	雷蒙·布力格（著）	英	明天出版社
	《你看起来好像很好吃》	宫西达也（著），杨文（译）	日	二十一世纪出版社
	《巴巴爸爸的马戏团》（"巴巴爸爸经典"系列）	安娜特·缇森，德鲁斯·泰勒（著），谢逢蓓 等（译）	法	接力出版社
	《眼》	奇米勒斯卡（著）；明书（译）	波兰	接力出版社
	《电视迷》（"贝贝熊系列"丛书）	斯坦·博丹，简·博丹（著），毛锐（译）	美	新疆青少年出版社
5～6岁 （10本）	《带不走的小蜗牛》（"小蜗牛自然图画书系"）	凌拂（文），黄崑谋（图）	中	海燕出版社
	《小巴掌童话》	张秋生（著）	中	浙江少年儿童出版社
	《大头儿子和小头爸爸》	郑春华（著）	中	南海出版公司
	《羽毛》	曹文轩（文），罗杰·米罗（图）	中	中国少年儿童出版社
	《进城》	林秀穗（文），廖健宏（图）	中	明天出版社
	《野兽国》	莫里斯·桑达克（著），宋珮（译）	美	贵州人民出版社
	《三只小猪的真实故事》	乔恩·谢斯卡（文），莱恩·史密斯（图），方素珍（译）	美	河北教育出版社

年龄段	书名	作者（译者）	国别	出版社
5～6 岁 （10 本）	《苏和的白马》	大塚勇三（改编），赤羽末吉（图），猿渡静子（译）	日	南海出版公司
	《田鼠阿佛》	李欧·李奥尼（著），阿甲（译）	美	南海出版公司
	《杰德爷爷的理发店》	米契尔（著），瑞森（绘），柯倩华（译）	美	河北教育出版社

2. 设计多样化的阅读形式

通过听录音、看动画片、角色扮演等方式，丰富阅读形式，提高幼儿的阅读兴趣。

（四）培养阅读习惯

1. 正确的阅读姿势

引导幼儿保持正确的坐姿，一页一页地翻书，不折书、不撕书。

2. 定期阅读

安排固定的阅读时间，让幼儿逐渐养成定期阅读的习惯。

3. 阅读后的交流

鼓励幼儿在阅读后与同伴或家长交流读后感，加深对阅读内容的理解。

（五）教授阅读技能和方法

1. 观察图画

引导幼儿观察图画中的细节，帮助他们理解故事内容。

2. 文字阅读

在幼儿对图画有了一定理解后，逐渐引导他们关注文字，认识常见的字和词。

3. 提问与讨论

在阅读过程中，通过提问和讨论的方式，引导幼儿深入思考和理解故事内容。

真题再现

一、单项选择题

1. 学前儿童语言最初是（　　）。（2018年上半年幼儿园教师资格证考试真题）

A. 对话式的　　　　　　　　　　B. 独自式的

C. 连贯式的　　　　　　　　　　D. 创造性的

2. 阳阳一边用积木搭火车，一边小声地说："我要快点搭，小动物们马上就来坐火车了。"这说明幼儿自言自语具有的作用是（　　）。（2019年上半年幼儿园教师资格证考试真题）

A. 情感表达　　　　　　　　　　B. 自我反思

C. 自我调节　　　　　　　　　　D. 交流信息

3. 幼儿园语言教育培养幼儿最主要的能力是（　　）。（2023年下半年幼儿园教师资格证考试真题）

A. 交往、合作和交流　　　　　　B. 表现、表达和创造

C. 阅读、想象和表演　　　　　　D. 倾听、理解和表达

4. 婴儿说的"妈妈抱""要牛奶""外面玩"等句式，一般被称为（　　）。（2023年上半年幼儿园教师资格证考试真题）

A. 单词句　　　　　　　　　　　B. 双词句

C. 简单句　　　　　　　　　　　D. 复合句

5. 一名从未见过飞机的幼儿，看到蓝天上飞过的一架飞机说："看，一只很大的鸟！"从幼儿语言发展的角度来看，这一现象反映的特点是（　　）。（2015年下半年幼儿园教师资格证考试真题）

A. 过渡规范化　　　　　　　　　B. 扩展不足

C. 过度泛化　　　　　　　　　　D. 电报式言语

6. 幼儿语言发展中最早产生的句型是（　　）。（2017年上半年幼儿园教师资格证考试真题）

A. 陈述句　　　　　　　　　　　B. 疑问句

C. 祈使句　　　　　　　　　　　D. 感叹句

二、简答题

1. 简述幼儿言语能力培养的方法。
2. 简述言语、语言的区别与联系。

三、材料分析题

白老师班上的小楷是农民的孩子，小楷担心自己说话有口音，不愿意开口说话，性格非常腼腆。白老师对小楷耐心细致，夸赞他说话的声音好听，逐步引导小楷说话。慢慢地，小楷愿意多说话了。白老师还找到小楷的家长，建议家长多鼓励小楷说话，

让小楷多和同龄人玩耍。小楷越来越愿意和他人交流，性格开朗多了。

问题：从教育观的角度，请你评价白老师的行为。

📕 岗位实训

任务一 观察幼儿在不同情境下的言语表现，了解其言语发展的特点、水平及存在的问题，为后续制订针对性的言语发展干预计划提供依据。

【观察目标】

【观察对象】

【观察记录】

【观察分析】

任务二 通过观察对幼儿注意发展水平进行评价，尝试运用本章知识进行分析，并记录在表上。

项目	内容
观察对象	
观察时间	
观察地点	
观察目标	
观察方式	
观察内容	
言语表达	
语言理解	
交流互动	
语言情境	
其他观察记录	
总结与分析	

📕 直通国赛

查阅相关文献，撰写一篇关于学前儿童言语发展阶段和特点的综述报告。

国赛视频 9

项目十　学前儿童情绪与情感的发展

📕 **学习目标**

知识目标：

1. 掌握情绪与情感的概念；

2. 理解情绪与情感的分类和功能。

能力目标：

1. 掌握情绪与情感的联系和区别；

2. 能在保教活动中正确处理学前儿童的情绪与情感问题。

素养目标：

1. 关注学前儿童情绪与情感的健康发展；

2. 萌发培养学前儿童健康情绪与情感的意识，愿意关注并培养学前儿童健康的情绪与情感。

📕 **思维导图**

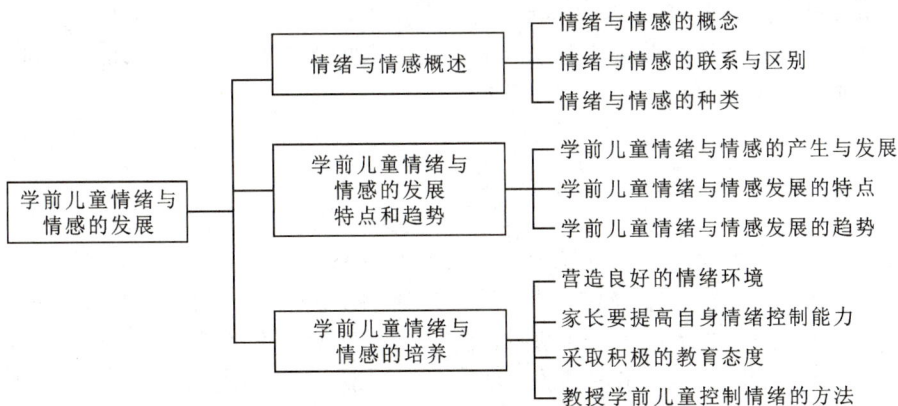

📕 **情境导入**

小班入园焦虑问题

每到小班开学，幼儿园里就会传出一阵阵哭声，这样的状况会持续一两个星期甚至更长。在幼儿园，小班幼儿面对入园不适应会有各种各样的表现……有的幼儿整天哭，有的幼儿抱着爸爸妈妈不让走，有的幼儿喜欢一个人待在角落，有的幼儿一直拿着一件自己喜欢的东西不放手，有的幼儿拒绝吃东西、睡觉等，还有的幼儿以跳脚、打滚等方式来表达不满。

想一想：幼儿为什么会有这些表现？面对幼儿的这些情绪问题，幼儿园教师可以采取哪些方式培养其健康的情绪？

任务一　情绪与情感概述

情绪是人与生俱来的心理现象。情绪往往直接引导着学前儿童的行为表现，良好的情绪触发他们积极的行为。因此，学前儿童的情绪与情感的发展对学前儿童的成长至关重要。

■ 一、情绪与情感的概念

情绪与情感是人对客观事物是否满足自身需要而产生的心理体验。当客观事物能够满足人的需要时，就产生积极肯定的态度体验，如满意、兴奋、喜悦、快乐、幸福等。如一个 5 岁的小女孩对妈妈说："妈妈，我今天穿了新裙子，我高兴得睡不着觉，我不想脱掉裙子。"新裙子满足了小女孩的需要，使她产生愉快、喜爱等积极的情绪与情感。当客观事物不能满足人的需要时，就会产生消极否定的态度体验，如失望、忧虑、愤怒、憎恨、恐惧等。如妈妈答应了带孩子去游乐园，但因为某些事情没有完成承诺，幼儿就会大哭大闹来表示不满。由于需求不同，面对同样的事物也会产生不同的情绪反应。如一个学前男童面对新衣服没有明显的积极情绪反应，而在得到一个玩具挖掘机时则会表现得非常开心、兴奋。

■ 二、情绪与情感的联系与区别

情绪与情感作为复杂的心理现象，二者相互联系，相互依存。一方面，情感离不开情绪，情感是情绪的本质内容。情感是在情绪的基础上形成的，通常也伴随着情绪的反应。另一方面，情绪也离不开情感，情绪是情感的外部表现。情绪的变化受情感支配，情感的深度决定着情绪表现的强度。总的来说，情绪是情感的基础和外部表现，情感是情绪的深化和本质内容，二者密不可分。

情绪与情感又存在一定的区别（见表 10-1）：

第一，产生早晚不同。情绪产生较早，情绪是人和动物所共有。情感产生较晚，具有社会性，只有人类具有。

第二，需要角度不同。情绪通常是指与生理需要相联系的心理状态，而情感是指与人的社会需要相联系的心理状态。例如，婴儿饥渴或身体不舒适时就会有哭的情绪体验，吃完奶会有笑的情绪表现。

第三，稳定程度不同。情绪具有情境性、激动性和暂时性，随情境改变而改变；情感则具有深刻性、稳定性和持久性。例如，孩子不好好吃饭将碗摔碎在地，这种行为可能引起母亲的愤怒，但母亲不会因为孩子的过错，就改变对孩子的情感。

第四，表现形式不同。情绪具有明显的外部表现，情感则比较内隐。情绪具有冲动性和外显性，如幼儿高兴时手舞足蹈，愤怒时暴跳如雷等。情感则比较内隐、含蓄，常以内心体验的形式存在，如父亲深沉的爱，深厚的爱国情感等。

表 10-1　情绪与情感的区别

项目	情绪	情感
产生角度	人和动物都有	人类独有
时间顺序	与生俱来	后天习得
需要角度	与生理需要相联系	与社会需要相联系
稳定性	不稳定	稳定
持久性	持续时间短	持续时间长
强度	强烈冲动	内隐、含蓄
表现形式	外部表现明显	内部体验多

■ 三、情绪与情感的种类

■ （一）情绪的种类

根据情绪产生的强度、持续时间和紧张程度，可以将情绪分为心境、激情和应激。

□ 1. 心境

心境是一种微弱、持久、带有弥散性的情绪状态。心境具有弥散性，它不是关于某一特定事物的特定体验，而是以同样的态度体验对待一切事物。所谓"忧者见之则忧，喜者见之则喜""人逢喜事精神爽"，说的就是心境。宋代贺铸在《鹧鸪天·重过阊门万事非》中写道，"重过阊门万事非。同来何事不同归。梧桐半死清霜后，头白鸳鸯失伴飞"，抒发了物是人非的感怀与忧伤，也是一种心境。

□ 2. 激情

激情是一种强烈的、爆发性强的、持续时间短暂的情绪状态。激情往往由对个人具有重大意义的事件引起，如至亲突然离世的极度悲伤、创业失败后的绝望、突然的危险带来的恐惧、获得重大成功后的狂喜等。激情分为积极和消极两种。积极的激情能改善人的认知、激发人的潜能，使人能克服重重困难完成任务。消极的激情会降低人的认知和自我控制能力，使人容易出现行为偏差，甚至给自己和他人带来不可逆的伤害。

在激情状态下，总是伴有剧烈的内部器官活动的变化和明显的外部表现。例如，愤怒时，全身战栗，紧握拳头，牙关紧咬；恐惧时，毛骨悚然，面色如土，心跳加快；狂喜时，手舞足蹈，欢呼跳跃；绝望时，瞠目结舌，呆若木鸡等。著名讽刺小说《儒林外史》中，当范进得知自己终于中举之后，表现出的狂喜之情，就是激情。

□ **3. 应激**

应激是由于外界出现突发或紧急情况而产生的高度紧张的情绪状态，是危急时刻的适应性反应。例如，遇到火灾、地震、车祸等负面事件时，心理会高度紧张，并伴随相应的生理反应，这样才能调动身心各种潜力，以应付危险紧急局面。例如，开车时前方突然有幼儿冲过来，司机采取紧急刹车；旅途中突然遭到歹徒的抢劫；日常生活中突然遇到火灾、地震等。这些突发事件常常使人们在心理上高度警醒和紧张，并产生相应的反应，这都是应激的表现。

应激的生理反应大致相同，但外部表现可能有很大差异。应激状态下有两种表现：一种表现是使人的潜能立即调动起来，保持旺盛的精力，思维特别清楚，沉着冷静，急中生智，全力以赴地去排除危险，克服困难；另一种表现是使人的活动处于抑制状态，手足无措，一筹莫展，甚至加剧事态的严重性。一般的应激状态能激发有机体的特殊防御能力，但长期处于应激状态，会对身体健康造成严重伤害。

■ **（二）情感的分类**

情感是与人的社会性需要相联系的主观体验，是人类所特有的心理现象之一。根据情感的社会性内容，可以将其分为道德感、理智感和美感（表10-2）。

表 10-2　情感的分类

情感的类型	内涵	特性	例子
道德感	根据一定的社会道德标准去评价自己和别人的思想、意图和行为时产生的情感体验	根据表现分为直觉的道德感、伦理的道德感、想象的道德感	幼儿看到其他小朋友不遵守游戏规则时产生的情感
理智感	人在智力活动过程中，对认识活动成就进行评价时产生的情感体验	一般与好奇心、探索欲和求知欲相联系	幼儿在第一次看到动物园里的熊猫时表现出强烈的新奇感
美感	根据一定的审美标准对自然或社会现象及其在艺术上的表现予以评价时产生的情感体验	可分为自然美；生活美；社会美；艺术美	幼儿看到美丽的自然风光产生的情感

□ 1. 道德感

道德感是人类特有的一种高级社会性情感，是人们根据一定的社会道德标准评价自己和他人的思想和言行时所产生的一种情感体验。当言行符合社会道德标准时，会感受到道德上的满足，产生积极的情感体验，如自尊、自重、爱国主义、责任感、自豪感、正义感；反之，则会产生消极的情感体验，如羞愧、憎恨、厌恶、仇恨感等。道德标准往往会随着时代的变化而发生改变。在同一时代，道德标准也会受到地域、文化、政策、宗教等的影响。显然，这种情感体验具有明显的自觉性，是品德结构的一个重要成分，它能对个体的行为产生调控和监督作用，可以促使人们致力于有益的活动，做出高尚的举动，制止不良行为。

□ 2. 理智感

理智感是人类所特有的情绪体验，是人在进行智力活动过程中所产生的情感体验。理智感主要体现在人们在探索未知世界时所表现出的求知欲、好奇心、质疑感、追求真理的强烈欲望等。例如，幼儿在看到动物园里的大象时表现出强烈的新奇感，这就是理智感的体现。理智感产生于个体认识活动，又进一步推动学习活动和探索活动的深入发展。理智感的表现形式有：对未知事物的好奇心、探索欲和求知欲；在解决问题过程中表现出的批判、笃定，以及问题解决时的喜悦；对谬误与迷信的鄙视和憎恶感等。

□ 3. 美感

美感是依据一定的审美标准评价客观事物时产生的情感体验。美感是主客观的对立统一，个体的美感既反映事物的客观性，又受个体的价值观念和情感体验的影响，根据作用的对象，可将美感分为自然美、生活美、社会美、艺术美。在客观世界中，凡是符合我们的审美标准的事物都能引起美的体验。祖国大好河山、名胜古迹体现了自然美；幼儿教师得体的妆容、优雅的言行举止体现了生活美；道德模范、英雄人物体现了社会美；名书、字画、音乐、绘画体现了艺术美。人在感受美的时候通常会产生一种愉快的体验。因此，美感体验也能成为良好行为的推动力。

任务二　学前儿童情绪与情感的发展特点和趋势

■ 一、学前儿童情绪与情感的产生与发展

■ （一）原始的情绪反应

新生儿一出生就会有情绪方面的表现，如哭、安静、四肢划动等，这些都是原始的情绪反应。新生儿的原始情绪反应一般具有以下两个特点：第一，原始情绪反应是

与生俱来的，是个体本能的反应。第二，原始情绪反应与生理需要是否得到满足直接相关。身体内部或外部不舒适的刺激，如饥饿或尿布潮湿等，会引起哭闹等不愉快情绪。换上干净尿布之后，会停止哭闹，情绪也变得愉快起来。

■（二）情绪的逐步分化

加拿大心理学家布里奇斯认为，新生儿的情绪只是一种弥散性的兴奋或激动，是一种杂乱无章的未分化的反应。3个月后，婴儿的情绪分化出快乐和痛苦；6个月后，婴儿的情绪分化出愤怒、厌恶和恐惧；12个月后，快乐分化为高兴和喜爱；18个月后，情绪分化出喜悦和嫉妒。

0～3岁是婴幼儿情绪、情感产生与快速发展的阶段。婴儿用"啼哭"和"微笑"两种方式表达愤怒、悲伤、恐惧、厌恶与快乐、好奇、害羞等基本情绪。啼哭是个体的第一种情绪表达，是传递需求信息的一种交流手段。婴儿的啼哭是由于饥饿、疼痛等生理需求引起的，具有吸引成人关注的作用。随着年龄的增加，心理需求也会引发婴儿的啼哭。微笑是个体的第二种情绪表达。微笑是新生儿在出生一两天后就会有的反应，但这种笑的反应只具有生物学的意义，属于自发性微笑。婴儿的微笑从生物学意义转化为社会性意义，需要经历一定的发展过程。

■（三）早期情感的产生与发展

首先，婴儿期的社会性发展最主要表现在依恋的形成。婴儿在6个月左右与抚养者之间逐渐形成了"亲子依恋"的情感纽带关系，并逐步产生了"焦虑"的情绪，例如，不愿意与父母分床睡，上小班时哭闹着不让父母离开幼儿园。

其次，在理智情感方面，新生儿的探究反射是幼儿早期的重要特点。新生儿刚来到世界便有了探究反射，这种探究反射被认为是一种最初的好奇心表现。随着幼儿年龄的增长，探究反射向好奇心、求知欲方向转变。因而，对于幼儿理智情感的培养，主要是满足其好奇心，如与幼儿一起玩"躲猫猫"的游戏，当幼儿的好奇心得以满足时，他会十分开心，甚至手舞足蹈。

最后，3岁左右的幼儿的同情感、责任感和道德感已经开始萌芽。随着年龄的增长，3岁左右的幼儿初步具有比较复杂多样的社会化情感。例如，受到称赞时表现出开心、满意，受到责备时表现出烦恼、羞耻、惧怕，愿意把想玩的玩具让给其他同伴玩。

■ 二、学前儿童情绪与情感发展的特点

■（一）基本情绪发展的特点

□ 1. 哭

哭是不愉快的情绪表现（见图10-1）。哭最初是生理性的，以后逐渐带有社会性。随着年龄的增长，幼儿的啼哭会减少，但诱因会有所增加。

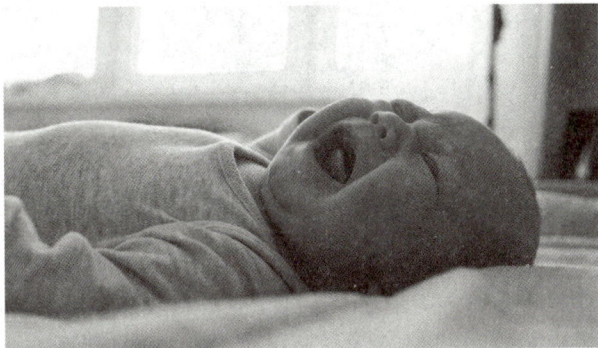

图 10-1　婴儿的情绪表现：哭

2. 笑

笑是愉快情绪的表现（见图 10-2），笑比哭产生得晚。笑主要有以下几种类型。

第一，自发性的笑。婴儿最初的笑是自发性的，或称内源性的笑，是一种生理表现，而不是交往的表情手段。自发性的笑主要产生在婴儿的睡眠中和困倦时。自发性的笑在婴儿 3 个月后会逐渐减少。

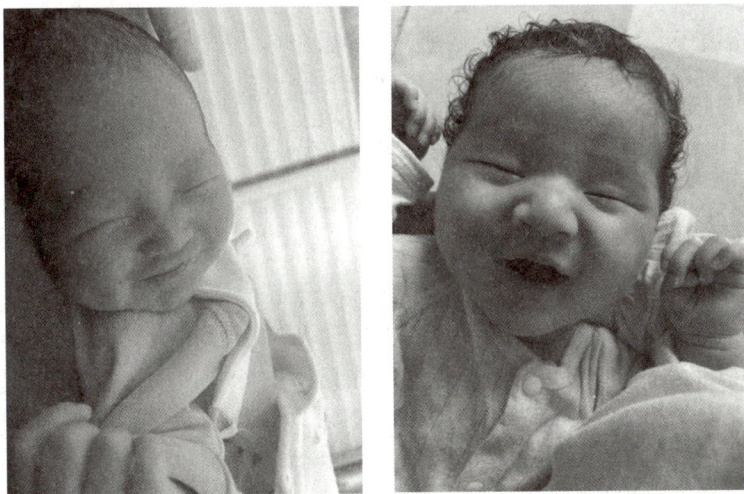

图 10-2　婴儿的情绪表现：笑

第二，诱发性的笑。诱发性的笑和自发性的笑不同，它是由外界刺激引起的。它可以分为反射性的和社会性的两大类。

（1）反射性的诱发笑。婴儿最初的诱发性的笑常常产生于睡眠时间。例如，当婴儿睡着时，温柔地碰碰婴儿的脸颊，或者是抚摸婴儿的肚子，都可能使其出现微笑。新生儿在第三周时，开始出现清醒时间的诱发笑。这些诱发性的笑都是反射性的，而不是社会性的。

（2）社会性的诱发笑。从第五周开始，婴儿对社会性物体和非社会性物体的反应不同。婴儿看见人脸、听见人声开始出现社会性微笑。4 个月左右，婴儿开始出现有差别的微笑。婴儿喜欢对亲近的人笑，对熟悉的人脸比对不熟悉的人脸笑得更多。

3. 恐惧

恐惧是一种有害的、具有压抑作用的情绪。婴儿的恐惧随着年龄的增长与经验的丰富而有所变化，主要经历了以下几个阶段。

（1）本能的恐惧。恐惧是婴儿出生就有的情绪反应，甚至可以说是本能的反应。最初的恐惧不是由视觉刺激引起的，而是由听觉、肤觉、肌体觉刺激引起的，如刺耳的噪声等。

（2）与知觉和经验相联系的恐惧。4个月左右，婴儿开始出现与知觉和经验相联系的恐惧，引起过不愉快经验的刺激会激起恐惧情绪。从这个时候开始，婴儿视觉对恐惧的产生逐渐起主要作用，如高处恐惧。

（3）怕生。怕生是对陌生刺激物的恐惧反应，与依恋情绪同时产生。伴随婴儿对母亲依恋的形成，怕生情绪也逐渐明显、强烈。

（4）预测性的恐惧。随着想象的发展，2岁左右的幼儿出现了预测性恐惧，如怕黑、怕坏人等。这些都是和想象相联系的恐惧情绪，往往是由环境的不良影响而形成的。

4. 愤怒

愤怒是指由于某种需要不能满足所产生的情绪，表现出哭闹、滥发脾气、骂人、顿足、打滚等动作。从婴儿期开始，愤怒情绪开始出现。

（二）学前儿童高级社会情感发展的特点

1. 道德感的发展

道德感是因自己或他人的言行举止是否符合道德标准而引起的情感体验。幼儿3岁前只有某些道德感的萌芽。例如，2岁的幼儿知道评价自己是不是好孩子、乖孩子。小班幼儿的道德感主要指向个别行为，并且往往是由成人的评价而引起的。例如，小班幼儿知道咬人、打人的行为是不对的。中班幼儿比较明显地掌握了一些概括化的道德标准，不仅关心自己的行为是否符合道德标准，而且也关心他人的行为，会对他人的行为做出评价，出现告状行为。大班幼儿的道德感进一步发展，幼儿有了好与坏的区分。例如，看《白雪公主》时，会对恶毒的皇后表示厌恶、对白雪公主表示同情等。同时，幼儿的羞耻感和内疚感也开始发展了。例如，不小心把水杯打碎了，碰到了其他小朋友等，幼儿会马上道歉。

2. 理智感的发展

理智感是在认识客观事物过程中所产生的情感体验。幼儿的理智感表现在对学习的兴趣，对事物的好奇和强烈的求知欲上，并从中体会到获得知识的快乐。

3～4岁幼儿在成人的指导下，用积木搭建成一个简单的图形就会开心地手舞足蹈；5～6岁幼儿会长时间地专注于一些创造性活动，如搭建更加复杂的积木图形；6岁以后的幼儿则更加喜欢益智类的游戏，如棋类、猜谜语、拼图等（见图10-3）。

处于理智感发展阶段的幼儿常常会有两种特殊的表现形式：

（1）好奇好问。幼儿特别喜欢问成人"为什么"，认识事物的强烈兴趣不仅使他们获得更多的知识，也进一步推动了他们理智感的发展。

（2）与动作相联系的"破坏行为"。例如，刚买的玩具，没过几天就会"七零八落"，幼儿还会很无辜地说，"我只是想看看里面是什么样子的"。

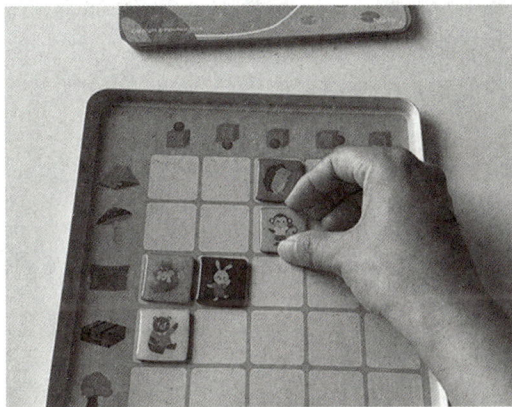

图 10-3　幼儿的探索活动

□ 3. 美感的发展

美感是人根据一定的美的标准而产生的对事物审美的体验。幼儿对色彩鲜艳的艺术作品容易产生美感。在正确的教育引导下，中期的幼儿能够从音乐、绘画等艺术作品中，从自己参与的美术活动、舞蹈、唱歌、朗读等艺术表现中感受到美感，并能体验到自然景色的美。

■ 三、学前儿童情绪与情感发展的趋势

■ （一）社会化

幼儿最初出现的情绪是与生理需要相联系的，随着年龄的增长，情绪逐渐与社会性需要相联系。社会化成为幼儿情绪与情感发展的一个主要趋势。

□ 1. 情绪中社会性交往成分不断增加

幼儿的情绪活动中，涉及社会性交往的内容，随着年龄的增长而增加。例如，从1.5～3 岁，幼儿非社会性微笑的比例下降，社会性微笑的比例则不断增长。

□ 2. 引起情绪反应的社会性动因不断增加

引起幼儿情绪反应的原因，称为情绪动因。在 3 岁前幼儿情绪动因中，生理需要是否满足是其主要动因。3～4 岁幼儿情绪的动因处于从主要为满足生理需要向主要为满足社会性需要的过渡阶段。在中大班幼儿中，社会性需要的作用越来越大。

3. 表情逐渐社会化

表情是情绪的外部表现。幼儿表情社会化的发展主要包括两个方面：一是理解（辨别）面部表情的能力，二是运用社会化表情手段的能力。1岁的幼儿已经具有理解（辨别）面部表情的能力。例如，对幼儿微笑，他会笑，如果紧接着立即对幼儿做出严厉的表情，他会哭起来。随着年龄的增长，幼儿解释面部表情和运用表情手段的能力都有所增长。幼儿从2岁开始已经能够用表情手段去影响他人，并学会在不同场合中用不同的方式表达同样的情感。小班的幼儿已能辨别他人的表情，大约从中班开始，就能识别愤怒的表情。

（二）丰富化和深刻化

从情绪与情感所指向的事物来看，其发展趋势越来越丰富和深刻。

1. 情绪与情感不断丰富

（1）情绪体验不断分化。刚出生的婴儿只有几种少数的情绪，随着年龄的增长，情绪不断分化、增加。

（2）引起情感体验的动因不断增多。随着年龄的增长，先前有些不引起幼儿情感体验的事物，引起了情感体验。例如，2～3岁的幼儿不太在意小朋友是否和他一起玩，而3～6岁的幼儿对于小朋友的孤立、不和自己玩会感到非常伤心。

2. 情绪与情感的深刻化

情绪的深刻化表现为情绪从指向事物的表面现象转化为指向事物的内在特征。例如，幼儿对父母的依恋，主要是由于父母满足他的基本生活需要；而随着年龄的增长，他们对父母的依恋包含了他们对父母的爱和尊重。

📕 案例呈现

吃不完饭就哭的幼儿

幼儿吃午饭时，我隐约听到有抽泣声。于是我仔细打量每个幼儿，发现是童童在小声哭泣，我看到她的眼泪一大颗一大颗地落在碗里，心里很担心，我马上过去问她："你为什么哭了？可以告诉老师，我可以帮你。"我耐心地询问她很久，她才稍微缓了一下情绪说："我吃不完，我怕老师批评我，不给我小花花。"我轻声说："你慢慢吃，别着急，实在是吃不完老师也不会批评你的，我们还可以从其他方面得到小花花呀！"童童自己纠结了一会边哭边说："好。"后来她还是把碗里的饭菜吃完了。

想一想：该案例给了你什么启示？

■ （三）稳定化

□ 1. 情绪的冲动性逐渐减少

情绪的易冲动性在幼儿初期表现得特别明显，表现为幼儿常常处于激动状态，而且来势强烈，不能自制，往往全身心都受到不可遏制的威力所支配。年龄越小，这种冲动越明显。例如，小班幼儿想要一个玩具而得不到，就会大哭大闹，短时间内不能平静下来。即使这时成人要求"不要哭"，也无济于事。

随着大脑的发育以及情绪与情感的发展，幼儿情绪的冲动性逐渐减少，对自己情绪的控制从被动发展为主动。成人不断地教育和要求，都有利于幼儿逐渐形成控制自己情绪的能力。

□ 2. 情绪的稳定性逐渐提高

幼儿初期，幼儿的情绪是非常不稳定的，容易变化，表现为两种对立的情绪（如喜与怒、哀与乐）在短时间内互相转换。例如，当幼儿由于得不到喜爱的玩具而哭泣时，成人递给他一块糖，他就会立刻笑起来。

到了幼儿晚期，幼儿的情绪比较稳定，受情境支配和易受感染的情况逐渐减少。幼儿的情绪较少受一般人感染，但仍然容易受到家长、教师和其他亲近的人情绪的感染。

□ 3. 情绪从外露到内隐

婴儿不能意识到自己情绪的外部表现，其情绪完全表露在外，丝毫不加控制和掩饰。例如，婴儿想哭就哭，想笑就笑。到了2岁左右，幼儿从日常生活中，逐渐了解了一些初步的行为规范，知道了有些行为是要加以克制的。例如，幼儿摔倒会引起本能的哭泣，但刚一哭，他马上就对自己说："我不哭！我不哭！"到了幼儿晚期，幼儿能够调节自己的情绪表现，能做到不愉快时不哭，或者在伤心时不哭出声音来。例如，6岁左右的幼儿在打针时可以不哭。

任务三 学前儿童情绪与情感的培养

■ 一、营造良好的情绪环境

幼儿的情绪容易受周围环境气氛的感染，他人的情绪因素会使他们在无意中受到影响。

■ （一）保持和谐的气氛

现代社会的急剧变化和竞争的加剧，使人容易处于紧张和焦虑之中，这对幼儿的发展非常不利。幼儿情绪的发展主要依靠周围情绪气氛的熏陶。幼儿情绪具有很强的感染性，因此，在幼儿园中应注意保持和谐的气氛，创造一个有利于情绪放松的环境。家长在家庭中要有意识地保持良好的情绪氛围，营造一个有利于情绪放松的环境。

■ （二）建立良好的亲子关系和师生关系

幼儿园的师生关系，主要依靠教师有意识地培养。幼儿需要得到教师较多的注意、具体接触和关爱。比如，幼儿园入园与离园时，教师可以拥抱一下幼儿，摸摸头发，发起一些亲密的肢体动作，与幼儿建立良性的互动。《儿童权利公约》中指出：幸福、亲爱和谅解的家庭气氛能够帮助幼儿充分且和谐地发展个性。于家庭而言，正确对待幼儿的依恋，对幼儿的情绪发展有重要的意义。比如，家长在每天工作之余腾出一些时间参加亲子活动，两种最好的亲子活动是一起读书和一起游戏。就算工作很忙，也要尽可能地留出时间给幼儿，与幼儿一起谈谈当天发生的事情，了解彼此的生活。比如，和幼儿一起玩游戏，这既有利于良好亲子关系的建立，也有利于使自己疲惫的心得到放松。幼儿都特别喜欢听故事，家长可以睡前陪幼儿读绘本故事，以此来增进亲子间的情感。

■ 二、家长要提高自身情绪控制能力

在家庭教育中，家长的情绪管理能力影响着亲子之间的关系，家长要避免喜怒无常，不溺爱，也不吝惜爱。家长情绪不稳定，缺乏情绪控制能力，如在生气时对幼儿大吼大叫，这可能导致亲子关系紧张，甚至激化亲子矛盾，进而使家庭教育陷入困境。因此，家长应强化自身的情绪管理意识。在面对幼儿情绪问题时，家长要察觉自身情绪。家长无法感知到自身情绪，便难以适时反思和调整自身情绪与言行，从而容易陷入负面情绪的漩涡，对自身及幼儿产生不良影响。此外，家长在觉察到自身情绪后，要接纳自己的情绪，情绪没有好坏或对错之分，只有正负之别。当出现负面情绪时，家长应坦然地接纳它，并寻找合理的方式释放。总之，成人要给幼儿以愉快、稳定的情绪示范。

■ 三、采取积极的教育态度

■ （一）肯定为主，多鼓励

一些父母常常对幼儿说"你不行""你太笨""没出息"，等等。经常处于这些负

面影响下的幼儿会情绪消极，没有活动热情。要以肯定为主，多鼓励幼儿。例如：小刚平时画画并不太好，当他在幼儿园画的画第一次获奖并把奖品拿回家时，妈妈高兴地说："太好了，我知道你能行，你画的大红花多漂亮啊！"从此，小刚画得越来越好。

■ （二）耐心倾听幼儿说话

幼儿总是愿意把自己的见闻向成人诉说。可是成人往往由于自己太忙，没有时间听幼儿说话。有时成人认为幼儿说得太幼稚可笑，不屑一听，这些都会使幼儿感到孤单，进而情绪不佳。有时幼儿会因此出现逆反心理，故意做出错误行为，以引起成人的注意。所以家长和教师要耐心倾听幼儿说话。

■ （三）正确运用暗示和强化

幼儿的情绪在很大程度上受成人暗示的影响。比如，有位家长在外人面前总是对自己的孩子加以肯定，说："他很勇敢，打针从来不哭。"这个幼儿很容易在这种暗示下控制自己的情绪。

■ 四、教授学前儿童控制情绪的方法

幼儿不会控制自己的情绪，成人可以用各种方法帮助他们控制情绪。

■ （一）注意力转移法

根据幼儿注意力的发展特点和情绪特点，可以采取转移注意力的方法帮助幼儿控制情绪。2～3岁幼儿在商店柜台前哭着要买玩具，大人常常用转移注意的方法，说"等一会儿，我给你找一个好玩的"，幼儿就会跟着走了。可是有时此法并不奏效，往往是由于大人只是为了哄幼儿，回家后忘记了自己的许诺，以后幼儿就不再"受骗"了。对4岁以后的幼儿，当他处于情绪困扰之中时，可以用精神的而非物质的注意力转移方法。例如，在医院打针时，幼儿哭闹不打针，这时家长可以先陪着幼儿做一会儿游戏，给他买他爱吃的零食，不要让幼儿的注意力集中在引发情绪的事件上。幼儿哭时，对他说："看，这里这么多的泪水，我们正缺水呢，快来接住吧。"这时爸爸真的拿来一个杯子，幼儿就破涕为笑了。

■ （二）冷却法

幼儿情绪十分激动时，可以采取暂时置之不理的办法，幼儿自己会慢慢地停止哭喊。所谓"没有观众看戏，演员也没劲儿了"。当幼儿处于激动状态时，成人切忌激动起来。当幼儿大吵大闹时，成人也对幼儿大声喊叫，"你再哭，我打你"或"你哭什么，不准哭，赶快闭上嘴"，这样做会使幼儿情绪更加激动，无异于火上浇油。

（三）消退法

对幼儿的消极情绪可以采用条件反射消退法。自己根据幼儿的情况，把握消退的步骤和程度，要以幼儿能够接受的方式逐步消退，避免在消退过程中产生更多的负面情绪。例如，幼儿上床睡觉要母亲陪伴，否则哭闹。母亲只好每晚陪伴，有时长达一个小时。后来父母商量好，采用消退法，对他的哭闹不予理睬，幼儿第一天晚上哭了整整 50 分钟，哭累了也就睡着了；第二天只哭了 15 分钟；以后哭闹时间逐渐减少，最后不哭也安然入睡了。

（四）合理宣泄法

当幼儿积累了一些负面情绪时，要学会采用一些合理的方法来宣泄情绪。首先是哭、喊、吼叫。家长、教师不能在幼儿哭时强行压制，更不能辱骂威胁，这样会给幼儿增加更大的情绪负担，要允许幼儿合理地发泄自身的负面情绪。其次，当出现负面情绪时，幼儿可以向家长、教师寻求安慰，倾诉自己内心的想法和需要。也可以向最信得过的朋友倾诉，一吐为快。把心中的不快、郁闷、愤怒、困惑等消极情绪，一股脑儿倒出来，会使人感到心理上轻松起来。再次，幼儿也可以适当地借物发泄，如摔打自己的玩具、被子等不会造成破坏影响的物品。最后，可以通过音乐、运动、舞蹈、游戏等其他方式来宣泄情绪。总而言之，要帮助幼儿掌握积极健康的宣泄方法。

真题再现

一、单项选择题

1. 儿童认为规则是由有权威的人决定的，不可以经过集体协商改变，这说明儿童的道德认知出于（   ）。（2021 年下半年幼儿园教师资格证考试真题）

   A. 习俗阶段　　　　　　　　　　B. 他律道德阶段

   C. 前道德阶段　　　　　　　　　D. 自律道德阶段

2. 小军打针时对自己说："我不怕！我不哭！我是男子汉！"这表现出他初步具备（   ）。（2013 年上半年幼儿园教师资格证考试真题）

   A. 情绪理解能力　　　　　　　　B. 情感表达能力

   C. 情绪识别能力　　　　　　　　D. 情绪自我调节能力

3. 一般来说，在儿童出生后的两年中，不容易观察到的情绪表现是（   ）。（2013 年下半年幼儿园教师资格证考试真题）

   A. 惊喜　　　　　　　　　　　　B. 害羞

   C. 内疚　　　　　　　　　　　　D. 焦虑

4. 幼儿在受到过度表扬，或被要求在陌生人面前表演时，会明显感到不好意思，这反映了幼儿（   ）。（2024 年上半年幼儿园教师资格证考试真题）

   A. 自我意识的发展　　　　　　　B. 自我控制的发展

   C. 积极情绪体验的发展　　　　　D. 合作行为的发展

5. 新入园时，如果班里有个幼儿哭了，其他幼儿也会跟着哭。这是（　　）。（2021年下半年幼儿园教师资格证考试真题）

A. 情绪的动机作用 　　　　　B. 情绪的信号作用

C. 情绪的组织作用 　　　　　D. 情绪的感染作用

二、简答题

1. 幼儿调节负面情绪的策略有哪些？

2. 作为幼儿教师，如何在保教活动中营造良好的心理氛围？

三、材料分析题

3岁的阳阳，从小跟奶奶生活在一起。刚上幼儿园时，奶奶每次送他到幼儿园准备离开时他总是又哭又闹。当奶奶的身影消失后，阳阳很快就平静下来，并能与小朋友们高兴地玩。由于担心，奶奶每次走后又折返回来，阳阳再次看到奶奶时，又立刻抓住奶奶的手，哭泣起来……（2016年上半年幼儿园教师资格证考试真题）

问题：1. 阳阳的行为反映了幼儿情绪的哪些特点？

　　　2. 阳阳奶奶的担心是否必要？教师该如何引导？

📕 岗位实训

任务一　通过观察法对幼儿情绪与情感发展水平进行评价，并做好观察记录。

【观察目标】了解、分析情绪与情感的表现。

【观察对象】小班幼儿怡怡。

【观察记录】具体内容如下表所示。

小班幼儿情绪问题观察记录表

观察对象	怡怡	年龄段/班		小班
观察时间	2025年4月22日			
观察背景	一个熟悉的身影偷偷地躲在教室门外，偷偷地抹眼泪不进教室，原来是怡怡呀，怡怡为什么又哭了呢？			
观察过程分析与措施	过程： 情景一：今天怡怡爸爸早早地送怡怡来幼儿园，像往常一样晨检完怡怡就自己走回教室。但是当我晨检前往教室走的时候，就看见一个熟悉的身影躲在教室的门口后面。我走近一看，原来是怡怡，我问她："怡怡，你怎么在门口站着呀？发生了什么事情？你能跟我说吗？"她捂住哭泣的眼睛，低头不说一句话。 情景二：区域时间开始了，怡怡选择的是美工区，这次美工区做的是糖果，老师要求小朋友自己剪纸和包糖果。一开始怡怡兴致勃勃，充满信心，可是没一会儿就听到一阵哭声，循声望去，原来是怡怡在哭。旁边的陈丰可急忙帮她解释："她不会剪纸就哭了。"老师问道："是不会剪吗？"她抹抹眼泪，点了点头。我耐心地指导她如何正确地拿剪刀，旁边的陈丰可也热心肠地帮忙引导她慢慢剪。			

【观察分析】怡怡为什么爱哭？有何应对策略？

任务二　设计一个能促进幼儿情绪与情感发展的活动。

直通国赛

观看国赛视频，运用观察法分析幼儿情绪与情感的特点。

国赛视频 10

项目十一　学前儿童意志的发展

📕 思维导图

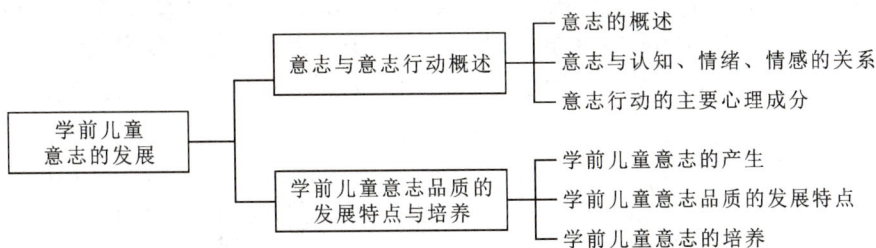

📕 情境导入

棉花糖实验

斯坦福大学的沃尔特·米歇尔博士（Walter Mischel）曾做过一个经典的延迟满足实验，因其所用实验材料是棉花糖，故也称其为棉花糖实验。在实验中，研究者给每个儿童分发了一颗棉花糖，然后告知："如果马上吃，只能吃一颗；若等我回来再吃，就能吃到两颗。"结果有的儿童急不可待地吃掉了糖，而另一些儿童则等到了两颗棉花糖。之后的追踪研究表明，那些获得两颗棉花糖的儿童长大后表现出更强的适应性、自信心和独立自主精神，学业和事业更成功；而那些不能够延迟满足的儿童则往往屈服于压力而逃避挑战。

任务一　意志与意志行动概述

■ 一、意志的概述

■ （一）意志的概念

意志是指人自觉地确定目标，并根据目标调节支配自身的行动，克服困难，从而实现预定目标的心理过程。它是人类意识能动性的集中体现，能使人在面对各种复杂情况和挑战时，保持专注和决心，主动地去追求自己想要达成的结果，而不是被动地受环境或本能的驱使，是个体完成各种任务、实现个人成长和发展的重要心理因素。

■ （二）意志行动的特征

意志作为一种内在的心理过程，是个体在面对各种情境时，决定是否采取行动、如何坚持行动以及怎样克服困难的心理驱动力。而意志行动则是意志的外在具体表现形式，意志通过意志行动得以彰显。例如，当一个人内心坚定了要早起锻炼的意志，他便会在每天清晨克服赖床的惰性，起身前往户外进行锻炼，这一早起锻炼的行为就是意志行动，直观地展现了其内心的意志。

同时，意志行动对意志具有反作用，能够进一步强化意志。当个体成功地完成一次意志行动，比如坚持节食与运动一段时间后成功减重，这种成功的体验会增强个体的自信心与自我效能感，使得个体在面对新的挑战和目标时，意志更加坚定，更有决心去克服困难，实现新的目标。如此，意志与意志行动相互影响、相互促进，共同塑造个体的行为与心理品质。

意志行动具备以下三个特征：

□ 1. 有明确的目的

意志行动的目的性首先体现在自觉性上，个体在行动前能自觉地确定目标，并清楚地意识到自己行为的目的和意义。例如，学生自觉地制订学习计划，明确为了提高成绩、获取知识而努力学习，这就是意志行动自觉性的表现。学生不是盲目地进行学习活动，而是在明确的目标指引下有计划地安排学习。

明确的目的能够引导和调节个体的行为。在实现目标的过程中，个体会根据目的的要求，选择合适的行动方式和方法，同时抑制与目的不符的行为。比如，运动员为了获得比赛冠军，会在训练中严格按照教练的指导，进行有针对性的训练，控制饮食和作息时间，避免一切不利于比赛的行为。

□ 2. 与克服困难相联系

意志对行为的调解和支配并不总是轻而易举的，常会遇到各种外部的或内部的困难，行动若不与困难相联系，就不是意志行动，平时轻而易举能够完成的事情，如散步、用手擦汗，就不是意志行动。意志行动突出的特征就是努力克服困难。

这里的困难包括外部困难和内部困难。外部困难主要由自然条件因素和社会环境因素造成，如气候、自然地理、生物环境等不利的自然条件因素，缺乏必要的工作条件、人为的障碍、政治经济方面的制约等社会环境因素。内部困难主要是人本身身体上和心理上的原因造成的不利因素，如身体上的痛苦、疾病，消极悲观的情绪，懒惰的习惯，知识经验不足等。

例如，我国明代著名地理学家徐霞客，为了考察我国的山川地貌，不辞辛苦，长年跋涉于险峰恶水之间，披星戴月，风餐露宿，克服了种种外部困难。一次，他在攀登黄山时，山路陡峭，积雪深厚。途中绳索断裂，他险些坠落悬崖，但稍做镇定后，继续寻找上山路径。攀登天都峰时，峰壁陡峭如削，他手脚并用，在近乎垂直的山壁上艰难攀爬，累到几近虚脱仍咬牙坚持。湘江遇盗，财物尽失，同行者皆劝返，他却坚定表示："我带着一把锄头就可走遍天下，怎能因这点挫折放弃？"徐霞客一生三十余年游历四方，风餐露宿，屡陷绝境，始终凭借强大意志力，完成地理巨著《徐霞客游记》，为后世留下了宝贵财富。

□ 3. 以随意运动为基础

人的行动是由动作组成的，动作分为不随意动作和随意动作。不随意动作是没有预定目的，不经努力，自然而然的活动，如眨眼、呼吸等都属于不随意动作。随意动作是有预定目的，受到意识调节和支配的动作，是意志行动的必要组成部分，如吃饭、写字等。但随意动作不等同于意志行动，如吃饭是随意动作，但吃饭不能表现人的意志，只有当吃饭过程受到了阻碍，通过克服困难，才能转化为意志行动。

📕 案例呈现

三岁半的天天在玩游戏时，常常是看到别人玩什么就跟着玩什么，一会儿玩娃娃家，一会儿当医生给人看病，一会儿搭积木，一会儿开火车。为什么天天总是三心二意，看别人玩什么就跟着玩什么，而且玩什么都不能持久呢？这说明了幼儿的意志有什么样的特点呢？

■ 二、意志与认知、情绪、情感的关系

■ （一）意志与认知的关系

□ 1. 认知过程是意志产生的前提和基础

意志的产生依赖于认知过程，若缺乏认知过程，意志便无法形成。意志的特征之一是其自觉的目的性，而个体的任何目标均基于认知活动而产生。在确定目标以及选择实现目标的方法和步骤时，个体需要审时度势，分析主客观条件，回顾过往经验，预想未来结果，并拟订方案与制订计划。这些过程均需借助感知、记忆、思维和想象等认知活动来完成。因此，只有通过认知过程，个体才能明确客观世界与自身需求之间的关系，进而提出切实可行的目标，并以合适的方式和方法去实现这些目标。

□ 2. 意志对认知过程的影响

人类的认知过程是有目的、有计划的，需要借助细致的观察、持续的注意力以及深度的思考。这些认知活动的顺利开展离不开意志的参与，否则将难以实现。此外，在认知过程中，个体往往会面临各种困难，而克服这些困难则需要借助意志的力量。

在认知活动中，意志薄弱且缺乏坚持性的人往往难以取得显著的学习和工作成效，也无法胜任复杂艰巨的任务。这表明，意志不仅为认知活动提供动力，还在面对挑战时发挥着关键的支撑作用。

■ （二）意志与情绪、情感的关系

□ 1. 情绪与情感推动或阻碍意志行动的实现

情绪与情感对意志行动的实现具有双重作用。

一方面，积极情绪如快乐、自信，情感支持如鼓励、责任感，能够激发个体的动力，增强行动的坚持性，为意志行动提供强大的推动力。例如，运动员因家人的支持而更加坚定地追求目标。

另一方面，消极情绪如焦虑、沮丧，情感冲突如价值观矛盾，会削弱行动动力，干扰目标坚持，甚至导致行动停滞。例如，学生因考前焦虑而无法集中精力复习。

📕 案例呈现

晓冰是个 4 岁的小女孩，活泼好动，聪明伶俐。晓冰喜欢画画，但坐不住，画一会儿就丢下画笔不画了。新来的刘老师经常批评责备她："你看你，屁股上像长了钉子，坐不住，哪像个女孩子……"晓冰被刘老师训得低下头，画画的兴致全没了。有着丰富教学经验的张老师见此情景，走到晓冰身边，

十分关心地拿着晓冰的画夸奖说："晓冰真有想象力，你画的樱桃飞上了天空，让我们在樱桃旁边再加一些东西吧！"说着，晓冰拿起彩色笔，在张老师的鼓励和指导下把整幅画画得更丰富、更有情节了。晓冰的想象力很丰富，也具有一定的绘画技巧，在老师的鼓励下晓冰越画越高兴，越画越有劲，并坚持把画画完了。

想一想：为什么晓冰画画行为前后变化那么大？影响学前儿童意志行动的因素有哪些？

□ **2. 意志对情绪与情感的影响**

意志对情绪与情感的影响主要体现为依据理智的要求对情绪与情感进行直接调控，即实现"理智对情感的驾驭"。由于意志本身具有调节功能，那些阻碍意志行动的情绪与意志之间存在着相互制约、此消彼长的关系，这种现象可称为"理智与情感的冲突"。

意志行动能否最终实现，取决于多种主客观条件。从个体内部条件来看，主要取决于意志与消极情绪之间的力量对比，它会产生以下两种结果：第一，理智战胜情感。在这种情况下，意志凭借对理智的认知，克服了与理智相悖的情绪与情感的干扰，从而将行动贯彻始终。第二，情感战胜理智。此时，意志力不足以抑制情感的冲动，导致个体成为情感的"俘虏"，使意志行动半途而废，背离了理智所指引的方向。

面对考试压力，学生通过理智克服焦虑，继续专注复习，最终取得优异成绩。这体现了"理智战胜情感"。科尔伯格的两难推理故事中，海因兹清楚偷盗违法，然而为挽救生命垂危的妻子，尝试合法途径得药失败后，他盗药，这就是"情感战胜理智"。

意志可以调控情绪与情感。良好的意志品质可以控制不良情绪的影响，从而使人保持积极乐观的心境；而薄弱的意志则往往被情绪控制，使人成为情感的俘虏，背离努力的方向。

总之，认知、情绪、情感与意志密切联系、彼此渗透。产生在实际生活中的同一个心理活动，通常既包括认知过程又包括情绪、情感过程，同时也不能离开意志过程的参与，不可能存在纯粹的、不与任何认知、情绪、情感过程相关联的意志过程。因此，不能把意志仅仅归结为反映活动的效应环节，而应将其看作完整反映活动的一个方面。

■ 三、意志行动的主要心理成分

意志行动始终是一个自觉行动的过程。意志行动的过程，一般包含以下几个方面的心理成分。

■ （一）动机冲突

动机是引发和维持个体活动，并使活动朝向某一目标的内部动力。它在意志行动中起着关键的作用，是推动个体产生意志行动的内在原因。在意志行动中，个体常常面临多种动机相互矛盾的情况，即动机冲突。个体在确定目的的过程中，如果同时具有两个或多个动机，而这些动机又不可能同时得到满足，就会产生动机冲突。动机冲突的情况很复杂，从形式上看可以分为以下四类，如表 11-1 所示。

表 11-1　动机冲突的种类（从形式上看）

类型	含义	范例
双趋冲突	两个目标，只能选取其一	鱼和熊掌不可兼得
双避冲突	两个目标，只能回避其一	前怕狼后怕虎
趋避冲突	同一目标，既希望解决又不得不回避	想当好班干部，又怕耽误学习时间
多重趋避冲突	多个目标，每个目标既吸引又排斥	小红想给朋友买生日礼物，买贵重的有面子，但是囊中羞涩；买文具价格便宜，但是没面子

□ 1. 双趋冲突

双趋冲突是指个体在面对两个具有同等吸引力的目标时，由于条件限制只能选择其中一个，从而产生的难以取舍的心理冲突。这种冲突的核心在于两个目标都是积极的、令人向往的，但无法同时实现，因此个体在选择时会感到犹豫不决。在这种冲突中，个体更趋向于选择优越性较大的目标，从而解决冲突。例如，鱼，我所欲也；熊掌，亦我所欲也。二者不可得兼，舍鱼而取熊掌者也。生，亦我所欲也；义，亦我所欲也。二者不可得兼，舍生而取义者也。

□ 2. 双避冲突

双避冲突是指个体在面对两个具有同等威胁性或不利性的目标时，由于条件限制只能选择回避其中一个，从而产生的心理冲突。这种冲突的核心在于两个目标都是个体想要回避的，但又不得不做出选择，因此个体在决策时会感到左右为难、进退维谷，最终的结果是趋向于选择危害程度较轻的事物或目标。例如，当面临前有悬崖、后有追兵时的选择；患者既不想忍受疾病的痛苦，又害怕治疗带来的副作用等。

□ 3. 趋避冲突

趋避冲突是指个体对同一目标既想接近又想逃避的动机冲突类型。这种冲突的核心在于目标同时具有吸引力和排斥力，使得个体陷入进退两难的心理困境。例如，一个人想通过运动减肥，但又害怕运动的辛苦。

📕 知识拓展

趋避冲突的心理调适方法有：

（1）强化目标的吸引力，弱化目标的排斥力，从而使"趋"的心理倾向压倒"避"的心理倾向。如幼儿想吃麦芽糖，于是他就一再告诉自己"糖很甜，吃了以后我很开心"，从而弱化"吃糖后容易得蛀牙"对自己的影响。

（2）弱化目标的吸引力，强化目标的排斥力，从而使"避"的心理倾向压倒"趋"的心理倾向。如幼儿想吃麦芽糖，于是他就一再告诉自己"吃糖后容易蛀牙，会很疼，而且会什么都吃不了"，从而弱化"糖很甜"对自己的吸引。

（3）对与原来目标类似的另一目标做出反应。如幼儿想吃麦芽糖，可是已经有蛀牙了，吃的时候会很疼，于是只能选择用水果代替麦芽糖。

4. 多重趋避冲突

多重趋避冲突是指个体在面对两个或两个以上的目标时，每个目标都同时具有吸引力和排斥力，导致个体难以抉择的心理冲突。例如，小明想买积木，品牌 A 质感好但价格高，品牌 B 价格低但质量一般，品牌 C 外观美但品牌小众，难以抉择。

从内容上看，动机冲突可以分为原则性冲突和非原则性冲突。

原则性冲突是指个体在价值观、道德或伦理层面面临的抉择，这种冲突往往涉及个人利益与社会规范之间的矛盾。例如，考试作弊虽能获取高分，但违背诚信原则。在这种冲突中，意志的作用至关重要。意志坚定的人能够克制个人欲望，选择符合道德和社会规范的行为，即使这意味着放弃短期利益。意志帮助个体克服诱惑，坚持正确的价值观，从而实现长期目标。原则性冲突考验个体的道德判断和意志品质，体现了意志在调节行为、克服困难中的重要作用。

非原则性冲突通常涉及个人利益、情感偏好或资源分配等问题，不涉及核心价值观或道德伦理。例如，选择周末活动或工作安排时的纠结。这类冲突相对容易解决，因为不涉及深层次的道德困境。意志在非原则性冲突中主要体现为决策能力和自我调节能力。意志坚定的人能快速权衡利弊，做出合理选择，避免在琐事上纠结。同时，意志也能帮助个体克服情绪干扰，专注于目标。非原则性冲突虽小，但通过锻炼意志，可以提升决策效率和自我管理能力，为应对更复杂的冲突打下基础。

（二）意志行动的决策

个体在解决了动机冲突，确立了行动目标后，就会产出实现目标以满足需要和动机的愿望。这一愿望会推动个体去考虑与选择为达到目的而需要采取的行动方式与方法，拟订行动计划。有时实现目的的方式与方法只有一种，但在通常情况下，达到同一目的的方式与方法不止一种，会因情况不同而不同，所以，个体在制订计划时就需要进行权衡和选择。

对若干个行动方案进行选择，以期用最佳方式实现目标的过程称为决策。在一般情况下，当个体做出决策时，其内心的矛盾、冲突已基本解决，能全力以赴地实现自己的目标。

在进行决策时，决策者的知识经验、思维能力、意志品质等因素起着重要的作用。

知识经验不足，就难以对各种方案进行优化选择；思维能力差，就难以科学而客观地对方案进行分析并做出决定；而良好的意志品质，如自觉性、果断性则有助于个体决策的完成。在多种方案面前，犹豫不决、摇摆不定、主观武断、易受暗示等不良意志品质，都会对个体意志行动的决策带来不良的影响。

坚持性是意志品质之一，有些幼儿的坚持性比较差，尤其在遇到困难的时候，他们很容易放弃任务。例如，3岁的熠熠由于拼搭的能力不足，在经历几次失败后，就不愿再去努力了，这是坚持力不足的表现。

■（三）意志努力

意志努力是个体在实现目标的过程中，自觉克服困难，主动调节自己的心理和行为，以坚持完成任务的心理过程。它体现了个体意志的强度和坚持性。例如，运动员在艰苦的训练过程中，需要克服身体的疲劳、伤痛以及心理上的压力和挫折感，始终保持专注和坚持，这种为了实现比赛目标而付出的持续努力就是意志努力的体现。

意志努力在意志行动中起着至关重要的作用。它能够帮助个体在面对困难和阻碍时，不轻易放弃，保持行动的持续性和稳定性。同时，意志努力还能调节个体的心理状态，使个体在面对压力和挑战时，保持积极的心态，集中注意力，充分发挥自身的能力。例如，科研人员在攻克难题的过程中，可能会遇到多次失败和挫折，但凭借顽强的意志努力，他们能够不断调整研究思路，坚持不懈地进行尝试，最终取得科研成果。总体来说，意志努力集中表现为能克服各种困难，保证意志行动的顺利进行。

任务二　学前儿童意志品质的发展特点与培养

■ 一、学前儿童意志的产生

3～6岁幼儿的意志产生过程，受其心理活动发展水平的限制，往往表现为直接外露的意志行动。意志是在幼儿本身有意运动实践的基础上，随着言语和认知过程的发展，经过成人的教育指导逐渐形成的。

扫一扫
蒙台梭利关于
儿童意志力发展的
三个阶段的理论

■（一）有意运动的产生

运动根据有无目的性和努力的程度分为无意运动和有意运动。无意运动又称为不随意运动，它是在无意中产生的不由自主的运动，是无条件反射活动。例如，刚出生的婴儿的吸吮动作反应；眼睛受到强光照射，瞳孔会立即缩小；手碰到刺会立即缩回等。有意运动称为随意运动，它是受意识支配为达到某种目的主动支配自己肌肉的运动，是实现意志行动的基础。例如，用脚去踢球，用力去触摸比自己高的物品等。

刚出生的婴儿，除本能的动作外，其他动作都是混乱的，如两眼不协调，手不受控制地乱摆动。两三个月时，婴儿的手碰到物体会去抚摸它，有时婴儿会用一只手触摸自己另一只手，用手沿着物体的边缘移动或者拍打，此时还不会抓握物体。三四个月的婴儿，处于无意抓握阶段，婴儿有时抓着玩具乱摇，有时会抓住衣服或者摇篮床上的绳子，但这只是偶然的无意运动。

4个月时，婴儿手眼动作还不协调，大脑不能很好地支配动作。如婴儿看见眼前的物体，挂在小车上的铃铛，对面人衣服上的配饰，他已经有了想去抓握的愿望，但手不受控制地在想要抓住物体的周围打转，抓不住物体。

当婴儿手眼协调以后，婴儿的动作从被动变为主动，并且手眼协调动作是继手动作混乱阶段、无意抚摸阶段、无意抓握阶段后产生的，即有意运动在无意运动基础上产生。

4～5个月，婴儿开始出现手眼协调动作。眼睛的视线和手的动作能够相互配合，手能够抓住眼睛看到的东西。动作有了简单的目的方向性。

1岁以后，幼儿逐步学会模仿成人拿东西的动作，开始进入人类实用工具的有意运动阶段。3岁以后，手眼协调动作在各种活动中不断完善，同时也反过来促进各种活动的发展。

■ （二）意志行动的萌芽

意志行动的特点在于个体能自觉意识到行动的目的和过程，并能努力克服前进中遇到的困难，这就需要个体的有意运动已经得到一定程度的发展。而个体有意运动的发展也不是一蹴而就的，个体行动的自觉意识性发展要经过比较长的发展过程。

□ 1. 最初的习惯动作

新生儿没有意志行动，只有遗传的反射行为，这是一种本能的反射性运动，如吃奶的吮吸动作。当其多次吃奶后，他能更为容易地找合适的吮吸位置及姿势，这虽然没有脱离本能的范围，但由于得到了练习，它比最初本能的吃奶动作又进了一步，可以说是最初习惯动作的形成。习惯动作并不代表个体已经有了确定的目的和达到目的的方法，只是由于多次重复后形成了固定的连续动作。这并不能表示个体已经具有了有意运动。

□ 2. 最初的有意性和目的性

4～5个月的婴儿行为出现了最初的有意性和目的性，其动作具有以下几方面特点。

动作的重复循环不再是由于本身的反馈和强化，而是有了自己最初的目的。例如，婴儿用手去打或用脚去踢挂在小床上方的玩具娃娃，不只是出于获得肤觉和动觉的经验，同时也是为了让娃娃来回摇摆。

动作超出了身体的界限，指向外部环境，开始对外部世界进行最初的探索。例如，当物体从视野中消失后，婴儿会继续注视着该物体的运动方向，用视线去追踪它。

能初步预见自己的动作所造成的影响。婴儿重复动作有时是为了使某种有趣的事情发生。但是，婴儿的这种有意性很微弱，其寻找眼前消失了的东西的持续时间很短，且局限于单一的感觉范围。例如，当婴儿手里的某样物体掉落时，他会用手做出摸索的动作，但不会把视线转到这个物体掉落的方向。

8个月左右的婴儿，其动作的有意性发展出现了质变，已经能够坚持指向某个目标，并努力排除困难达成这个目标，这意味着其意志行动开始萌芽。例如，婴儿会努力去拿自己看到的玩具。

1岁以后的幼儿意志行动的特征更为明显，他们会通过"尝试错误"去排除在向预定目的前进中所遇到的障碍，能够有意识地用行动引起一些事物的变化，用各种途径去发现新方法，在摸索中舍弃无效的方法，保留有效的方法。例如，幼儿玩球时，当球滚到沙发下面后，他会趴在地上努力尝试用手取球，失败后又会找棍子去取球，直至最终将球拿到手。

1.5～2岁的幼儿，其意志行动不但有了较明确的目的，而且有了较明确的行动方法，已经不再运用"尝试错误"去探索达到自己目的的方法。例如，一个1.5岁的幼儿推着一辆玩具车向前走，遇到障碍物时，她为了更好地避开障碍物，就改为拉着车走。可是走了几步，她发现拉着车走很不方便，于是又改为推着车走。

除了有意运动的巨大影响外，语言的发展对幼儿意志行动也有重要意义。1.5～2岁正是幼儿语言逐渐产生和真正形成的时期，此时成人的语言和幼儿自己的语言已经在幼儿最初的意志行动中起着调节及控制的作用。例如，1.5岁的栋栋很聪明，已经会说不少话了。当他摔倒后，他的妈妈总是鼓励他自己爬起来："栋栋勇敢，栋栋不哭，自己站起来！"多次以后，当他摔倒后，他就会告诉自己："勇敢，不哭！"

■ 二、学前儿童意志品质的发展特点

意志行动在不同个体的身上表现不同，如有人能独立做出决定，有人则易受暗示；有人处事果断，有人则优柔寡断等。构成一个人意志行动稳定的心理特征的总和是意志品质。意志品质主要包括自觉性、坚持性、自制力和果断性等，它们在个体的意志行动中贯彻始终，并构成个体意志的性格特征。

■ （一）自觉性的发展

自觉性是指个体自觉服从并主动给自己提出一定的目的、任务的意志品质。幼儿语言和思维发展不完善，对周围事物、成人提出的任务、自己的行动目的缺乏深刻的认识，因此，行动的自觉性较差。

3～4岁幼儿的行动更容易受周围事物的影响和支配，常常难以服从，甚至会忘记成人的指示与要求，行动带有很大的无意性和不自觉性。

例如，3岁的明明去公园，出门前妈妈叮嘱他牵好大人的手。刚进公园，明明看到花丛中飞舞的蝴蝶，瞬间被吸引，松开妈妈的手就去追，完全忘了妈妈的话。追了一会儿，又被路边卖气球的吸引，注意力立刻转移，行动十分随意。

除此之外，幼儿更是无法独立地预先给自己提出活动目的，他们常常不知道自己

要干什么、怎么干；有时幼儿会随便说出一个活动目的，但却对其之后的行动完全不具有指导作用；有时虽然会按自己的目的进行行动，但在行动过程中极易因外界因素而转移、放弃。

例如，小班的乐乐拿到积木就搭，问他在搭什么，他要么摇头，要么直接说"不知道"；带他去参观动物园，他也是毫无目的地走马观花；画画时，自己刚说要画大象，但看见旁边的幼儿在画机器人，就改画机器人。

4～5岁的幼儿能够在正确的教育下，逐渐服从成人的指示和要求，在某些活动中能独立地为自己确定行动目的，并按照既定的目的去行动。但这些行动目的有时很不明确，对其行为的制约性也不强。

5～6岁的幼儿，周围环境对其影响相对减弱，而语言指示、目的任务对其制约力相对增强，其行动具有较明显的目的性，已经能够较好地使自己的行动服从成人的指示，并能够比较明确地给自己提出行动的目的和任务，且服从这个目的。

■ （二）坚持性的发展

坚持性是指个体长久地维持已经开始的、符合目的的行动，坚持实现目的、任务的意志品质。幼儿由于行动的自觉性较差，对行动的目的和任务缺乏认识，因此坚持性较差，不能较长时间从事某一项活动，尤其是3～4岁的幼儿，做事经常有头无尾、有始无终。

例如，在幼儿园的建构区，教师给3～4岁的幼儿布置了搭建"动物园"的任务。3.5岁的阳阳一开始干劲十足，拿起积木认真搭建。可没过5分钟，他看到旁边小朋友在玩拼图，觉得很有趣，便放下手中积木跑去凑热闹。教师发现后，引导阳阳专注搭建"动物园"。阳阳虽点头答应，回位继续搭建，但很快又被教室角落新到的玩具吸引，再次离开，留下未完成的"动物园"，这体现出这个年龄段幼儿坚持性较差的特点。

4～5岁幼儿的坚持性逐渐发展起来，开始能努力坚持完成每一项任务，特别是当遇到自己感兴趣、喜欢的任务时。在遇到困难时，他们也能尝试克服困难努力实现自己的目标。但是，他们行动的坚持性还是不太稳定，一旦遇到大一点的困难，还是很容易停止行动。

5～6岁幼儿的坚持性相对比较稳定，他们不仅能努力实现自己感兴趣的活动目的，也能坚持较长时间，努力达成自己不感兴趣、较为困难的活动目的。

■ （三）自制力的发展

自制力是个体控制和支配自己行为的意志品质，包括善于促使自己去做应该做的、正确的事情和善于抑制自己不正确的行为、消极的情绪。二者结合，则体现为"延迟满足"。

幼儿的自制力比较弱，大多不善于控制、支配自己的行动，常常表现出易冲动和明显的"不听话"现象，年龄越小表现越明显。3岁幼儿的自制力很差，冲动性行动占主导地位，言语指导和诱因对自控无明显作用，常有语言与行为脱节现象的发生。

例如，在幼儿园的手工课上，教师正在讲解如何折一只小兔子，再三强调要等讲完一起动手。3岁的浩浩，刚听了几句，就迫不及待地拿起彩纸动手折起来。教师提醒他先认真听，浩浩嘴上答应"好"，但手上动作不停。没一会儿，因方法不对折不好，浩浩急得大哭，完全无法控制自己的行为。这典型地体现了3岁幼儿的冲动性与言行脱节。

随着年龄的增长，在教育的影响下，幼儿也在学习控制、调节自己的行为。4～5岁幼儿的自制力开始有了较大的发展，诱因开始具有较为明显的激励作用，但幼儿对行为的自控还很不稳定。5～6岁的幼儿能比较主动地控制自己的愿望和行动，努力使之符合集体的行为规则和成人的要求，自制力得到明显发展。虽然5～6岁的幼儿已能较好地控制自己的外部行动，但是还做不到较好地控制自己的内部心理过程，有意注意、有意记忆、有意想象等心理过程都还处于逐渐发展之中。

个体的延迟满足也是逐渐发展起来的：1岁之内需要得到即时的满足；1～2岁已经能听懂对话，能够懂得"等一等"，并能有等待的行为；2岁以上开始出现自我意识，能够懂得耐心等待会给自己带来好处，延迟满足的时间可以持续几分钟；3岁以上延时满足的时间更长。

扫一扫
延迟满足实验

■（四）果断性的发展

果断性是指个体能够明辨是非、抓住时机、迅速而合理地做出决定的意志品质。具有果断性品质的人能全面、深刻地考虑行动的目的及达到目的的计划和方法，虽然也有复杂、剧烈的内心冲突，但在动机斗争时，没有多余的疑虑，在需要行动时能当机立断；在不需要立即行动或情况有变时，又能立即停止或改变已经在执行的决定。

与果断性相反的意志品质是优柔寡断和草率冒失。优柔寡断是当决不决、当断不断，前怕狼后怕虎，顾虑重重，总是处于无休止的矛盾冲突中；草率冒失则是不当决而决、不当断而断，冲动莽撞，不计后果。

果断性的发展必须以幼儿正确认知为前提，与幼儿思维水平的发展有着密切的关系。幼儿受认知和思维发展的影响，果断性发展水平较低。当他们遇到新情况时，不能快速做出正确的选择，往往表现出三心二意和优柔寡断。

■ 三、学前儿童意志的培养

幼儿意志的培养对其今后的发展非常重要，应结合幼儿意志发展的特点有针对性地进行，要根据实际情况，多采用激励等方法，由浅入深、由易到难地适度进行。

■（一）明确活动目的

幼儿活动的目的性比较差，不善于独立给自己提出活动的目标，因此，成人应指导和帮助其制订短期和长远的目标，使其明确努力的方向。行为如果缺乏明确的目的性，就谈不上坚持；一旦有了目标，才能为实现目标而努力，才能表现得更加坚毅、顽强。因此，在意志行动中，成人应不断引导幼儿，使其意识由"老师让我做什么"逐渐过渡到"我要做什么"。

（二）锻炼动手能力

我国著名教育家陈鹤琴先生曾经指出：凡是幼儿自己能做的，应让他自己做。幼儿的独立性是在实践中逐步培养起来的，成人要大胆放手，让其自己去做力所能及的事。成人既不要怕幼儿做不好，也不要求全责备，更不能包办代替。幼儿在克服种种困难的过程中，意志能够自然地得到锻炼。当幼儿不能独立完成某些活动时，成人不要急于去帮助，而应当鼓励其自己想办法去解决困难。例如，吃饭时，鼓励幼儿自己进餐；午睡时，鼓励幼儿自己脱衣服、盖被子；游戏结束后，鼓励幼儿自己收拾整理玩具。

（三）教授技能技巧

幼儿经常在明确了行动的目的后，也不能把一件事坚持到底。这往往是因为其缺乏一定的技能技巧，遇到了自己没有办法克服的困难。因此，成人平时必须关注幼儿知识的积累，不断地丰富其知识、经验以及教授一定的技能技巧。幼儿掌握了某些必要的技能技巧，就能克服困难并从中体验到满足与快乐，进一步增强克服困难的决心和意志。例如，成人指导幼儿画吃竹子的熊猫，指导幼儿进行游戏，指导幼儿整理玩具柜等。

（四）举办实践活动

有关幼儿教育的实践与研究都表明，幼儿的坚持性只有在多种多样的活动中、在反复克服困难的过程中才能逐渐形成。劳动、游戏和学习是幼儿的主要活动形式。在劳动过程中，幼儿要克服体力、动作上的不适应以及这些不适应带来的困难；在游戏过程中，幼儿要坚持承担某一角色和应该完成的任务；在学习过程中，幼儿要坚持认真听讲、认真完成作业，需要付出一定的脑力劳动。因此，成人应经常组织幼儿参加一些既力所能及又需要付出一定意志努力的劳动、游戏、学习等活动，在这些活动中培养幼儿不怕困难、坚毅顽强的意志。

知识拓展

苏联学者马努依连柯的"哨兵站岗"实验，充分说明了用游戏来培养幼儿的坚持性等意志品质是十分有效的。实验以3～7岁的幼儿为被试，要求他们在空手的情况下保持哨兵持枪站岗的姿势。实验设置了游戏和非游戏两种情境。明确要求第一组幼儿采取哨兵的姿势，尽量长久地保持这个姿势；对第二组幼儿则采取"工厂与哨兵"的创造性游戏的方式，并告知幼儿，在游戏中担任哨兵的角色站岗时不可以动。实验结果表明，不同条件下，两组幼儿保持姿势的时间不同，并且具有以下规律：

（1）幼儿自觉坚持行动的能力随着年龄的增长而逐渐提高。

（2）当有其他幼儿在场时，会影响幼儿意志行动的稳定性。

（3）在游戏中，幼儿自觉坚持行动的时间比单纯完成成人交代的任务所坚持的时间要长得多。

（五）提供良好的榜样

爱模仿是幼儿的天性，因此成人要充分利用电影、电视、故事及现实生活中的正面人物，用他们的事迹去感染幼儿。更重要的是，在日常生活中，成人要做出意志坚强的表率，成人的行为对幼儿的意志磨炼有着强有力的暗示作用，如果成人懒散、懈怠，常半途而废，就难以培养出意志品质良好的幼儿。

（六）提供克服困难的机会

坚强的意志品质是磨炼出来的，越是困难的环境越能锻炼人的意志力。现在的幼儿大多是独生子女，在家里备受宠爱，很少会遇到挫折，这导致他们遇到困难就轻易放弃。因此，需要对幼儿进行适度的"挫折教育"，通过设置一定的障碍，为其提供克服困难的机会，提高其心理承受能力。

（七）注重个别教育

个体的意志品质和性格特点有着一定的联系。成人在培养幼儿的意志时，还应针对幼儿的不同特点进行个别教育。对待内向的幼儿应加强果断性与灵活性的锻炼，培养其大胆、勇敢、坚毅的意志品质；对待外向的幼儿，应加强培养其自制力及沉着的品质；对待固执、任性的幼儿，必须坚持正当要求，耐心讲道理，绝不能放弃原则一味迁就。

（八）培养独立性

幼儿会日益表现出强烈的自主性，成人要敏锐地察觉和适应幼儿的这种心理发展的要求，积极而量力地培养幼儿的独立性和责任感，让其形成"自己的事情自己动手解决"的观念和习惯。

案例呈现

5岁的海涛是一个文静内向的男孩，一直被家长保护在羽翼下，遇到困难几乎都会立刻放弃，甚至还会哭鼻子。经过观察，教师发现当海涛做手工时，他相对能自己想办法解决困难。于是，教师决定以此为切入点对其进行意志培养。

在海涛的妈妈过生日前，教师准备了做手工的材料，让他做一个礼物送给妈妈。相比于海涛的能力，这次的手工难度增加了一点。在海涛做手工时，教师一直在旁边陪着他，当其遇到困难，教师会根据情况采取不同的应对措施。如果问题不大，就鼓励他："这个问题相信海涛是能够自己解决的，你上次的作品不是也有这个问题吗？你解决得多好！"有时则稍稍给点提示："这个用胶水不行，是不是可以用胶棒呢？"有时会直接告诉他换个思路："呀，这样可不行呢！"但自始至终，教师都没有接受海涛的请求动手帮他做。终于，海涛做出了一个完美的手工作品，教师立刻表扬他："海涛真棒！"

同时，教师也与海涛的家长达成了一致意见：在家里，让其动手做自己力所能及的事情；平时让爸爸多带他去爬山、远足等。

【分析】

针对海涛存在的问题，分析教师的具体做法，不难发现：首先，教师能够有针对性地选择海涛感兴趣的事物，以明确的目的让海涛在不知不觉中面对困难、解决困难；其次，不溺爱、不放纵，通过鼓励、提供解决方案等方法让其自行解决困难；再次，能够及时适当地让海涛受到鼓舞和激励；最后，还能与家长合作，以家园共育的方式巩固其意志的发展。这样有的放矢的培养方法如果能坚持下去，相信海涛会逐渐成为一个有意志力的"小小男子汉"。

📕 真题再现

一、单项选择题

1. 下列哪种活动是意志行动？（　　　）

A. 吹口哨 　　　　　　　　　　　B. 背诵课文

C. 摇头晃脑 　　　　　　　　　　D. 膝跳反射

2. 与果断性相反的意志品质是（　　　）。

A. 优柔寡断 　　　　　　　　　　B. 易受暗示

C. 顽固执拗 　　　　　　　　　　D. 任性和怯懦

3. 下列关于意志的说法，不正确的是（　　　）。

A. 意志是人类所独有的心理过程

B. 意志对行为的调节具有激励和抑制两种功能

C. 意志行动突出的特征是克服困难

D. 意志和情绪有密切联系，和认知没有什么联系

二、简答题

1. 简述意志行动的特征。

2. 简述意志与认知、情绪、情感的关系。

3. 学前儿童意志品质的发展具有哪些特点？

三、材料分析题

5 岁的文文在看动画片时，往往能看半个小时甚至更长时间而不分散注意力，但当他看图书时，时间就短了很多。

问题：1. 请从影响幼儿意志行动发展因素的角度分析，造成这一差异现象的主要原因是什么？

2. 请结合相关知识简要阐释该如何培养学前儿童的意志品质。

岗位实训

任务 为了测评小、中、大班幼儿意志的坚持性水平，请你设计一个测验题目，写清楚测验目标、测验内容及步骤、测验结果和测验分析。

【测验题目】

【测验目标】

【测验内容及步骤】

【测验结果】

【测验分析】

直通国赛

观看国赛视频，运用观察法分析幼儿意志的特点。

国赛视频 11

项目十二 学前儿童个性发展

📙 **思维导图**

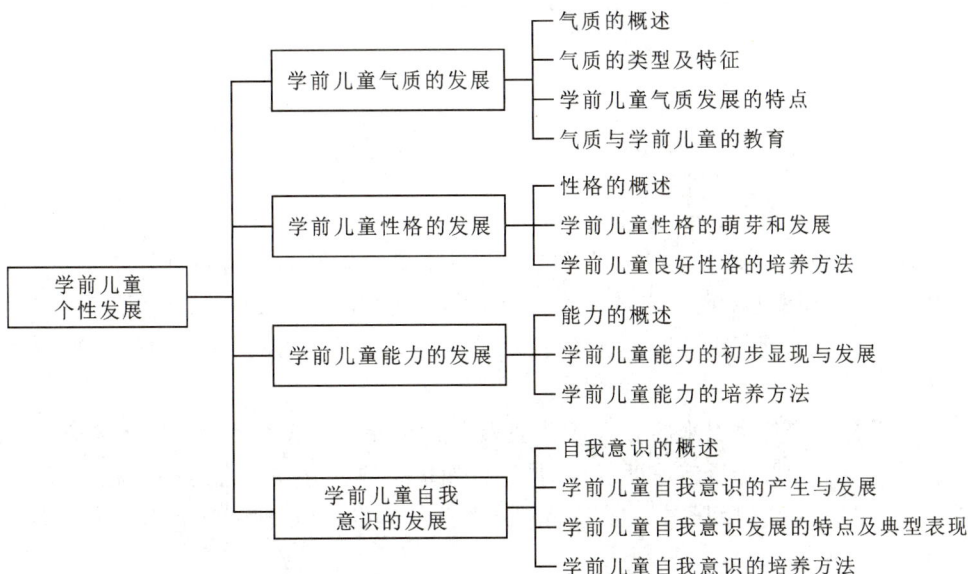

📖 情境导入

　　小明是幼儿园大班的孩子，每天早上他总是第一个到幼儿园，一进门就和老师、小朋友们热情地打招呼。在集体活动中，他总是积极举手发言，声音洪亮地表达自己的想法。户外游戏时，他像个小兔子一样到处跑，和小伙伴们追逐嬉戏，还经常组织大家一起玩"警察抓小偷"等游戏，大家都很喜欢和他一起玩。

　　小红是个内向敏感的小女孩，刚入园时，她总是躲在妈妈身后，不敢进教室。即使在妈妈离开后，她也一个人坐在角落里，默默地观察着周围的一切，很少主动和其他小朋友交流。在集体教学活动中，她也很少举手发言，但老师发现她在画画时特别专注，画出的画色彩鲜艳、画面整洁，有着自己独特的想法。当有小朋友不小心碰到她时，她会立刻皱起眉头，显得很不高兴。

　　小芳在幼儿园里，总是紧紧地跟着老师，老师让她做什么，她就做什么，从不反对。在游戏活动中，她也很少自己主动选择玩具或游戏项目，而是等着老师分配，或者看其他小朋友玩什么，她就跟着玩什么。当她遇到困难时，第一反应就是找老师帮忙，而不是自己尝试解决。

　　想一想：这些幼儿的个性一样吗？幼儿的个性差异表现在哪些方面呢？我们应该如何正确看待幼儿的个性差异呢？

任务一　学前儿童气质的发展

■ 一、气质的概述

　　气质是心理学中的一个古老的概念，其拉丁语词源意为人体内体液的混合比例。这种体液的混合比例决定了人的整个体质，并非单指气质。个人的气质特点与生俱来，与其他个性心理特征相比，它的稳定性更强，使个体的心理活动带上独特的个人色彩。

　　气质是指个体与生俱来的心理活动动力方面的特征，这种动力特征主要表现为心理过程的速度（如思维反应速度等），强度（如情绪体验强弱、意志努力程度等），稳定性（如注意力集中时间长短、心境持续的时间长短等），指向性（如内向或外向、情绪的外露程度）等。

二、气质的类型及特征

（一）希波克拉底的分类

早在公元前五世纪，古希腊医生希波克拉底就认为，人体内有四种体液、黏液、黄胆汁、黑胆汁和血液，由于这四种体液在各人身体中的比例不同，而产生了不同的行为表现和气质特点。后来，古罗马医生盖伦继承了这种体液学说，并把人的气质分为胆汁质、多血质、黏液质和抑郁质四种典型类型。四种典型气质类型的特征如下。

扫一扫
测测你的气质类型

1. 胆汁质

胆汁质的人，在情绪方面，无论是高兴还是愤怒，体验都非常强烈，反应迅速，感情明显外露，言语激烈，动作有力而又不易控制。智力活动具有极大的灵活性，但理解问题有粗枝大叶的倾向。在行动上，顽强有力，但不太讲究方式，易急躁。概括地说，胆汁质的人以精力旺盛、易于冲动、反应迅速为特征。

2. 多血质

多血质的人，情绪易表露也易变化。易于接受新事物，思维灵活，反应迅速，注意力容易转移。易适应变化的生活环境，喜欢交往，但易轻率。

案例呈现

小明是一个典型的多血质孩子，他活泼好动，对新鲜事物充满好奇，课堂上经常举手发言，思维活跃，但注意力也容易分散。一次美术课上，老师让孩子们自由创作，小明很快就构思好了自己的作品，可画了一会儿，他又被旁边小朋友的画吸引，想去尝试另一种画法。老师发现后，及时引导小明，让他先完成自己的作品，等下课后再去欣赏其他小朋友的作品。

3. 黏液质

黏液质的人，情绪兴奋性不强，心理比较平衡，变化缓慢，善于克制自己，情绪不易外露。他们喜爱沉思，注意稳定而转移困难，对任何问题都需要较多的时间考虑，对已经习惯的工作往往表现出很高的热情和毅力，不易适应环境。

案例呈现

　　小红是一个黏液质的孩子，她性格沉稳，情绪不易外露，做事情有条不紊，但反应稍慢。在一次户外活动中，老师组织孩子们玩"老鹰捉小鸡"的游戏，小红一开始有些犹豫，不敢加入。老师鼓励她尝试，并在游戏过程中耐心指导她如何躲避"老鹰"。经过几次游戏，小红逐渐适应并开始享受其中的乐趣。

□ **4. 抑郁质**

　　抑郁质的人，情绪体验深刻，有高度的敏感性，很少表露自己的感情，但对生活中遇到的波折容易产生忧郁的情感，而且持续时间较长。善于观察和体验一般人所觉察不出的事物的细微差别。很少表现自己，不喜欢与人交往，有孤独感。

■ **（二）巴甫洛夫的分类**

　　巴甫洛夫通过实验研究，发现神经系统表现出以下三大基本特性：强度、平衡性和灵活性。它们在条件反射形成或改变时得以表现，并且通过不同的组合，产生了多种神经活动类型，其中最典型的是以下四种。

　　（1）强、平衡且灵活型。条件反射形成或改变均迅速，且动作灵敏，又叫"活泼型"。

　　（2）强而不平衡型。条件反射形成比消退来得更快，易兴奋、易怒而难以抑制，又叫"不可遏制型"或"兴奋型"。

　　（3）强、平衡而不灵活型。条件反射容易形成而难以改变，庄重、迟缓而有惰性，又叫"安静型"。

　　（4）弱型。兴奋与抑制强度都很弱，感受性高，难以承受强刺激，胆小而显神经质。

　　这四种神经活动类型，恰恰与古希腊希波克拉底所划分的四种气质类型相对应。

　　其实，在现实生活中，只有非常少数的人属于某种单一的、典型的气质类型，大多数人都是两种或者多种气质类型的混合，只是其中某一类型特征的表现会比较突出。

■ **三、学前儿童气质发展的特点**

　　气质是人格发展的基础，是幼儿对刺激反应的外在表现形式，表现在情绪及行为的个体差异上。总体来说，幼儿气质的发展表现出稳定性和可塑性两大特点。

■ **（一）稳定性**

　　幼儿的气质是与生俱来的，这与神经系统的先天或遗传特征有关。因此，气质是个性中显得比较稳定的方面，具有稳定性。例如，有人对198名幼儿从出生到小学的气质发展进行了长达10年的追踪研究。结果发现，他们中大多数幼儿的气质特征没有产生明显变化。如一个活动水平较高的幼儿，在2个月时睡觉和换尿布都喜欢动；5岁后，这种爱动的特征也没发生变化；而一个活动水平低的幼儿，婴儿期的活动水平也较低，5岁后也能够较为长时间地静坐。

■ （二）可塑性

幼儿的气质具有很大稳定性，但这并不是说气质是绝对不可变的。事实上，由于幼儿期大脑神经系统尚未发育成熟，再加上后天的生活环境和教育的影响，幼儿气质的类型及其行为表现在一定程度上具有可变性。例如，天性活泼好动的幼儿，在严苛冷漠的家庭环境中成长，无法施展其天性，便会逐渐变得兴趣索然、反应迟钝和精神萎靡。当然，如果生活环境发生变化，他天真、活泼的气质又可能重新表现出来。由此可见，气质具有可塑性。

■ 四、气质与学前儿童的教育

不同的气质类型及所表现出来的典型特征，对幼儿的生活和发展都起着重要影响。在对幼儿进行教育引导时，应该注意以下几点。

■ （一）了解学前儿童的气质特征

教师和父母一般不可能应用生理实验或医学检测的方法来鉴定幼儿的神经活动类型，但可以运用行为评定法来了解幼儿的气质特点。教师和父母可以对幼儿在游戏、学习、劳动等活动中的情感表现、行为态度等进行反复细致的观察。

■ （二）不要轻易对学前儿童的气质类型下结论

幼儿虽然表现出各种气质特征，但教师和父母不应轻率地对幼儿的气质类型做出判定。之所以不能轻易下结论的原因主要有三个：① 在实际生活中纯粹属于某种气质类型的人是极少的；② 某一种行为特点可能为几种气质类型所共有；③ 幼儿虽然表现出气质的个别差异，但他们的气质还在发展之中，尚未稳定，还可能发生变化。因此，必须经过长期的反复观察，比较、综合各种行为特点，再审慎地确定幼儿的气质是否接近或属于某种类型，以免引起教育上的失误。

■ （三）应根据学前儿童的气质特点有针对性地进行教育

教师进行教育和教学工作时，要针对幼儿的气质特点，采取相应的教育措施。对于容易兴奋、不可遏制的幼儿，要教会他们自制，午睡先醒时要安静躺着，不喊叫、不吵闹别人，养成安静、遵守纪律的习惯；对于容易抑制、行动畏怯的幼儿，要多肯定他们的成绩，培养他们的自信心，激发他们活动的积极性；对于热情活泼、难以安静的幼儿，要着重培养专心学习、耐心做事的习惯；对于反应迟钝、沉默寡言的幼儿，要鼓励他们多参加集体活动，引导他们多与同伴交往。

任务二　学前儿童性格的发展

■ 一、性格的概述

性格是表现在人对现实的稳定态度和与之相适应惯常行为方式中的比较稳定的具有核心意义的个性心理特征。

首先，性格表现在人对现实的态度和与之相适应的行为方式上。性格是在社会实践活动中，与客观环境相互作用的过程中形成的。例如，在日常生活中，不同的人对待周围任何事物的态度及方式是不一样的，如有的人待人热情，善于关心别人；有的人冷漠；有的人私心很重，只顾自己；有的人勤奋；有的人懒惰等。

其次，性格是个体稳定的个性心理特征。在某种情况下，那种属于一时的、情境的、偶然的表现，不能构成人的性格特征。一个人在一次偶然的场合表现出胆怯的行为，不能据此就认为这个人具有怯懦的性格特征。一个人在某种特殊条件下，一反常态地发了脾气，也不能据此就认为这个人具有暴躁的性格特征。只有那些经常的一贯的表现才会被认为是个体的性格特征。

最后，性格又是个性中最具核心意义的心理特征。人的性格是后天获得的一定思想意识及行为习惯的表现，是客观的社会关系在人脑中的反映。各种个性特征中，性格最能表征个体的差异，它直接影响着能力、气质的表现特点与发展方向。

■ 二、学前儿童性格的萌芽和发展

■（一）婴儿性格的萌芽

基于个体的先天气质类型，婴儿的性格在与周围环境相互作用过程中逐渐萌芽并形成。在婴儿所处的外部环境中，对其成长发展产生最主要影响的是婴儿日常的照顾者。其中，尤以母婴关系对婴儿性格的影响最大。母亲耐心细致的照顾，会帮助婴儿建立起对周围的人、事、物和环境的信任感，从而形成对母亲的信任和依恋，为其性格发展奠定基础。

📕 案例呈现

性急的孩子饿了，会立刻大哭大闹，成人便会马上放下手中的事情，满足他的进食需要；而性子稍微慢点的孩子，在饥饿的时候通常只会断断续续地细声哼哼，成人则可能认为他不着急进食，于是把手头的事情做完后再去喂奶。长此以往，性急的孩子可能形成不能等待别人、自己的要求必须立即得到满足的性格特点；而性子慢的孩子则可以养成自制的、不善于表达需求和感受的性格特点。

婴儿期是个体性格萌芽的关键时期。性格的差异最早会在 2 岁左右表现出来，主要体现在以下方面。

□ 1. 合群性

这主要表现在同伴关系当中，如有的幼儿比较随和，富于同情心，看到小伙伴哭会主动上前安慰，发生争执时，也较容易让步；而有些幼儿则表现出更多的攻击性行为。

□ 2. 独立性

个体的独立性发展十分迅速，并且在 2~3 岁表现得十分明显。独立性发展较好的幼儿能够独立完成很多事情；而独立性发展较差的幼儿常常表现出对照顾者的过度依赖，缺乏安全感。

□ 3. 自制力

在正确的引导下，3 岁左右的幼儿就已经掌握了初步的行为规范，并能够遵照规则的要求控制自己的言行，如不随便要东西，不抢他人玩具等。当然，也有很多幼儿不能很好地控制自己的言行和情绪，一旦要求得不到满足，就会以哭闹的方式要挟父母。

□ 4. 活动性

活动性显示了幼儿对外部环境所持有的态度。比如，有的幼儿活泼好动，一刻也不能安静，对任何事物都表现出强烈的好奇心和兴趣，且精力总是很充沛；而有的幼儿则十分安静，不热衷人际交往，喜欢安静地做事情，比如阅读或绘画等。

婴儿期性格的差异还表现在坚持性、好奇心及情绪等方面。进入幼儿后期，在外界环境相对稳定的情况下，这些刚萌芽的性格特征将逐渐稳定下来，并保持到成年甚至一生。

■（二）幼儿期是性格的初步形成期

幼儿期是性格的初步形成期，为个体性格特征逐步稳定和成熟提供了最初的、最基本的条件。同时，不可否认的是在外界环境和教育的影响下，幼儿的性格也可能发生变化。幼儿期性格的初步形成主要表现在以下三个方面。

第一，不同幼儿在学前就已经表现出了性格的个体差异性，这种差异体现在幼儿日常行为的各个方面，幼儿在不同环境和条件下表现出与众不同，又具有一贯性的性格特征。

第二，在幼儿期个体性格的初步形成阶段，只是在较为低级的性格因素方面表现出萌芽和发展，比如活泼好动、好交往等，而一些高级的性格因素，如意志力、勤劳、坚韧等还远未形成。

第三，幼儿性格的发展具有明显的情境性，他们的行为在一定的情境中产生，能直接反映外界环境的影响。

■ （三）性格的年龄特征

幼儿的性格有明显的个体差异性，同时也表现出一定的年龄特征，具体表现在以下几方面。

□ 1. 活泼好动

活泼好动是幼儿的天性，也是幼儿性格较明显的特征之一。幼儿活泼好动，较容易形成勤快、爱劳动的良好性格特征。幼儿喜欢跑跑跳跳，走来走去，摘摘捡捡。在参加各种力所能及的劳动时，如果能得到成人的表扬和鼓励，幼儿会感到自豪。但是如果成人过多限制和干涉幼儿的活动，幼儿可能形成懒惰的性格特征。

□ 2. 好奇好问

幼儿有着强烈的好奇心和求知欲，他们什么都想看看、想摸摸，尤其是中班以后，他们的认知和形象思维能力得到了一定的发展，家长和教师会发现幼儿变成了一本活动的"十万个为什么"。幼儿好奇好问，较容易形成爱动脑、勤思考、善钻研的良好性格特征。面对幼儿的各种问题，如果教师引导得当，提供条件让幼儿自己寻找问题的答案，幼儿会体验成功的快乐。反之，如果成人过多指责和约束，以厌烦或冷漠的态度对待幼儿，就有可能将幼儿良好的性格特征扼杀在摇篮里。

□ 3. 爱模仿，易受暗示

好模仿与幼儿易受暗示有关，幼儿往往没有主见，常常随外界环境影响而改变自己的想法，易受暗示。例如，教师问小班幼儿："喜不喜欢小兔子?"幼儿回答："喜欢。"接着问："讨不讨厌大灰狼?"幼儿马上回答："讨厌。"但如果教师提出疑问，他可能会改变自己的主意。

针对幼儿爱模仿和易受暗示的特征，教师应该注意给幼儿提供良好的榜样和示范，幼儿通过模仿学习会形成积极的性格特征。反之，模仿错误的行为，会导致幼儿形成不良的性格特征。同时，易受暗示的幼儿如果得到正确引导，其自信心和独立性会不断增加。

□ 4. 易冲动，自制力差

幼儿的性格特征还不够稳定，容易受到周围环境的影响。因此，幼儿性格表现出情绪不稳定、好冲动、控制力较差的特点。一方面做事比较马虎，粗心大意，缺乏深思熟虑；另一方面待人真诚、坦率、诚实。如果得到正确引导，幼儿会形成胸怀坦荡、为人磊落等良好的性格特征。

■ 三、学前儿童良好性格的培养方法

幼儿良好性格的培养是一个系统工程，需要家长和教育者的共同努力与智慧。以下是一些关键的方法和建议。

扫一扫　了解
影响幼儿
性格的成因

■ （一）家庭环境的营造

家庭环境是塑造幼儿性格的第一道笔触，家长应以爱为底色，营造一个温馨、和谐的家庭环境，让幼儿感受到安全与自尊，从而孕育出自信、乐观与善良的种子。

■ （二）社交能力的培养

通过丰富多样的社交活动，让幼儿学会合作、分享与理解他人，从而塑造友善、宽容与富有同情心的品质。

■ （三）情绪管理能力的培养

教会幼儿如何调节和控制情绪，选择合适的方式表达情感，有助于塑造稳定而积极的性格。

■ （四）独立性和自主性的培养

鼓励幼儿独立完成各项任务，参与兴趣班的活动，以增强他们的自信和自主能力。

■ （五）责任意识和义务感的培养

通过与幼儿共同制定家庭规章和分配家务，促使幼儿认识并承担家庭责任，培养他们的责任意识义务感。

■ （六）鼓励和赞美

多给予幼儿鼓励和赞美，认可他们的努力和成绩，增强他们的自信心和积极性。

总之，幼儿的性格还未定型，幼儿期正是富于可塑性的时期，因而要特别重视幼儿的性格教育。通过上述方法的实施，家长和教育者可以帮助幼儿养成良好的性格，为他们的未来发展和人际交往奠定坚实的基础。另外，成人在幼儿性格的塑造中应注意加强思想品德教育，在教育中培养他们热爱党、热爱祖国以及爱科学、爱学习、爱劳动、关心集体、关心同伴、遵守纪律、爱护公物、勇敢诚实的品德，只有具有良好的思想品德，才会形成良好的性格。

任务三　学前儿童能力的发展

■ 一、能力的概述

■ （一）能力的概念

能力是保证活动顺利进行并能取得成就的心理特征。如我们评价某人，说他具有较强的逻辑思维能力、敏锐的观察能力或人际交往能力等，这样的评价都来自这个人经常且稳定的行为活动。反过来，这些能力又是这个人成功完成某种活动的必备条件。将各种能力有机结合，引起质的变化的能力称为才能。才能高度发展，创造性地完成任务的能力称为天才。

■ （二）能力的种类

□ 1. 一般能力和特殊能力

一般能力是指观察、记忆、思维、想象等能力，通常也叫智力。它是人们完成任何活动所不可缺少的，是能力中最主要、最基础的部分。

特殊能力是指人们从事特殊职业或专业需要的能力。例如，听音乐所需要的听觉表象能力。它只在特殊领域内发挥作用，是完成有关活动不可缺少的能力。

人们从事任何一项专业性活动，既需要一般能力，也需要特殊能力。

□ 2. 模仿能力与创造能力

模仿能力指通过观察别人的行为、活动来学习各种知识，然后以相同的方式做出反应的能力。这种能力在幼儿的身上十分常见，细心观察就会发现，无论是语言、动作还是表情，幼儿都能够通过观察学习很快展现出来。这就是幼儿的模仿能力，模仿能力是他们主要的学习方式。

创造能力则是指产生新思想和制造新事物的能力。创造能力在科学发现、文学创作、艺术表现等活动中十分常见。

模仿能力和创造能力是互相联系的。任何具有创造性的活动都不是完全依靠创造能力完成的，也不能仅凭新奇的想法或观点就能产生创造性的成果，创造能力是在学习、模仿能力的基础上发展起来的。因此，首先必须学习、模仿，然后加入新奇的思想观点进行创造，以此推动新事物的产生和发展。

□ 3. 认知能力、操作能力与社交能力

按照能力的功能可划分为认知能力、操作能力和社交能力。

认知能力是指接收、加工、储存和应用信息的能力。它是人们了解客观事物，发现其内在规律和特点所必备的一种能力。知觉、记忆、注意、思维和想象的能力都被认为是认知能力。

操作能力是指操纵、制作和运动等能力。劳动能力、艺术表现能力、体育运动能力、实验能力都被认为是操作能力。操作能力在幼儿教育中十分常见，例如，在建构活动中，幼儿需要自己动手操作来完成一系列动作，从而搭建不同的形状、结构和模型。

社交能力是指人们在社会交往活动中所表现出来的能力。幼儿在合作游戏中经常会与其他幼儿产生语言或者行为上的相互作用，而这个相互作用的过程就是幼儿社交能力不断发展的过程。

■ 二、学前儿童能力的初步显现与发展

在日常生活中，学前儿童在与他人相互交往中，积累了知识，形成了技能，同时能力也得到一定的发展。在幼儿园中，教师有计划、有目的的教育活动，例如体育活动、游戏活动、阅读活动、绘画和音乐活动等，更是有意识地培养了幼儿的能力，并在丰富多彩的活动中促使幼儿能力不断发展。学前儿童能力的初步形成表现出以下特点。

□ 1. 操作能力最早表现，并逐步发展

从 1 岁开始，幼儿对自己身体的支配能力增强，尤其是手部大肌肉动作的发展，使得他们操作物体的能力逐步增强，能够进行较多的游戏活动。同时，幼儿走、跑、跳等能力逐步完善。到了幼儿晚期，各种游戏活动在幼儿一日生活中所占比重越来越大，幼儿的操作能力在活动中进一步得到发展和表现。

□ 2. 言语能力发展迅速，幼儿期是口语发展的关键期

进入幼儿期后，幼儿的言语能力逐渐增强，特别是言语的连贯性、完整性和逻辑性得到很大的提高，为幼儿的学习和人际交往创造了良好的条件。

□ 3. 模仿能力发展迅速，是幼儿学习的基础

延迟模仿是幼儿模仿能力发展的重要基础，产生在幼儿 18～24 个月。通过观察，我们可以发现，幼儿的延迟模仿产生在语言、动作、表情等多个方面，模仿能力发展更为全面深入。模仿能力是幼儿学习的重要方式，对幼儿心理的发展具有重要的意义。

📖 案例呈现

幼儿看到其他小朋友在玩积木时搭出了一个有趣的形状，过一段时间后，他也能模仿着搭出类似的形状；幼儿听到成人说了一句有趣的话，过几天，在合适的场合他也能模仿着说出来。

☐ 4. 认识能力迅速发展，是幼儿学习的前提

个体从出生到幼儿晚期，认识能力的发展处于一个高速运转的状态中。到了幼儿晚期，个体开始从各种基本的认识能力逐渐向比较高级、复杂的水平发展，认识活动的有意性日益凸显，为幼儿的学习、个性发展提供了必要的前提。

☐ 5. 特殊能力有所表现

在幼儿期，有些特殊才能开始有所表现，如音乐、绘画、体育、数学、语言等。许多名人在幼年时期就显露了出众的才华。例如，我国古代诗人王勃 6 岁就善文辞，杜甫 7 岁就能作诗。此外，创造能力在幼儿晚期逐步显现，并明显地表现在幼儿的绘画、建构、表演等活动中，幼儿教师应该积极鼓励幼儿进行想象，并协助其开展具有创造性的活动。

📖 案例呈现

有的幼儿在音乐活动中，对节奏和旋律有着特别敏锐的感知，能够准确地模仿和再现听到的音乐片段，甚至还能即兴创作一些简单的旋律；有的幼儿在绘画时，表现出独特的想象力和创造力，画作色彩丰富、构图新颖，具有一定的艺术感染力。

■ 三、学前儿童能力的培养方法

幼儿能力的形成与发展受多种因素的影响，既包括先天因素，也包括教育和实践活动等后天因素。实际上，能力就是这些因素交织在一起相互作用的结果，教师和父母应重视幼儿能力的发展。成人在幼儿能力的培养中应注意下列几点。

■ （一）正确评定学前儿童能力发展水平

要培养幼儿能力，首先要正确了解幼儿能力发展的实际水平。成人和幼儿长期接触，通过日常观察，可以粗略地评定一个幼儿能力发展的特点和水平。例如，某个幼

儿非常聪明，某个幼儿有音乐才能，某个幼儿操作能力很强等，但这种评定不够精确，而且容易受评定者主观因素影响，不能客观反映幼儿能力发展的实际水平。教师和父母可以用我国编制或修订的测验量表，并结合日常观察结果来评定幼儿能力发展的特点和水平。

■ （二）组织学前儿童参加各种活动

实践出真知，实践长才干。幼儿的能力是在相应的实践活动中形成和发展的。幼儿的实践活动是发展能力的基础。成人要根据幼儿应具备的能力，为他们安排相应的活动，并引导他们积极参加。例如，为了发展幼儿的走、跑、跳、平衡等运动能力，成人应多组织体育活动，引导幼儿在体育锻炼中提高自身的运动能力；又如，要发展幼儿的创造力，就要为幼儿安排各种创造活动，如绘画、参与主题游戏、进行戏剧表演、搭积木等，鼓励他们积极参加，独立思考，自由创作，从而使创造力得到锻炼和发展。

■ （三）指导学前儿童掌握有关的知识和技能

能力与知识、技能有着密切的联系，掌握了与能力有关的知识和技能，有助于相应能力的发展。例如，指导幼儿掌握丰富的词汇和说话时应该注意的要点以及正确的发音技能，可以促进幼儿口头表达能力的发展。

■ （四）培养学前儿童的兴趣与爱好

能力和兴趣有着密切联系，幼儿如果对某项活动具有浓厚兴趣，就会积极持久地参加这一活动，逐渐获得相关的知识和技能，并逐步改进参与活动的方法。这样，能力就会不断得到发展。兴趣和爱好是促使人们去探索、实践的内在动力，是发展各种能力的重要影响因素。

■ （五）培养坚强意志，鼓励勤奋努力

幼儿的能力能否充分发展，与许多非智力因素有关，勤奋与坚强意志是影响能力发展的重要性因素。鲁迅曾谦逊地说：哪有什么天才，我不过是把别人喝咖啡的时间用在工作上而已。歌德认为，天才就是勤奋。要使幼儿的能力得到充分发展，成人应有意识地培养幼儿的勤奋、坚强的性格特征。

■ （六）对能力异常的学前儿童采取特殊的教育方法

对于在音乐、绘画、体育、计算或语言等方面有特殊才能的幼儿，应创造条件，使他们从小能接受到专业培养。

对于智力超常幼儿，可以采取加快教学进度、增加教学内容等方法使他们的智力充分发展、求知欲得到满足。更应注意的是，对于有特殊才能的和智力超常的幼儿，要教育他们虚心学习，尊重别人，与人和谐相处，防止养成骄傲自负、轻视别人等不良品性。

对于智力落后的幼儿要一视同仁，耐心教育，可以减少作业的内容，放慢教学进度，减轻学习负担，要给予更多支持和帮助，使他们在原有的基础上取得进步或成功。要经常鼓励，使他们改变沮丧、失望和压抑的心理，逐步形成自信、积极和愉快的心理。

对于生长发育异常的幼儿，应尽可能使他们去到特殊教育机构，从而受到更加合适的教育，以免影响他们的发展。

■ （七）家长应积极参与学前儿童能力的培养

培养幼儿能力是教师的一项重要任务，同时也是幼儿家长的一项重要任务。一个人能力发展的方向、快慢和水平，不仅受遗传的影响，也取决于后天的教育条件。家庭环境、生活方式、家庭成员的职业、文化修养、兴趣、爱好以及家长对幼儿的教育方法与态度，对幼儿能力的形成与发展有极大的影响。例如，歌德小时候，其父亲就有计划地对他进行多方面的教育，经常带他参观城市建筑物，并讲解城市的历史，以培养他对美的欣赏和历史的爱好；他的母亲也常给他讲故事，每讲到关键之处便停下来，让歌德去想象，待歌德说出自己的想法后，母亲再继续讲。歌德从小就受到良好的家庭教育，这为他成为世界知名诗人打下了坚实的基础。

任务四　学前儿童自我意识的发展

■ 一、自我意识的概述

■ （一）自我意识的概念

自我意识是个体对自己所有身心活动的知觉，是意识的一种形式，既包括对内部心理状态的认识，也包括对外部体貌和言行表现的认识，同时还包括个体对于自己与外界的人、事、物相互作用关系的认识。在自我意识的发展过程中，个体把认识的目光对着自己，这时的个体既是认识者，又是被认识者。

■ （二）自我意识的结构

自我意识是一个多因素、多层次的整体系统，它既包含生物的、生理的因素，又包含社会的、精神的因素。

□ 1. 从内容上看

自我意识大致包括如下四个方面：生理自我、社会自我、心理自我和道德自我。

生理自我是最原始的形态，是个人对自己身躯（身高、体重、容貌、身材、性别等）的认识及温饱饥饿、劳累疲乏的感受等，还包括占有感、支配感和爱护感。

社会自我是个体对自己在社会关系、人际关系中的角色的意识，即自己在集体中的地位及自己与他人相互关系的评价和体验，是对自己在社会生活中所处的经济状况、声誉、威信等方面的自我评价和自我体验。例如，对自己是否受人尊重和信任，在集体生活中是举足轻重还是无足轻重的认识。

心理自我是个体对自己的心理活动的意识，即对自己心理品质的自我认识和评价，主要是对自己个性心理特征的意识，包括对自己性格、智力、态度、爱好等的认识和体验。例如，对自己的理解力和记忆力强还是弱、思维敏捷还是迟钝、做事果断还是犹豫的认识。

道德自我是指个体对自己遵守道德行为规范、遵纪守法、思想政治品质、生活作风等方面的自我认识和自我评价。

□ 2. 从形式上看

自我意识表现为认知的、情感的和意志的三种形式，分别称为自我认识、自我体验和自我调节。

自我认识属于自我意识的认知成分，是一个人对自己的认识，回答的是"我是谁""我怎么是这样的人"等问题。它包括自我感觉、自我观察、自我分析、自我概念、自我评价等。

自我体验属于自我意识的情感成分，是伴随着自我认识产生的内在感受，反映为对自己的满意状况。它主要涉及"我是否喜欢自己""我是否满意自己"等，基本是一种自我的感受，包括自尊感、自卑感、自豪感、自信和内疚等。

自我调节属于自我意识的意志成分，是一个人对自身的心理与行为的主要支配和掌握，即指一个人不受外界因素的干扰，能自觉调节自己的情感冲动和行为。它主要涉及"我如何成为自己理想的那种人""我怎么样才能成为一个更有自信的人"等。

自我认识是自我体验和自我调节的基础，自我体验能强化（含正强化和负强化）自我调节，自我调节的结果又会强化、校正和丰富自我认识。以上三者互相联系、有机组合、完整统一，成为一个人个性的核心内容。

■ 二、学前儿童自我意识的产生与发展

几个月的婴儿甚至不能意识到自己身体的存在，不知道自己身体的各个部分是属于自己的。随着月龄的增加，在周围人的引导下，1岁左右的婴儿逐渐认识自己身体的各个部分。

■ （一）学前儿童自我认识的发展

2~3岁，幼儿自我意识获得质的发展，这一标志是以第一人称"我"来称呼自己，并且在跟其他人交往中，逐渐能够区分哪些东西属于自己，哪些东西属于别人，逐渐学会用"我的"物主代词来表示。这个时候幼儿不再把自己当作客体来看待，而是作为一个主体，意识到自己的心理活动。

案例呈现

　　幼儿在与其他小朋友玩耍时，开始明确地表示"这是我的玩具""我要用我的画笔"，不再像之前那样混淆自己和他人的物品。

　　此外，幼儿在2～3岁学会自我评价，幼儿初期对自己的评价依赖于成年人的评价，并且对自己的评价往往比较表面，偏向从某一个方面或局部来评价自己。例如，有的幼儿认为自己笨，问其原因，竟然是"老师说我不聪明""爸爸说我笨"。

（二）学前儿童自我体验的发展

　　自我体验是在自我认识的基础上发展起来的，是指个体自我意识、情感因素随年龄增长而完善提高的过程。自我体验产生于幼儿前期。幼儿在与成人交往中，获得成人对自己与他人的评价，从这些评价中，获得肯定或否定的自我体验。幼儿已经有对愉快感、愤怒感、委屈感、自尊感、自信感、羞愧感的自我体验。例如，当幼儿在绘画比赛中获得第一名时，会表现出强烈的自尊感和自信感，觉得自己很厉害；而当自己的玩具被其他小朋友不小心弄坏时，会感到愤怒和委屈。

（三）学前儿童自我调节的发展

　　幼儿自我调节能力是幼儿积极独立地完成各种任务、协调与他人关系、成功适应社会的核心和基础，对幼儿未来的发展具有重要作用。3岁左右的幼儿，其自我调节的水平是非常低的。在遇到外界诱惑时，主要受成人的引导，而一旦成人离开，很难控制自己，常出现违反规则的行为。例如，设计一个情境，给每个幼儿一个包起来的盒子，里面有糖果。告诉幼儿10分钟后，教师回来时才能打开吃。当教师离开后，小班的幼儿多数会很快打开盒子，而大班的幼儿坚持的时间则较长，并有更多的幼儿按要求坚持到教师回来。

三、学前儿童自我意识发展的特点及典型表现

（一）特点

　　小班幼儿表现出强烈的自我意识，强调以自我为中心，具有鲜明的独占意识，不愿理解也无法理解别人的想法。大多数小班幼儿交往时以自我为中心去理解周围的事情。具体表现为：把别人的东西占为己有、同伴之间抢玩具、缺少同情心和团体概念等。

　　中班幼儿的自我意识大大丰富，从对自己身体特征的认知，逐渐发展到对自己社会角色和心理活动的意识。中班幼儿自我意识的发展，表现在他们已经对自我形成了某种看法（如"我是漂亮的孩子"），而这些自我认识基本上来自家长、同伴、教师平时对幼儿的评价。

大班幼儿已经具有了认识自我的能力，能够初步认识到自己在班级中的位置；能够意识到自己的外部行为和内部活动，并形成独立的自我评价；自我控制能力和调节能力有较大的提高。

■ （二）典型表现

小班幼儿能说出一些自己会做的事；知道和自己一起生活的家庭成员；能说出自己的家庭住址及家长电话号码；对自己的行为或做出的成果感到满意；敢在熟悉的人面前说话或表演等；受欺负时能寻求帮助；能在成人的鼓励下做一些力所能及的事，敢在熟悉的人面前说出自己的想法。

中班幼儿知道自己的兴趣爱好；能说出父母的工作和主要爱好；能说出自家的村名或街名、小区名；为自己的优点和长处感到自豪；敢在不熟悉的人面前说话或表演；受欺负时据理力争；敢于尝试有一定难度的活动；能根据自己的兴趣和需要选择游戏或其他活动；在同伴群体或集体中能说出自己的想法和意见。

大班幼儿能大致评价自己好的方面和不足之处；知道自己家庭的主要亲属及其与自己的关系；能说出自己居住的省（自治区）、市（县或区）名称；接纳自己的相貌和身体特征；敢在较多的人面前说话或表演；能拒绝别人的不合理要求，也能接受别人的合理拒绝；遇到困难时，能自己想办法解决，不轻易求助；做事情时有自己的想法；与同伴或成人的看法不同时，敢于表明自己的意见并说出理由。

■ 四、学前儿童自我意识的培养方法

学前儿童自我意识的培养是一个关键的教育环节，它关系到孩子未来心理健康和人格发展。以下是一些关于自我意识培养的建议。

■ （一）重视情感表达

让孩子知道他们的感受是被重视的，鼓励他们诚实地表达自己的情感和想法。家长和教师应该耐心倾听孩子的分享，并给予积极的反馈和支持，帮助孩子了解自己的内心世界，建立清晰的自我认知。

■ （二）引导自我反思

鼓励孩子对自己的行为和思想进行反思和评价，这有助于他们了解自己的优点和不足，并学会如何改进。可以通过日常对话、日记写作或自我评价表等方式引导孩子进行自我评价。

■ （三）积极反馈与支持

当孩子尝试新事物或面对挑战时，给予他们积极的反馈和支持。反馈应具体，且具有建设性，避免使用贬低或否定的词语。

（四）尊重个体差异

每个孩子都是独特的，尊重孩子的个性和差异是他们能自我接纳的基础。家长不应试图将孩子塑造成某种特定的形象，而应鼓励他们发挥自己的特点和优势。

（五）通过游戏和活动培养

角色扮演和游戏是培养孩子自我意识的重要方式之一。教师可以设置不同角色的扮演区域，让孩子扮演不同的角色，使孩子通过扮演他人来认识自我。家长可以在家中提供丰富的角色扮演道具和故事书，鼓励孩子利用想象力和创造力来扮演不同的角色，使孩子在游戏中认识自己和他人的异同。

（六）培养自主决策和问题解决能力

在学前教育中，设计一些能够让孩子做选择和解决问题的活动，例如让他们选择玩具、游戏或活动。家长可以在日常生活中给予孩子适当的决策权，例如在购物时让孩子自己选择食物或衣服。

通过这些方法，家长和教师可以帮助孩子逐步建立健康的自我意识，为他们的成长和发展打下坚实的基础。请注意，每个孩子都是独特的，因此在培养自我意识的过程中，应根据孩子的个性和需求进行灵活调整。

真题再现

一、单项选择题

1. 根据希波克拉底的体液学说，下列哪种气质类型的人情绪体验深刻，有高度的敏感性，很少表露自己的感情，但对生活中遇到的波折容易产生忧郁的情感，而且持续时间较长？（　　）

A. 胆汁质 　　　　　　　　B. 多血质

C. 黏液质 　　　　　　　　D. 抑郁质

2. 性格是个体稳定的个性心理特征，以下关于性格的说法错误的是（　　）。

A. 性格表现在人对现实的态度和与之相适应的行为方式上

B. 一个人在一次偶然的场合表现出胆怯的行为，就说明这个人具有怯懦的性格特征

C. 性格是个性中最具核心意义的心理特征

D. 性格有好坏之分，其特征中占主导地位的思想道德品质也有好坏之分

3. 以下关于能力的说法错误的是（　　）。

A. 能力是保证活动顺利进行并能取得成就的心理特征

B. 一般能力是指观察、记忆、思维、想象等能力，通常也叫智力

C. 特殊能力只在特殊领域内发挥作用，与一般能力的发展没有关系

D. 模仿能力是幼儿主要的学习方式，创造能力是在模仿能力的基础上发展起来的

4. 以下关于自我意识的说法错误的是（　　）。

A. 自我意识是个体对自己所有身心活动的知觉，包括内部心理状态和外部体貌言行表现

B. 自我意识的结构从内容上看包括生理自我、社会自我、心理自我和道德自我

C. 自我意识的结构从形式上看表现为自我认识、自我体验和自我调节

D. 自我意识是个体天生就具有的，不需要通过社会实践和人际交往来形成

二、简答题

1. 简述学前儿童气质稳定性和可塑性的表现及教育意义。

2. 简述幼儿期性格初步形成的表现。

3. 简述学前儿童能力培养的方法。

4. 简述学前儿童自我意识发展的特点及典型表现。

📕 岗位实训

任务一　观察记录任务。

（1）任务内容：在日常教学活动中，选择一个班级的学前儿童作为观察对象，利用一周的时间，详细记录每个孩子的日常行为表现，包括游戏时的情绪反应、与同伴互动的方式、上课时的注意力集中情况、参与集体活动的积极性等。例如，记录孩子在自由游戏时是主动加入还是犹豫不决，与同伴发生冲突时的处理方式，上课时是否容易分心以及分心后的调整速度等。

（2）实践目的：通过持续的观察，初步了解学前儿童的气质类型特征，为后续有针对性的教育引导提供依据。同时，培养教师敏锐的观察力和良好的记录习惯，以便更好地关注每个孩子的个体差异。

（3）成果呈现：形成一份详细的观察记录报告，报告中应包含每个孩子的基本信息、观察时间、具体行为表现描述以及初步的气质类型判断。

任务二　教育引导任务。

（1）任务内容：根据观察记录报告中对学前儿童气质类型的初步判断，为不同气质类型的孩子设计并实施个性化的教育活动。例如，对于胆汁质的孩子，设计一些需要快速反应和大胆表达的活动，如"快速问答接力赛"，在活动中引导他们学会控制情绪，避免过于冲动；对于抑郁质的孩子，开展"心灵手巧手工坊"活动，创造安静、舒适的环境，鼓励他们动手制作简单的手工艺品，并在完成后给予充分的肯定和鼓励，帮助他们建立自信。

（2）实践目的：检验教师根据学前儿童气质类型制定教育策略的能力，观察教育活动对孩子气质表现的影响，进一步调整和完善教育方法，促进学前儿童气质的积极发展。

（3）成果呈现：撰写一份教育实践活动总结，总结中需详细说明教育活动的设计思路、实施过程、孩子的参与情况以及活动效果评估。同时，对比活动前后的观察记录，分析孩子气质表现的变化，提出后续的教育建议。

任务三　教育环境创设任务。

（1）任务内容：实习生根据学前儿童气质发展的特点，参与实习班级的教育环境创设工作。例如，针对多血质孩子活泼好动、喜欢新鲜事物的特点，在活动区创设一个"探索发现角"，放置各种有趣的科学小实验材料、拼图玩具等，吸引孩子主动探索；对于黏液质孩子沉稳、内倾的特点，在阅读区设置一个舒适的"静谧小天地"，配备柔软的坐垫、温暖的灯光和丰富的图书资源，营造安静舒适的阅读氛围。

（2）实践目的：锻炼学前教育专业学生的环境创设能力，使他们能够根据学前儿童的气质差异，设计出有利于孩子发展的教育环境，为孩子提供一个支持性和个性化的成长空间。

（3）成果呈现：完成教育环境创设后，实习生需撰写一份环境创设说明文档，文档中应详细描述创设的环境区域、投放的材料、设计意图以及预期对孩子气质发展的促进作用。同时，拍摄环境创设后的照片，附在说明文档中，直观展示创设效果。

📕 直通国赛

观看国赛视频，运用观察法分析幼儿的个性特点。

国赛视频 12

项目十三　学前儿童社会性的发展

学习目标

知识目标：

了解学前儿童社会性发展的内容，以及产生发展规律、特点和影响因素。

能力目标：

掌握促进学前儿童社会性发展的策略，并能结合具体案例，选择恰当的指导策略。

素养目标：

理解并尊重学前儿童社会性发展的规律，愿意采取有效措施促进其身心和谐发展。

思维导图

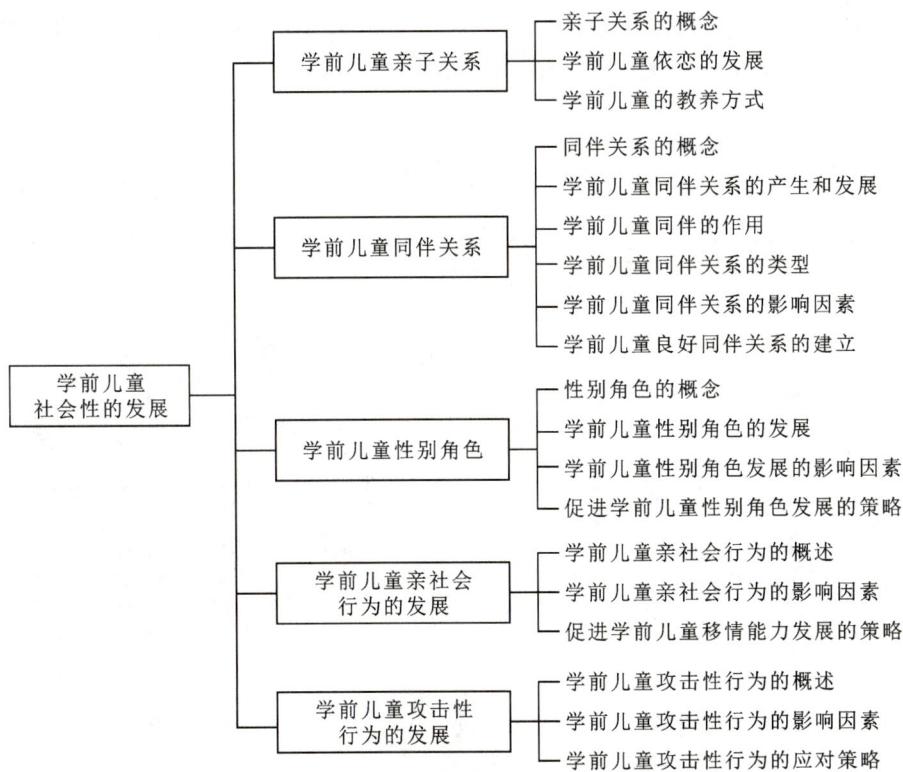

情境导入

小虎是个 4 岁的小男孩，活泼好动，对什么都好奇。爸爸妈妈工作忙，多是爷爷奶奶带他。爷爷奶奶特别宠他，对他的要求都满足。可最近，小虎妈妈发现一个问题：小区里好多小朋友，小虎想和他们玩，却无法加入。他要么太急，要么不会说，小朋友们就不太乐意和他玩。小虎试过几次，还是不行，就有点灰心，开始一个人玩了。小虎妈妈看在眼里，急在心里。

任务一　学前儿童亲子关系

■ 一、亲子关系的概念

所谓亲子关系，是指孩子与其抚养人（主要是父母）之间，在情感、行为和认知上建立起的紧密联系。这种关系是基于血缘、法律或长期共同生活而形成的，对孩子的心理发展、社交能力以及未来的人格形成都具有深远的影响。

■ 二、学前儿童依恋的发展

从婴儿期情感的发展中可以发现，当孩子开始对母亲的爱抚报之以动作或微笑（社会性微笑）时，就开始了人际交往，这种交往也是一种强烈的情感联系，使得孩子最愿意和父母在一起。当孩子遇到困难、恐惧时，便寻找父母，表现出一系列依恋行为。

依恋是指孩子与照顾者之间强力而深厚的情感联系，由于孩子的照顾者多为其父母，故又称为亲子依恋（见图 13-1）。依恋的实质是一种社会性的情感需要，与依恋对象相处，个体会感到安全、愉快；而与依恋对象分离，会使个体感到焦虑和遗憾。

图 13-1　亲子依恋

■ （一）学前儿童依恋发展的阶段

鲍尔贝把学前儿童依恋的产生与发展过程分为四个阶段。

第一阶段：前依恋期（0～3 个月）。这期间婴儿对人的反应几乎都是一样的，喜欢所有人，最喜欢注视人的脸。

第二阶段：依恋关系建立期（3～7个月）。这期间婴儿能分辨熟人和陌生人，并做出不同反应，喜欢和母亲接触，但对目前的离开没有明显焦虑。

对母亲和其他熟悉的人的反应与对陌生人的反应有了区别。婴儿在熟悉的人面前表现出更多的微笑、啼哭和咿咿呀呀；对陌生人的反应明显少，但依然有。

第三阶段：依恋关系明确期（7个月～2岁）。这一时期，婴幼儿建立了对特定个体的真正依恋，出现了分离焦虑与对陌生人的谨慎或恐惧，出现了对人的持久的依恋情感，并能与人进行有目的的人际交往。

第四阶段：目标调整的伙伴关系（2岁以后）。这一时期，幼儿开始考虑母亲的愿望、需要和情感。认识到母亲的离开是暂时的，并不是抛弃他，母亲是爱他的，并与之建立起双边的人际关系。

■ （二）学前儿童依恋的类型

美国心理学家安斯沃斯等人将依恋类型分为四类：

□ 1. 安全型依恋

安全型依恋是指在陌生情境中，婴儿对父母的离开和返回表现出一种稳定和积极的反应。当父母离开时，婴儿可能会感到心烦意乱，但当父母返回时，婴儿会主动寻找并容易在父母的安慰下平静下来。安全型依恋的个体具有积极的自我表征和他人表征，能够在需要时获得支持和安慰。他们倾向于与他人建立亲密关系，并对亲密关系有积极期待。在面对困难时，他们能够有效地利用社会资源来缓解压力，很少出现焦虑或抑郁情绪。

□ 2. 回避型依恋

回避型依恋是指个体在亲密关系中倾向于回避亲密程度和情感接触的一种依恋类型。具有这种依恋类型的个体通常会避免深入的情感接触，以此作为防止情感伤害或失望的手段。

□ 3. 矛盾型依恋

矛盾型依恋是指婴儿在母亲离开前会表现出不安，分离后会变得极为痛苦。当重新与父母团聚时，这些婴儿难以平静下来，并经常出现相互矛盾的行为，如既想得到安慰又想"惩罚"擅离职守的父母。矛盾型依恋的婴儿在童年期可能表现出烦躁、不易接触和缺乏信任感。

□ 4. 混乱型依恋

混乱型依恋是指在陌生情境中，婴儿的行为难以归类到安全型、回避型或矛盾型中的任何一种。他们表现出一种混乱、无法定向的依恋模式。混乱型依恋的婴儿在与监护人分离或重聚时，情绪和行为表现混乱、不适宜。他们的行为可能难以预测和监控，对亲密关系表现出内部矛盾。

亲子依恋的一般类型是比较稳定的，而表达依恋的行为则随着婴儿的发展而有所变化。年龄小的婴儿可能倾向于在身体上靠近母亲，年龄大一点儿的则通过言语沟通来保持与母亲的联系。另外，婴儿的依恋也可能由于环境的变化而发生转化。当家庭内压力较大时，有的婴儿表现为从安全型依恋向矛盾型依恋转化；而当家庭情境由紧张转变为轻松时，依恋则会向更安全的类型转化。

经典实验

"陌生情境"实验

美国心理学家安斯沃斯于1969年设计了一种被称为"陌生情境"的实验过程，以观察人类母亲和婴儿间的依恋关系。在这个过程中，婴儿进行20分钟的游戏，并使照看者及陌生人进出房间，从而再现大多数婴儿在生活中会遇到的熟人、陌生人情境变换，同时对婴儿的反应加以观察。不同的情境中，婴儿的心理压力会发生变换。

在实验中，婴儿体验到如下情境：① 与母亲一起留在游戏室中。② 陌生人进来，加入他们之中。③ 母亲离开，留下婴儿与陌生人在房间中。④ 母亲回来，陌生人离开，母亲和婴儿在一起。⑤ 母亲离开，留下婴儿单独待在房间。⑥ 陌生人返回房间，与婴儿一起留在房间。⑦ 母亲返回，与婴儿重聚。

研究者观察婴儿行为的两个方面：① 婴儿从事的探索行为（玩新玩具）的总量。② 婴儿对母亲行为的反应。实验中发现，不同婴儿面对陌生情境的反应有明显的差异。安斯沃斯根据婴儿在实验中和依恋对象的关系密切程度、交往质量不同，将其依恋模式分为安全型依恋、回避型依恋和矛盾型依恋。后来的研究者在此基础上又提出第四种类型——混乱型依恋。

■（三）依恋对学前儿童发展的影响

□ 1. 对幼儿认知的影响

在认知发展中，这一点很突出地表现在探索行为和解决问题的风格上。早期安全型依恋的幼儿在2岁时便产生更多复杂的探索行为。随着幼儿的发展，这种理智上的好奇心在解决问题情境中表现为高度的持久性和愉快感，而早期非安全型依恋的幼儿则没有这些表现。

□ 2. 对幼儿情感及同伴关系的影响

安全型依恋的幼儿自尊、同情和积极性情感较强，消极性情感较弱，从而更多地以积极性情感来发动、响应和维持与他人的相互作用。这些幼儿对新鲜活动表现出较少的消极反应，牢骚较少，攻击性更低。同时，安全型依恋的幼儿更具社会竞争能力，能掌握更多社会技能，朋友更多。幼儿与成人的安全关系有利于促进良好的同伴关系。

形成了非安全型依恋的幼儿可能过于关注自己的兴趣和需要，不顾及他人的感受和需求，或者表现出孤僻、任性的行为，不愿意主动与同伴交往。在攻击性方面，非安全型依恋的幼儿有时可能通过攻击性行为来表达自己的不满和焦虑。

总之，对于父母的健康依恋会促进幼儿对社会环境和物理环境奥秘的探索和好奇。同时，早期依恋增加了幼儿对其他社会关系的信任，并使幼儿以后能与同伴发展为成熟的情感关系。

■ 三、学前儿童的教养方式

父母教养方式是父母教养观念、教养行为及其对幼儿的情感表现的一种组合方式。教养方式分为权威型、专制型、放纵型和忽视型四种。

□ 1. 权威型教养方式

权威型教养方式又称为民主型教养方式。权威型教养方式强调高质量的陪伴与适当的管教相结合，家长以积极、耐心的态度对待幼儿，设定高标准并鼓励幼儿独立面对挑战。这种方式有助于培养幼儿的自信、自律和积极向上的性格，使幼儿在学业和社交方面都能表现出色。

□ 2. 专制型教养方式

专制型教养方式以严格的规则和强控制欲为特点，家长对幼儿的需求反馈关注少，且常用严厉的惩罚来管教幼儿。这种方式可能导致幼儿受到精神上的伤害，自尊心低下，出现情绪调节困难、行为问题和学业不佳等。

□ 3. 放纵型教养方式

放纵型教养方式表现为家长过度满足幼儿的需求，甚至放纵幼儿的不良行为，缺乏对幼儿独立性和责任感的培养。这种教养方式可能导致幼儿变得依赖性强、自私自利，难以适应社会环境，并可能出现自制力差等问题。

□ 4. 忽视型教养方式

忽视型教养方式中，家长对幼儿缺乏关注和关心，亲子互动少，既缺乏陪伴也缺乏管教。这种教养方式可能导致幼儿感到被忽略和孤独，情感发展受阻，并可能影响其学业成绩和社交能力的发展。

■ 四、亲子关系的影响因素

□ 1. 教养方式

教养方式是亲子关系中至关重要的因素。过度保护与溺爱、严厉惩罚与控制等不当的教养方式可能导致幼儿形成依赖、逆反或恐惧等心理，影响亲子间的沟通和理解。

相反，平衡、尊重与理解的教养方式有助于增强幼儿的自信心和责任感，促进亲子关系的和谐与融洽。

□ 2. 家庭环境与功能

家庭环境与功能对亲子关系具有深远的影响。和谐的家庭氛围、明确的家庭角色分工以及有效的沟通机制能够增强家庭成员之间的情感联系，为亲子关系的健康发展提供坚实的基础。相反，紧张的家庭氛围、角色冲突和沟通障碍等问题可能导致亲子关系紧张，影响家庭成员之间的信任和支持。

□ 3. 父母的特点

父母的特点，包括性格、情绪稳定性、教育观念以及受教育水平等，都在一定程度上塑造着亲子关系。情绪稳定、教育观念正确的父母更容易与幼儿建立积极的互动关系，而性格急躁、教育观念狭隘的父母可能导致亲子关系紧张。此外，父母的受教育水平和社会经济地位也会影响他们对幼儿的期望和教育方式，进而影响亲子关系的和谐与否。

□ 4. 幼儿的特点

幼儿的特点，如发育水平、个性气质以及认知差异等，对亲子关系同样具有重要影响。父母需要根据幼儿的年龄、个性和需求调整教养方式，以适应幼儿的成长和发展。同时，幼儿对父母的情感需求和反应模式也会影响亲子关系的建立和维护。父母需要理解并尊重幼儿的特点，给予他们适当的支持和关爱，以促进亲子关系的和谐发展。

任务二　学前儿童同伴关系

案例呈现

由于爸爸妈妈工作的变动，5岁的小明转入到一个新的幼儿园上中班。他原本比较活泼，但在转园后，在幼儿园的同伴交往中显得有些被动。他经常独自一人坐在角落里，不愿意和其他小朋友一起玩耍。

一、同伴关系的概念

幼儿进入幼儿园后，其生活中同伴和成人的重要性会逐步发生变化。他们慢慢地更加为同龄伙伴所吸引，变得更有机会能频繁地、近距离地接触同伴，他们慢慢地疏远了父母而更多地走到同伴中去。他们正发展着一种崭新的人际关系——同伴关系（见图 13-2）。

同伴关系指年龄相同或相近的幼儿之间的一种共同活动并相互协作的关系，或者主要指同龄人之间的或心理发展水平相当的个体间在交往过程中建立和发展起来的一种人际关系。

图 13-2　同伴关系

■ 二、学前儿童同伴关系的产生和发展

■ （一）婴儿同伴关系的产生和发展

3～4 个月的婴儿会出现观察和模仿身边其他婴儿的现象。到了 6 个月，婴儿就会对同伴微笑，向同伴发出"咿咿呀呀"的声音。这些行为标志着婴儿与同伴交往的初步发展。此外，还有研究指出，相互熟悉的婴儿在交往的积极性、频率、持续性、复杂性上都远远超过陌生婴儿。婴儿早期的同伴交往大都是围绕玩具、物品而产生的。玩具为婴儿与同伴交往提供了多种形式，如给或拿、模仿、合作、分享或抢夺等。

■ （二）幼儿游戏中同伴关系的发展

研究表明，幼儿之间绝大多数的社会交往是在游戏情境中产生的。3 岁后，幼儿与同伴交往的发展特点主要表现在以下几个方面。

3 岁左右，幼儿在游戏中的交往主要是非社会性的，他们通常以独自游戏或平行游戏为主。在这个阶段，幼儿往往各玩各的，彼此之间没有太多的联系。

4 岁左右，联系性游戏逐渐增多，并成为主要的游戏形式。幼儿开始尝试与同伴进行互动，共同完成任务或目标。这是幼儿游戏中社会性交往发展的初级阶段。

5 岁以后，合作性游戏开始发展，同伴交往的主动性和协调性逐渐增强。幼儿开始学会分工合作，共同解决问题，游戏中的社交互动变得更加复杂和深入。

幼儿期同伴交往主要是同性别的幼儿交往，且随着年龄的增长，这一特点越来越明显。女孩在交往中往往表现出更明显的选择性，其偏向更加固定。同时，女孩在游戏中的交往水平通常高于男孩，而男孩对同伴的消极反应则明显多于女孩。

■ 三、学前儿童同伴的作用

幼儿社会性发展过程的一个重要任务是对社会规则的学习，与同伴的互动成为幼儿社会规则学习的重要途径。同伴在幼儿社会性发展过程中所起到的作用包括如下几个方面。

■ （一）强化者

在幼儿的社会交往过程中，同伴扮演着不可或缺的强化者角色。他们通过接受、拒绝、冲突解决等互动行为，对幼儿的具体表现给予即时反馈，从而强化或削弱幼儿的行为模式。

■ （二）榜样

同伴也是幼儿学习社会行为、道德判断以及性别角色分工的重要榜样。幼儿通过观察同伴的行为，能够学习到亲社会行为、成就行为、道德判断、延缓满足的策略及性别分化的态度和行为等。此外，同伴榜样还能告知幼儿在特定情境中应有的表现，帮助幼儿适应不同的社交环境。

■ （三）社会比较的参照

同伴还作为幼儿进行社会比较的对象，帮助幼儿形成自我认知，明确自己在群体中的位置和角色，以更好地了解自己的能力和人格特质。这种社会比较有助于幼儿形成自我认知和自我评价。

案例呈现

有一次，幼儿园组织了一次绘画比赛，要求每个小朋友都画一幅画。小华非常认真地画了一幅画，但他觉得自己画得并不好，因为其他小朋友的画都看起来比他的更漂亮、更有创意。比赛结束后，教师展示了所有小朋友的画，并进行了简单的点评。小华发现，虽然他的画并不是最漂亮的，但教师还是表扬了他，说他画得很认真，颜色搭配得也很和谐。

【分析】

小华通过将同伴作为自己的参照，重新确认了自己在同伴中的位置，找回了信心。

■ 四、学前儿童同伴关系的类型

在幼儿的交往中，有的幼儿受同伴欢迎，有的则较普通，还有一些幼儿的交往存在一些问题。他们在生理相关特征、行为特征、能力特征、性格特征、情绪与情感特征、交往主动性与水平特征、体验特征等方面各有特点。

■ （一）受欢迎型幼儿

这部分幼儿通常性格开朗，情绪稳定，外向友好，善于表达，且乐于助人。他们在同伴交往中积极主动，常展现出友好、分享、合作等积极行为。他们喜欢且善于交流，对没有同伴共玩会感到难过。他们在同伴中享有较高的地位，受到广泛喜爱和接纳，具有良好的同伴关系。

■ （二）被拒绝型幼儿

这部分幼儿可能较为冲动，外向但缺乏共情能力，有时表现出急躁和好动的特点。他们虽然社交积极性高，但常因不友好的交往方式（如抢夺玩具、大声叫喊、推打小朋友等）而被同伴排斥。他们可能对自己的社交地位过于高估。他们在同伴中地位较低，关系紧张，常被同伴排斥或拒绝。

■ （三）被忽视型幼儿

这类幼儿通常较为内向、安静，可能表现出退缩或回避的行为。他们在交往中不积极也不主动，很少表现出主动的行为，因此既不会获得太多同伴的青睐，也不会被太多同伴反感，容易被忽视。

■ （四）矛盾型幼儿

这类幼儿个性鲜明，有时表现出活跃和领导力强的特点，但也可能过于强势。他们在同伴交往中既受到一些同伴的喜爱，又被另一些同伴排斥。他们可能在团体中容易建立权威，但也可能因控制欲过强而引起同伴的反感。

■ （五）一般型幼儿

这类幼儿情绪与性格处于中等水平，没有特别突出的特点。他们在同伴交往中行为表现一般，在同伴群体中处于中间位置，既不是特别受欢迎，也不容易被忽视或被排斥。他们愿意参与同伴互动，但表现不算突出。

■ 五、学前儿童同伴关系的影响因素

■ （一）早期亲子交往经验

早期亲子交往的状况会影响到幼儿自身的安全感、对同伴的信任感、与人交往的方式、表达情感的方式等，这些无疑会影响到其与同伴的交往。

■ （二）幼儿自身不可控特征

幼儿对同伴的接纳程度会受到一些自身难以改变因素的影响，这些因素包括他们的外表、年龄以及性别等。一般情况下，幼儿倾向于选择与自己同年龄、同性别的幼儿做朋友，也更喜欢和那些长得漂亮、穿戴漂亮、干净整齐的同伴玩。

（三）社交技能

幼儿自身对交往的主动性和交往的能力是影响同伴接纳性的主要因素。那些亲社会行为较多，攻击性行为较少的幼儿更受同伴欢迎；而攻击性行为多，过度活跃的幼儿容易被排斥；攻击性较少、少言寡语、较为退缩的幼儿则更易被忽视。

六、学前儿童良好同伴关系的建立

幼儿良好同伴关系的建立离不开成人的支持与帮助，家长在亲子交往中传递出的交往方式会影响幼儿，同时，家长还能帮助幼儿改善一些会影响同伴交往的外在特点，如卫生习惯、穿着等。此外，在幼儿园，教师可以采取如下措施，帮助幼儿建立良好的同伴关系。

（一）提供多样化的社交机会与活动

幼儿园应组织多样化的活动，如团队游戏、体育活动等，鼓励幼儿参与小组活动，在小组活动中，合理分配角色，让幼儿体验不同的职责和任务，让幼儿在与同龄人的互动中学习社交技能，培养责任感和团队协作能力。

（二）培养社交技能与情绪管理能力

教师应教给幼儿必要的社会交往知识和技能，如分享、轮流、倾听、表达等，这些都是建立良好同伴关系的基础。可以通过角色扮演、移情训练等方法来培养幼儿的亲社会行为。此外，教师还应帮助幼儿识别和理解自己及他人的情绪，教他们如何以健康的方式表达和处理情绪。当幼儿遇到冲突或挫折时，引导他们以积极的方式解决问题，避免使用暴力或逃避。

（三）创造安全、支持性的环境

教师应为幼儿创造一个安全、支持性的环境，让幼儿感到舒适和被接纳。在这样的环境中，幼儿更容易放下戒备心理，积极参与同伴交往。同时，教师应细心观察幼儿在同伴互动中的行为，及时给予正面的反馈和指导。当幼儿表现出积极的行为时，应及时表扬和鼓励；当幼儿遇到困难或问题时，应提供必要的支持和帮助。

（四）家园合作与定期评估

教师应积极争取家长的配合，保持家园教育的一致性。家长和教师应共同关注幼儿的社交发展，为他们提供一致的社交环境和教育要求。通过及时的反馈和有针对性的指导，帮助幼儿不断提升社交能力。

任务三　学前儿童性别角色

■ 一、性别角色的概念

性别角色是社会按照人的性别分配给人的社会行为模式，是指社会对男性和女性社会成员所期待的适当行为的总和。性别角色的获得与发展是幼儿社会化发展中的重要内容。

社会认定男性和女性有不同的任务及活动范围（见图 13-3）。性别角色的发展是以幼儿性别概念的掌握为前提的，即只有当幼儿知道男孩和女孩是不同的，才能进一步掌握男孩和女孩不同的行为标准，从而形成与自己性别相符的行为。

图 13-3　男性和女性的分工不同

📖 案例呈现

男孩小明被一本关于公主的绘本深深吸引，绘本中的公主穿着华丽的裙子，戴着璀璨的珠宝，看起来非常美丽。小明被公主的形象深深打动，于是他决定自己也要扮演一次公主。他跑回家，从妈妈的衣柜里找出了一条漂亮的裙子，然后兴奋地穿上它。他还让妈妈帮他梳了一个漂亮的发型，并戴上了一些小饰品。小朋友们看到小明的新形象，都感到非常惊讶和好奇。他们围着小明，七嘴八舌地问："小明，你怎么穿裙子了？""你是男孩还是女孩啊？"面对这些问题，小明显得有些困惑。

■ 二、学前儿童性别角色的发展

学前儿童性别角色的发展是以性别概念的掌握为前提的。对于学前儿童来说，性别角色的发展主要经历三个阶段。

■ （一）对性别概念的掌握

幼儿性别概念的发展主要包括三个方面：性别认同、性别稳定性和性别恒常性。

从时间上看，幼儿性别认同出现得最早，在性别认同的基础上，幼儿的性别稳定性和性别恒常性也会逐渐发展起来。

1. 性别认同

性别认同是指对自己和他人的性别的正确认识与接受。一般情况下，幼儿总是以确定的性别身份进入这个世界的。从一出生，父母便开始以与特定性别相适应的方式来对待他们，如取名、穿衣、买玩具，乃至以后的行为要求、生活方式、道德准则等。2岁以上的幼儿开始从成人对他们的态度中接触到自身的性别问题，并且开始知道一些特定的活动与物体同性别相联系，如衬衫是爸爸的，裙子是妈妈的，等等。幼儿开始能正确说出自己的性别。3岁时，幼儿对性别的理解能力进一步提高，但还不能根据性别来挑选与自己适合的物体。幼儿虽然知道自己是男孩还是女孩，但并不清楚自己的性别是不会随年龄的增长而变化的。

2. 性别稳定性

性别稳定性是指对自己的性别不随年龄、情境等的变化而改变这一特征的认识。一般来说，幼儿在4岁达到性别稳定性。有研究者发现，4岁以上的幼儿能正确回答诸如"你小时候是男孩还是女孩？""你长大后是爸爸还是妈妈？"等问题。这一年龄段的幼儿能够认识到，一个人的性别在一生中是稳定不变的。这一发展依赖于幼儿对心理方面特征的感知。幼儿对心理这方面的性别信息的判断相对简单，如对女性的温柔、男性的攻击性等特点的感知较早。

3. 性别恒常性

性别恒常性是指个体对人的性别不因其外表（如衣着打扮、发型等）和活动的改变而改变的认识，是幼儿性别认知发展中一个重要的里程碑。4岁之前的幼儿常常根据服饰、发型区分他人的性别，当他人服饰、发型发生变化，幼儿就会认为其性别发生了变化。5～7岁的幼儿首先对自己的性别认识产生了恒常性，然后对与自己性别相同的他人产生性别恒常性，最后对异性产生性别恒常性。幼儿性别恒常性的发展要晚于性别稳定性的发展。

📕 案例呈现

小荔是一个3岁的小女孩。有一天，她看到哥哥穿着一件蓝色的超级英雄T恤，觉得非常帅气，于是她也想穿。当妈妈给她穿上这件T恤后，小荔站在镜子前，非常高兴地说："我现在是一个超级英雄了！"此时，爸爸问她："小荔，你是男孩还是女孩？"小荔回答："我现在是超级英雄，是男孩！"

【分析】

小荔认为自己的性别是由衣服决定的，还未建立起对性别恒常性的认知。

■ （二）性别角色标准的获得

性别角色标准是指社会对男性和女性所期望的行为规范和角色的总和。这些标准通常反映了社会文化体系对男性和女性行为的不同期望和规范，包括男女两性所持的不同态度、情感、人格特征和社会行为模式。随着人类社会的长期发展，人们总是倾向于认为男性具有独立、自信、担当、爱冒险、有竞争性、支配欲强、粗鲁等特征，心理能力具有明显的工具性，擅长解决实际问题；而女性则具有温柔、优雅、爱孩子、善解人意、情绪波动大、易退缩等特征，心理能力具有明显的表达性，擅长进行语言交流。这些刻板印象在一定程度上成为父母的性别角色标准。

父母自子女出生后，就以各种方式将这些性别角色标准潜移默化地传递给子女。2岁左右，幼儿开始标示自己及他人的性别。以后，他们便将服饰、玩具、颜色、游戏、家务活、生活用品等与性别角色标准联系起来。大约到了5岁，幼儿对与活动和职业相关的性别角色标准已很牢固地建立起来。有研究显示，6岁之前的大多数幼儿都认为"男孩玩女孩的玩具"是不对的，他们关于性别角色标准的观念是很刻板、严格的。

■ （三）性别化行为的产生和发展

社会对不同性别有着不同的行为模式期待，幼儿带着生理性别出生后，在与环境的互动中，为了获得成人的肯定和赞许，他们的行为会逐渐符合期望中的行为模式，男孩"越来越像男孩"，女孩"越来越像女孩"。进入幼儿期后，幼儿之间的性别行为差异日益稳定、明显，具体体现在以下几方面。

□ 1. 游戏活动中的差异

在游戏活动中，男孩通常倾向于有更多身体接触的游戏行为，如打闹、追逐等，而女孩则更多地进行安静及被动性的游戏。男孩在游戏中可能表现出更多的工具性攻击行为，如打人、抢夺等，而女孩则更倾向于使用语言或间接方式。

男孩通常喜欢推拉玩具、积木等（见图13-4），而女孩则更喜欢拼图、布娃娃等。女孩在游戏中通常表现出对家庭为中心的偏好，如扮演妈妈、照顾娃娃等，而男孩则更倾向于扮演英雄或冒险。

图 13-4　男孩在玩玩具

2. 同伴选择的倾向性

幼儿在选择玩伴时通常更倾向于选择同性玩伴，这种偏好在 4 岁左右开始显现，并随着年龄的增长而变得更加明显。女孩比男孩更早地表现出喜欢与同性玩伴一起玩的倾向。在一些情况下，幼儿可能会出现性别隔离的现象，即男孩和女孩分别形成自己的小团体，并倾向于只与自己团体的成员进行互动。这种现象在幼儿进入小学后可能会变得更加明显。

3. 个性和社会性的表现

幼儿期，个体开始有了个性和社会性方面比较明显的性别差异，并且这种差异在不断发展。女孩大约 3 岁时，开始表现出对照顾比自己小的幼儿的兴趣。4 岁左右，女孩在自控能力、独立能力以及对他人和事物的关心上，通常表现得比男孩更为出色。然而，6 岁左右，男孩在好奇心、观察力以及情绪稳定性方面往往表现得优于女孩，而女孩则继续在对人和物的关心上保持优势。

📕 案例呈现

小明是一个男孩，他非常喜欢射击游戏，当教师邀请他参与过家家游戏时，他赶紧摇了摇头，说："这是女孩的游戏，我不玩。"小红是一个活泼可爱的女孩，但当她看到射击游戏时，却有些害怕，说："这个游戏太可怕了，我不敢玩。"

【分析】
在与环境互动的过程中，男孩小明和女孩小红分别建立了对自己性别的行为模式的认知，认识到了在游戏活动中的性别差异。

■ 三、学前儿童性别角色发展的影响因素

■ （一）生物因素

生物因素是性别角色获得与发展的基础。男女之间遗传基因的差异在于男性具有一个 X 染色体和一个 Y 染色体，而女性则有两个 X 染色体。性别染色体导致了个体毕生的生物机制差异。同时，雄性激素和雌性激素虽然同时存在于男女两性体内，但分布是不均等的。此外，脑是行为的主要调节器官，男性的下丘脑控制着相对稳定的垂体激素分泌，而女性的下丘脑则控制着垂体周期性的分泌激素。总的来看，生物因素只是构成了某些性别差异的早期基础，与社会因素交互起作用。

■ （二）家庭因素

父母是孩子的第一任教师，也是性别行为的引导者。父母通过服装、环境布局、取名等来区分男孩、女孩，并通过日常行为来强化孩子的性别角色。例如，父母可能会根据孩子的性别来选择玩具、布置房间，并用男孩或女孩的行为模式来约束自己的孩子。另外，家庭中的性别角色分工也会影响孩子的性别角色认知。如果家庭中父母的角色分工明确，孩子可能会更容易形成刻板的性别角色观念。

■ （三）教育因素

幼儿园中，教师的性别、性别角色特征、性别偏见等都会对幼儿的性别角色发展产生影响。从最初的教育生活开始，教师就以不同方式将各种关于性别角色的信息传递给幼儿，例如，按照性别来分组、鼓励男孩多参加体力活动等。这种有差别的对待无疑影响了幼儿的性别角色发展。

■ （四）同伴因素

幼儿更倾向于选择同性玩伴，在与同伴的互动中，也会加强他们的性别角色认知。同时，同伴之间的压力也可能导致幼儿形成刻板的性别角色观念。例如，男孩可能会因为害怕被同伴嘲笑而不敢表现出与性别不符的行为。

■ （五）大众媒体

大众媒体在一定程度上也会强化幼儿的性别角色差异。大众媒体对人们的社会生活影响巨大，是传播性别角色观念的重要途径。幼儿通过观看电影、电视，阅读书本、报纸、杂志等，看到男性角色大多刚强稳健，女性角色大多温柔多情。这必然也会影响到其对性别角色的模仿学习。

■ 四、促进学前儿童性别角色发展的策略

■ （一）家庭教育的正确导向与方式

家长在幼儿性别角色发展中扮演着关键角色。首先，家长需树立正确的教育观念，时刻审视自身言行，避免性别认识偏差对孩子产生消极影响。其次，家长应全面理解孩子，不仅关注生理成长，更要重视心理发展，通过多样化的沟通方式增进亲子关系。此外，家庭成员间需保持一致的教育观念，避免溺爱导致孩子性别角色认知偏差，尤其是对于男孩的柔弱倾向。最后，家长应采取适当的教育方式，尊重孩子的意见和选择，在无害前提下鼓励其自主决策，同时根据孩子的性别和个体差异选择具体教育方式。

■ （二）幼儿园教育的性别角色观念与实践

幼儿园作为幼儿接受正规教育的起点，其性别角色教育观念对幼儿发展具有重要

影响。教师应树立正确的性别角色观念，避免在教学活动中流露出对幼儿性别的主观偏爱，选择性别角色多样化的教材和读物，鼓励幼儿参与不同性别的合作活动与游戏，以促进幼儿性别角色观念的健康发展（见图13-5）。同时，教师应充分利用一日生活各环节和角色游戏进行性别角色教育，通过明确、鲜明的游戏角色，引导幼儿在游戏中了解性别差异，取长补短。

图 13-5　教师应鼓励幼儿参与不同性别的合作活动与游戏

■（三）家园合作的深化与教育观念的更新

家庭和幼儿园是幼儿生活、学习的主要场所，家园合作对幼儿性别角色发展至关重要。通过加强家园合作，可以使幼儿在幼儿园和家庭中获得的学习经验更具一致性、连续性和互补性。家长与教师应建立密切的伙伴关系，共同更新教育观念，为幼儿创造一个安全、积极的学习环境。在家园合作中，家长可以了解幼儿在幼儿园的表现，教师也可以了解幼儿在家庭中的情况，从而共同制定更加符合幼儿性别角色发展的教育策略，促进幼儿全面发展。

任务四　学前儿童亲社会行为的发展

婴儿自出生起便置身于众多社会关系和交往活动之中，这些关系和交往活动的形成与发展，促使相应的社会行为逐渐显现。婴幼儿时期的社会行为具有显著的持续性，对个体未来人格的塑造产生深远影响。早期的社会行为模式一旦固定下来，便成为个体性格的一部分，形成习惯。在这些行为中，亲社会行为占据了重要地位，是社会性行为的关键组成部分。

■ 一、学前儿童亲社会行为的概述

■ （一）亲社会行为的含义

亲社会行为是指有益于他人和社会的行为，具体包括分享、合作、谦让、援助等。分享是指幼儿与同伴分享玩具、物品等；合作是指与同伴协同完成某一活动；谦让是指与同伴发生冲突时能够先满足对方；援助是指在他人需要帮助时给予帮助。亲社会行为的发展是幼儿道德发展的核心。在学前阶段，幼儿开始表现出越来越多的亲社会行为，这是他们社会性发展的重要标志。

■ （二）学前儿童亲社会行为的发展阶段和特点

□ 1. 亲社会行为的萌芽（2岁左右）

研究表明，2岁以前，幼儿的亲社会行为已萌芽。15～18个月的幼儿就有分享、助人、合作等亲社会行为的表现，虽然有的是模仿性的，但也有的是自己主动的。

□ 2. 各种亲社会行为迅速发展，并出现明显个别差异（3～6岁）

1）合作行为发展迅速

最初幼儿的合作行为表现为合作性游戏。有研究发现，在幼儿的亲社会行为中，合作行为的产生频率最高，占一半以上。关于幼儿的合作行为的发展可以从幼儿与同伴交往的发展中看出。小班幼儿能进行无意识的随机的合作，中、大班的幼儿能进行有意识的、有目的的合作。

2）分享行为受物品的特点、数量、分享的对象的不同而变化

分享行为是幼儿期亲社会行为发展的主要方面。有研究发现，幼儿分享行为的发展具有如下特点：幼儿的"均分"观念占主导地位；幼儿的分享水平受分享物品数量的影响；当物品在人手一份之外有多余的时候，幼儿倾向于将多余的那份分给需要的幼儿，非需要的幼儿则不被重视；当分享对象不同时，幼儿的分享反应也不同；与玩具相比，幼儿更注重食物的均分。

3）出现明显的个别差异

有研究考察某幼儿被另一个幼儿欺负时，附近其他幼儿对这一事件的反应。结果发现，毫无反应的幼儿极少，只占4%；目睹事件的幼儿有一半呈现面部表情；有17%的幼儿直接去安慰大哭者；其他同情行为包括10%的幼儿去寻找成人帮助，5%的幼儿去威胁肇事者，但有12%的幼儿回避，2%的幼儿表现了明显的非同情性反应，表明幼儿的亲社会行为存在个别差异。这说明亲社会行为的发展需要适当的引导和教育。

■ 二、学前儿童亲社会行为的影响因素

■ （一）社会生活环境

□ 1. 社会文化

在我国文化中，群体和谐的理念被广泛强调，这使得亲社会行为受到高度赞扬与重视。这种文化倾向促使我们在幼儿早期就着重培养他们的亲社会能力，注重通过多种方式鼓励他们积极参与助人和合作的行为。具体而言，幼儿游戏和同伴间的社会互动不仅是娱乐活动，而且是幼儿将来融入成人社会的重要基础。在这样的文化背景下，教育者和家长常常通过引导幼儿参与团体活动和分享，来培养他们的同理心和社会责任感。从宏观的角度来看，亲社会行为不仅是个体的心理特征和道德选择的结果，更是深深植根于特定社会文化环境之中的产物。

□ 2. 电视媒介

电视作为一种重要的媒体形式，是幼儿学习亲社会行为的重要途径。研究表明，观看亲社会节目的5～6岁幼儿不仅能够理解节目的具体亲社会内容，还能够将所学的知识应用于其他生活情境中。具体而言，这类亲社会节目通常包含合作、关爱、分享和解决冲突等行为示范，能够有效引起幼儿的兴趣，帮助他们形成对他人与社会的积极看法。

■ （二）日常的生活环境

□ 1. 家庭

家庭是幼儿形成亲社会行为的主要影响因素。家庭对幼儿亲社会行为的影响，主要表现在两个方面：第一，榜样的作用，父母自身的亲社会行为成为幼儿模仿学习的对象；第二，父母的教养方式是关键因素。例如，民主家庭的父母是支持幼儿独立活动的，他们经常对幼儿的行为进行奖赏和指导；同时，民主家庭的父母在孩子面前有自己的权威，这种权威表现为给孩子制定严格的准则，同时也向他们清楚地说明对他们施加限制的原因。

□ 2. 同伴相互作用

同伴关系对幼儿的亲社会行为具有非常重要的影响。心理学家对此有较为一致的看法，即在幼儿的安慰、帮助、同情等能力形成过程中，同龄人起着决定性的作用。社会学习理论认为，幼儿之所以能在特定情境中表现出亲社会行为，是因为他们在先前类似的情境中学会了怎样去做。

■ （三）移情

这里的移情是指站在他人的立场上，体验他人的情绪与情感。美国著名心理学家霍夫曼对幼儿移情及行为的关系进行了多年的实验研究。他指出，移情在幼儿亲社会行为的产生中具有极其重要的意义，是幼儿亲社会行为产生、形成和发展的重要驱动力。不论是社会生活环境的影响，还是幼儿日常生活环境的影响，最终都要通过幼儿的移情而起作用。移情是引起亲社会行为的根本的、内在的因素。移情的作用已被相关实验所证实。对于幼儿来说，由于其认识的局限，他们特别容易以自我为中心考虑问题，因此，帮助幼儿从他人角度去考虑问题，是发展幼儿亲社会行为的主要途径。

📕 案例呈现

妹妹在浩浩的身旁摔倒了，可浩浩却继续玩着手里的玩具，妈妈问："浩浩，妹妹摔倒了，你怎么都不管？"浩浩说："不是我推的，我才不管。"3岁的浩浩为什么见妹妹摔倒了不搭理呢？

【分析】

移情是亲社会行为的影响因素，培养移情能力也是培养幼儿亲社会行为的有效方法。3岁的浩浩之所以没有帮助摔倒的妹妹，是因为受认知、情绪等心理发展水平的局限，他还没有形成换位思考的移情能力，对摔倒哭泣的妹妹没有产生同情心。

■ 三、促进学前儿童移情能力发展的策略

■ （一）学会识别他人的情绪，是幼儿移情能力形成的基础

□ 1. 情绪表情卡片

使用情绪表情卡片可以帮助幼儿直观地识别和理解不同的情绪。在卡片上展示各种情绪的面孔，如快乐、悲伤、愤怒、惊讶等。在课堂上，教师可以给每个幼儿分发一套情绪卡片，然后提出情境问题："想象一下，你的朋友失去了他最爱的玩具，你觉得他会是什么感受？"幼儿可以选择相应的情绪卡片，并说明自己为什么选择这张卡片。通过这种方式，幼儿能够结合情境具体地理解情绪。

2. 情景剧表演

通过角色扮演和情景剧，幼儿可以在游戏中体验和表达情绪，加深对他人情感的理解。教师可以组织一场简短的情景剧，让幼儿分别扮演不同的角色，例如"快乐的生日派对"或"失落的朋友"。在表演之后，教师要引导幼儿讨论角色在不同情境下的情绪变化："当小朋友收到礼物时是什么感觉？如果礼物不见了，他们会怎么想？"这种互动能够帮助幼儿认识到不同情境导致的情绪变化。

3. 情绪游戏

利用游戏的形式来增强幼儿识别他人情绪的能力。教师可以组织一个情绪模仿游戏，要求幼儿模仿不同的情绪表达（如高兴、伤心、生气等），并请其他幼儿猜测他们正在表现的情绪。这种互动游戏不仅使识别情绪变得有趣，同时也鼓励幼儿关注他人的非语言表达。

（二）正确表达自己的情绪，是幼儿移情能力发展的重要环节

1. 表情表演

幼儿普遍喜欢观看动画片和听故事，教师和家长可以利用这个特点，在讲故事时进行表演。例如，在讲述《小红帽》的故事时，可以说："小红帽在森林中突然遇到了大灰狼，她感到非常害怕。"此时，教师可以夸张地表现出害怕的表情，鼓励幼儿一起模仿："宝贝，当你害怕的时候是什么样子？"通过这样的互动，增强幼儿对情感的理解和表现。

2. 表情模仿

幼儿的模仿能力相当强，他们喜欢效仿大人。教师和家长可以和幼儿面对面，或者使用镜子，进行一场"表情模仿秀"。例如，教师可以先展示高兴、失落、生气等几种不同的表情，然后说："现在我们来一起做！你们能模仿我的样子吗？"这样，通过游戏的形式，幼儿不仅能模仿，还能够理解不同情绪的表达。

3. 说出自己的感受

当幼儿开始掌握一些简单词语后，教师和家长可以逐步引导他们表达自己的情感。例如，看到幼儿今天特别开心，教师可以亲切地说："宝贝，今天你看起来很开心，能不能跟我说'我很开心'？"

4. 鼓励幼儿表达自己的情感

情感的表达对幼儿来说至关重要，这能帮助促进他们的情感发展。教师和家长可以常常询问："今天你过得怎么样？有没有开心的事情发生？"如果发现幼儿情绪不佳，

可以温柔地问："我注意到你看起来不太高兴，是不是遇到什么事了呢？可以告诉我吗？"当幼儿尝试表达自己的感受时，不论说得是否完整、清晰，作为大人都要认真倾听，这样可以增强孩子的表达能力和信任感。

■ （三）引导换位思考及联想，是幼儿移情能力发展的关键

□ 1. 让幼儿扮演他人

转换到他人的位置，体验他人在不同情景下的心理活动，促使幼儿以某种角色进入情感共鸣状态。如当欢欢在操场上摔倒后，教师扶起他并说："记得上次乐乐摔倒了，你看到他很痛苦，心里是不是有些担心？如果今天没有人扶你，你会不会也觉得难过呢？所以下次看到其他小朋友摔倒，你一定要去帮助他们，好吗？"情感换位能让幼儿把过去的情绪、情感体验转移到相应的情景中，并置身其中，因此更容易设身处地为他人着想，体验他人当时的情绪反应，从而产生共鸣。当然，教师、家长也要学会从幼儿的角度看问题，了解他们的感受，才能有正确的引导行为。

□ 2. 引导家长重视和幼儿的沟通

家长们常常认为幼儿年纪尚小，对情感和复杂的想法难以理解，因此在表达自己的感受时显得格外谨慎，甚至选择了沉默，避免与幼儿进行情感上的沟通。然而，实际上，家长应意识到，分享自己的情绪对于幼儿的成长是至关重要的。当家长在生活中遇到情绪波动时，比如感到疲惫或沮丧，可以适当地与幼儿交流。例如，家长可以说："今天妈妈工作很忙，有点累，但能和你一起玩，我就觉得开心多了。"这样的分享让幼儿有机会接触和理解成人的情感世界，从而提高他们对情绪的认知。

□ 3. 让幼儿在游戏中体会他人感受

轩轩和佳佳一起玩的时候，轩轩不小心把佳佳的积木推倒了。妈妈看到这一幕，并没有责怪轩轩，而是提议："我们可以玩一个推倒积木的游戏，试试互换角色。"于是，佳佳和轩轩分别扮演推倒和重建的角色。表演结束后，妈妈夸奖道："你们真棒！那么轩轩，你的积木被推倒的时候是不是感到很失落？下次看到朋友的东西被碰坏了，你是不是也会感到难过呢？"这种角色扮演的情境模拟游戏，能让幼儿学会站在他人的角度看问题，从而培养幼儿接受他人观点、逐渐学会替他人着想的能力。

□ 4. 榜样的力量

家长是幼儿最好的教师，家长平时的所作所为，对幼儿的影响非常大。幼儿伤心难过时家长有没有去安慰他，看见有需要帮助的人时家长有没有及时伸出援手等，都对幼儿有潜移默化的影响。

任务五 学前儿童攻击性行为的发展

■ 一、学前儿童攻击性行为的概述

■ （一）攻击性行为的含义

攻击性行为是一种以伤害他人或破坏他物为目的的行为。这种有意伤害行为包括直接的身体伤害（打人）、语言伤害（骂人、嘲笑人）和间接的心理上的伤害（如背后说坏话、造谣诬蔑）。有伤害他人的意图但未造成后果的行为仍然属于攻击性行为，但儿童在一起玩耍时无敌意的推拉动作则不是攻击性行为。

从表现目的来看，攻击性行为可以分为工具性攻击和敌意性攻击。工具性攻击是以损坏他人的财物或伤害他人的身体、精神为手段以达到目的（例如，赢得物品、空间或权利）的侵犯行为，常以自利的结果出现。敌意性攻击是指出于损伤他人身体或对他人精神造成伤害而表现的攻击性行为。

📕 案例呈现

明明，3岁，读小班，抬手就打不喜欢的小朋友，随意性强。主要行为表现：在做游戏的过程中，经常和小朋友争抢玩具。只要是自己喜欢的玩具，就一定要抢过来，喜欢打人或者是咬人。当不能得到自己喜欢的玩具时，会放声大哭。

明明的攻击性行为属于工具性攻击还是敌意性攻击？为什么？

【分析】

明明的行为属于工具性攻击。因为他的攻击性行为是为了达到获取玩具的目的，而不是为了伤害其他小朋友。他打人或咬人只是为了抢夺玩具，而不是出于对其他小朋友的敌意。这种攻击性行为是为了实现一个非攻击性的目的，即获得自己喜欢的玩具。

■ （二）学前儿童攻击性行为发展的表现

□ 1. 攻击性行为的起因

儿童的攻击性行为通常源于对物品和空间的争夺。随着年龄的增长，因游戏规则和行为规范等社会性问题引发的攻击性行为所占的比例逐渐增加。

在我国，除了因物品和空间争夺而产生的攻击性行为外，儿童在受到他人干扰、伤害或目标受阻后进行报复或反击，已成为儿童产生攻击性行为的第二大原因。这一现象与儿童普遍为独生子女的现状密切相关。独生子女在家庭中享有特殊的地位，加之特定的家庭教育方式，往往导致他们形成任性和不愿接受委屈的性格特征。因此，当他们遭遇干扰、伤害或目标受阻时，容易对同伴采取报复性的攻击性行为。

□ 2. 攻击性行为的方式

年龄较小的儿童，更倾向于采用身体攻击的方式来解决冲突。随着儿童年龄的增长，身体攻击的比例逐渐降低，而言语攻击的比例则逐渐上升。这一变化反映了儿童在社交和情感表达能力上的发展，年龄较大的儿童开始更倾向于使用言语来表达不满或冲突，而非直接使用暴力手段。

□ 3. 攻击性行为的类型

在儿童期，儿童主要表现出工具性攻击，即以实现特定目的为目标的攻击性行为，诸如为了获取玩具而进行的抢夺。随着年龄增长，敌意性攻击的比例逐渐超过工具性攻击的比例。敌意性攻击表现为出于愤怒或敌意而对他人施加的攻击。

□ 4. 攻击性行为存在显著的性别差异

男孩的身体攻击、语言攻击水平一般都高于女孩，男孩比女孩更容易在受到攻击后产生报复行为；男孩倾向于采取身体攻击，女孩更倾向于采取语言攻击或间接的心理攻击。

二、学前儿童攻击性行为的影响因素

（一）父母的惩罚

惩罚能抑制非攻击性儿童的攻击性；但不能抑制攻击性儿童的攻击性，反而会加重其攻击性行为。

惩罚措施对于非攻击性儿童的攻击性行为具有一定的抑制作用。对于这些儿童来说，适当的惩罚可以有效引导他们认识到攻击性行为是不被允许的，从而减少类似行为的发生。然而，对于那些本身就表现出攻击性倾向的儿童而言，惩罚措施却未必能起到预期的抑制效果。相反，这种惩罚有可能加剧他们的攻击性行为。攻击性儿童在遭受惩罚时，可能会感到更加愤怒、挫败或被误解，进而导致他们采取更为激烈的反应。

（二）大众传播媒介

大众传播媒介上的攻击性榜样会增加儿童以后的攻击性行为，会使儿童将武力视为解决人际冲突的有效手段，并在现实生活中依靠攻击性行为来解决与他人的矛盾。

知识拓展

班杜拉社会模仿学习实验——"波波玩偶"

一、实验目的

班杜拉进行这项实验的主要目的是研究儿童是否会通过观察成人的行为来学习攻击性行为，并且这种学习是否会受到成人榜样得到奖励或惩罚的影响。

二、实验设计

实验分为几个不同的组别，每组儿童观察不同的场景。

（1）攻击性行为组：儿童观察到成人榜样对充气玩偶进行攻击性行为，如拳打脚踢。

（2）非攻击性行为组：儿童观察到成人榜样与充气玩偶进行非攻击性的互动。

（3）控制组：儿童没有观察到任何特定的行为。

三、实验过程

第一阶段：儿童被分为三组，每组分别观看不同的录像。在录像中，一个成人榜样对一个充气玩偶进行攻击性行为（攻击性行为组），非攻击性行为（非攻击性行为组），或者没有特定行为（控制组）。

第二阶段：儿童被单独带入一个房间，房间内有各种玩具，包括一个充气玩偶。实验者通过单向镜观察儿童的行为。

第三阶段：儿童被鼓励模仿他们所看到的行为，以获得奖励。

四、实验结果

实验结果显示，观察到成人榜样进行攻击性行为的儿童更有可能模仿这些行为，尤其是当榜样受到奖励时。相反，当榜样受到惩罚时，儿童模仿攻击性行为的倾向会减少。此外，儿童在没有榜样在场的情况下，仍然会模仿他们所观察到的行为。

五、实验结论

班杜拉的实验表明，儿童通过观察他人的行为及其后果来学习新的行为模式，这种学习过程被称为观察学习或模仿学习。此外，榜样的行为是否受到奖励或惩罚，以及儿童对榜样的认同程度，都会影响儿童模仿行为的可能性。

（三）强化

当儿童出现攻击性行为时，父母或教师不加制止或听之任之，就等于强化了儿童的侵犯行为。此外，儿童从同伴那里也能学会攻击性行为。

（四）挫折

攻击性行为产生的直接原因主要是挫折。挫折是人在活动过程中遇到障碍或干扰，使自己的目的不能实现，需要不能满足时的情绪状态。弗洛伊德认为，在人们受到挫折后，除非允许他们宣泄自己的攻击性，否则攻击性的能量将受到抑制而产生压力，这种能量要寻找一条输出通道，因而便产生暴力行为，或者以精神疾病的状态显现出来。研究也表明，一个受挫折的儿童比一个心满意足的儿童更具攻击性。

三、学前儿童攻击性行为的应对策略

（一）为儿童创设一个尽量避免冲突的空间

为了帮儿童创设一个尽量避免冲突的空间，幼儿园应采取一系列措施。首先，应合理规划活动区域，确保有足够的空间供儿童自由活动，减少拥挤和摩擦。其次，应提供多样化的玩具和活动材料，以满足不同儿童的兴趣和需求，减少因争夺玩具而产生的冲突。此外，应制定明确的规则和行为准则，并通过日常教育让儿童理解和遵守。教师应积极引导儿童学会分享、轮流和合作，培养他们的社交技能和情绪管理能力。通过这些措施，幼儿园可以营造一个和谐、安全、有利于儿童健康成长的环境。

（二）允许儿童合理宣泄

幼儿园教师在日常教学活动中，应积极创造一个安全、开放的环境，让儿童能够自由表达自己的情感。例如，教师可以设置一个"情感角落"，配备舒适的软垫、毛绒玩具和绘画工具，供儿童在感到沮丧或愤怒时使用。在这个角落，儿童可以自由地表达自己的情绪，如可以绘画、拥抱毛绒玩具或与教师进行一对一的交谈。

此外，教师应鼓励儿童使用语言来表达自己的感受，而不是通过攻击性行为。例如，当儿童因争抢玩具而感到愤怒时，教师可以引导他们用语言表达自己的不满，如说："我感到很生气，因为我想玩那个玩具。"通过这种方式，儿童能学会用更成熟的方式处理冲突。

教师还可以通过角色扮演和情境模拟的方式，帮助儿童理解和表达复杂的情绪。例如，通过模拟商店购物的情景，让儿童扮演顾客和店员，学习如何在遇到不愉快的情况时保持礼貌和耐心。

总之，幼儿园教师应通过创造支持性的环境、提供适当的宣泄工具和引导儿童使用语言表达情感等方式，帮助儿童学会合理宣泄情绪，促进他们的情绪和情感健康发展。

（三）培养儿童的亲社会行为

教师可以有意识地安排活动，培养有攻击性行为儿童的助人、合作、分享等亲社会行为来抵消其不良行为。教师还可以安排合作、分享的游戏，使有攻击性行为的儿童在游戏中了解合作与分享的乐趣。为了培养这些行为，教师可以采取以下策略：

首先，教师应通过示范来引导儿童。例如，在课堂上，教师可以主动分享教学材料，帮助需要帮助的儿童，并在儿童之间发生冲突时公正地调解，从而为儿童树立积极的榜样。

其次，教师可以通过组织合作游戏和活动来鼓励儿童之间进行互动。例如，设计需要团队合作才能完成的拼图游戏或建筑积木挑战，让儿童在合作中体验到共同完成任务的快乐和成就感。

再次，教师应鼓励儿童表达情感和理解他人。通过阅读故事书和角色扮演，教师可以帮助儿童理解不同角色的感受，培养他们的同理心。例如，讲述一个关于分享的故事，然后让儿童讨论故事中的情感和行为，可以加深他们对分享重要性的理解。

最后，教师应通过正面反馈来强化儿童的亲社会行为。当儿童表现出帮助、分享或合作的行为时，教师应给予积极的反馈和表扬，以增强他们的内在动机。

（四）通过游戏等方式提高儿童的社会认知能力

教师通过组织游戏让儿童了解自己、了解他人、了解自己的行为与后果间的关系，提高辨别好坏、是非的能力，从而更好地调整自己的行为，使自己能更好地得到同伴的认可。当儿童遇到问题时，成人要帮助儿童学会正确解决问题的方法，避免采用攻击性行为的方式解决问题。

案例呈现

假设一个儿童在游戏过程中遇到"玩具被其他小朋友拿走了"的情境。教师可以怎样帮助儿童？

【分析】

（1）倾听和理解：首先，教师耐心倾听儿童的描述，理解他们的情绪和观点。

（2）引导思考：然后，教师引导儿童思考可行的解决方案，如"我们可以先和拿走玩具的小朋友谈谈，看看他是否愿意还回来"。

（3）示范沟通技巧：教师可以示范如何礼貌地与他人沟通，如使用"请"和"谢谢"等礼貌用语。

（4）鼓励尝试：鼓励儿童尝试自己解决问题，并在旁边提供必要的支持和指导。

（5）反思总结：最后，教师与儿童一起反思整个过程，讨论哪些方法有效，哪些需要改进。

通过这种方式，教师不仅可以帮助儿童学会正确解决问题，还提高了他们的社会认知能力，包括理解他人观点、沟通协商和情感调节的能力。

■ （五）培养儿童的社交技能

攻击性行为在学前儿童中产生的一个重要原因是，他们在面对冲突时往往缺乏其他有效的解决策略。由于学前儿童掌握的沟通和表达方式有限，他们可能认为攻击性行为是最快捷、最直接的表达方式。此外，具有攻击性行为的学前儿童在同伴间的社交地位通常较低，不易被同伴接纳。在尝试参与同伴游戏等社会互动时，他们可能因为采取不当策略而遭到拒绝，这种拒绝又会进一步激发他们的攻击性行为以达到目的。

为了减少学前儿童的攻击性行为，教师应教授他们有效的社交技能，并鼓励他们与同伴进行积极互动。例如，在玩具数量有限的情况下，可以引导儿童采取轮流使用玩具的方式；当儿童拥有有趣的玩具时，鼓励他们与他人分享；当儿童希望加入同伴的游戏时，教导他们使用礼貌的请求方式，如"我能和你一起玩吗？"。不断提升学前儿童的社交技能，他们才能够更好地融入同伴群体，得到更广泛的接纳，从而减少攻击性行为的发生。

■ （六）培养儿童的意志力

儿童自我控制能力可以帮助他们抗拒诱惑，有效地减少自发的攻击性行为。教师可以结合社会认知能力的训练有意识地培养儿童坚强的意志力。

■ （七）有效运用惩罚手段

首先，惩罚应当及时且一致。当儿童表现出攻击性行为时，立即进行干预可以增强惩罚与不当行为之间的关联，使儿童明白特定行为的后果。同时，保持惩罚的一致性有助于儿童形成稳定的行为预期，避免混淆。

其次，惩罚应当是适度的。过度严厉的惩罚可能导致儿童产生恐惧或逆反心理，而过轻的惩罚则可能不足以引起儿童的重视。适度的惩罚，如短暂的隔离或取消某些特权，既能表达对不当行为的不认可，又不会对儿童造成过大的负面影响。

再次，惩罚应伴随解释和教育。在实施惩罚的同时，教师或家长应向儿童解释为什么该行为是不被接受的，以及它可能带来的负面后果。通过解释，儿童能够更好地理解其行为的不当之处，并学会如何在未来避免类似行为。

最后，鼓励和强化积极行为同样重要。除了惩罚不当行为外，还应通过表扬和奖励来强化儿童的积极行为。这种正面的反馈机制有助于儿童建立积极的行为模式，减少攻击性行为的发生。

真题再现

一、单项选择题

1. 小明搭房子时缺一块长条积木，他发现苗苗手里有一块，就直接过去抢，小明的这种行为属于（　　）。（2021年上半年幼儿园教师资格证考试真题）

A. 工具性攻击　　　　　　　　　　B. 言语性攻击

C. 生理性攻击　　　　　　　　　　D. 敌意性攻击

2. 幼儿内向、胆小，不爱说话、不爱与人交往，参与活动不积极也不消极，可能发展成为（　　）。（2024 年下半年幼儿园教师资格证考试真题）

A. 被拒绝型幼儿　　　　　　　B. 受欢迎型幼儿

C. 被忽视型幼儿　　　　　　　D. 一般型幼儿

3. 有些幼儿经常看电视上的暴力镜头，其攻击性行为会明显增加，这是因为电视的暴力内容对幼儿攻击性行为的习惯起到了（　　）。（2022 年下半年幼儿园教师资格证考试真题）

A. 定势作用　　　　　　　　　B. 惩罚作用

C. 依赖作用　　　　　　　　　D. 榜样作用

二、简答题

1. 简述同伴交往的意义。

2. 列出教师应对学前儿童攻击性行为的三种有效策略。

3. 简述移情对学前儿童亲社会行为发展的影响。

4. 简述挫折影响学前儿童攻击性行为的原因。

三、材料分析题

在进行小班角色游戏时，李老师发现豆豆经常会倒提起布娃娃，边打边说："你不乖，我打你，你再哭，我还打！"

问题：1. 分析豆豆出现这种行为的可能原因。

　　　2. 针对这种情况，李老师该怎么做？

📕 岗位实训

任务　观察一个幼儿的同伴关系类型，对其原因进行分析，并做好观察记录。

【观察目标】

【观察对象】

【观察记录】

【观察分析】

📕 直通国赛

观看国赛视频，运用观察法分析幼儿社会性发展的特点。

国赛视频 13

参考文献

[1] 林崇德. 发展心理学 [M]. 3 版. 北京：人民教育出版社，2018.

[2] 陈帼眉. 学前心理学 [M]. 2 版. 北京：人民教育出版社，2015.

[3] 李季湄，冯晓霞.《3—6 岁儿童学习与发展指南》解读 [M]. 北京：人民教育出版社，2013.

[4] 霍力岩. 学前教育评价 [M]. 3 版. 北京：北京师范大学出版社，2015.

[5] 朱智贤. 儿童心理学 [M]. 3 版. 北京：人民教育出版社，2009.

[6] 王振宇. 儿童心理发展理论 [M]. 2 版. 上海：华东师范大学出版社，2016.

[7] 王振宇. 儿童心理学 [M]. 4 版. 南京：江苏教育出版社，2011.

[8] 张文新. 儿童社会性发展 [M]. 北京：北京师范大学出版社，1999.

[9] 周念丽. 学前儿童发展心理学 [M]. 3 版. 上海：华东师范大学出版社，2014.

[10] 董奇. 儿童创造力发展心理 [M]. 杭州：浙江教育出版社，1993.

[11] 庞丽娟. 婴儿心理学 [M]. 杭州：浙江教育出版社，1993.

[12] 许政援，沈家鲜，吕静，等. 儿童发展心理学 [M]. 长春：吉林教育出版社，2002.

[13] 孟昭兰. 婴儿心理学 [M]. 北京：北京大学出版社，1997.

[14] 罗伯特·卡尔. 儿童与儿童发展 [M]. 周少贤，窦东徽，郑正文，译. 北京：教育科学出版社，2009.

[15] 冯晓霞. 幼儿园课程 [M]. 北京：北京师范大学出版社，2001.

[16] 刘金花. 儿童发展心理学 [M]. 3 版. 上海：华东师范大学出版社，2013.

[17] 边玉芳. 儿童心理学 [M]. 杭州：浙江教育出版社，2009.

[18] 桑标. 当代儿童发展心理学 [M]. 2 版. 上海：上海教育出版社，2014.

[19] 张明红. 学前儿童语言教育（修订版）[M]. 上海：华东师范大学出版社，2006.

[20] 莫雷. 教育心理学 [M]. 广州：广东高等教育出版社，2002.

[21] 杨丽珠. 儿童青少年人格发展与教育 [M]. 北京：中国人民大学出版社，2014.

[22] 冯夏婷，胡金生，刘文，等. 幼儿问题行为的识别与应对 [M]. 2 版. 北京：中国轻工业出版社，2018.

［23］王坚红．学前儿童发展与教育科学研究方法［M］．北京：人民教育出版社，1991.

［24］丁祖荫．幼儿心理学［M］．2版．北京：人民教育出版社，2006.

［25］秦金亮．儿童发展概论［M］．北京：高等教育出版社，2008.

［26］李燕．学前儿童发展心理学［M］．上海：华东师范大学出版社，2008.

［27］张莉．儿童发展心理学［M］．2版．武汉：华中师范大学出版社，2020.

［28］郑雪，刘学兰，王玲．幼儿心理健康教育［M］．广州：暨南大学出版社，2006.

［29］但菲．幼儿社会性发展与教育活动设计［M］．北京：高等教育出版社，2008.

［30］周念丽．0—3岁儿童观察与评估［M］．上海：华东师范大学出版社，2013.

［31］刘文．幼儿心理健康教育［M］．北京：中国轻工业出版社，2008.

［32］董奇，陶沙．动作与心理发展［M］．北京：北京师范大学出版社，2004.

教学支持说明

　　为提升教育教学质量，本套教材融合多种媒体，配套了丰富的数字资源，使教材理论与实践密切结合，强调实践性，教材内容呈现形式灵活，方便教师教学，利于学生学习。

　　为方便教师的教学，我们将向使用本套教材的教师赠送教学课件或相关教学资料，请扫码加入托幼一体化专家俱乐部 QQ 群与我们联系，获取"数字资源申请表"并认真填写后发送给我们。

群名称：托幼一体化专家俱乐部
QQ 群号：732618071

查看更多同系列教材